U0121724

计算机应用基础

黄红波　主编

科学出版社

北京

内 容 简 介

　　本书是根据教育部颁布的《计算机应用基础教学大纲》的要求和全国计算机等级考试（一级 MS Office）的考试大纲，结合办公自动化的实际应用，按照基于工作过程导向的课程开发思路编写而成的。本书以任务驱动、自主探究为主要学习方式。全书共 6 章，分别为计算机基础知识，中文 Windows XP 操作系统， Internet 及应用，Word 2003 的使用，Excel 2003 的使用，PowerPoint 2003 的使用。

　　本书配有丰富的教学资源和功能强大的教学网站，方便教学资料与各种素材的下载，另外还提供网上测试。

　　本书可作为应用型、技能型人才培养的"计算机应用基础"课程教材，也可供办公应用方面的培训和初学者参考使用。

图书在版编目(CIP)数据

计算机应用基础/黄红波主编. —北京：科学出版社，2011.9

ISBN 978-7-03-032076-6

Ⅰ.①计… Ⅱ.①黄… Ⅲ.①电子计算机—教材 Ⅳ.①TP3

中国版本图书馆 CIP 数据核字(2011)第 165743 号

责任编辑：相　凌 / 责任校对：陈玉凤

责任印制：张克忠 / 封面设计：华路天然工作室

科 学 出 版 社 出版

北京东黄城根北街 16 号

邮政编码：100717

http://www.sciencep.com

骏 杰 印 刷 厂 印刷

科学出版社发行　各地新华书店经销

*

2011 年 8 月第 一 版　　　开本：B5（720×1000）

2011 年 8 月第一次印刷　　印张：18 1/2

印数：1—6 000　　　　　　字数：380 000

定价：36.00 元

（如有印装质量问题，我社负责调换）

前　言

随着计算机技术的突飞猛进，计算机的应用领域在不断扩大，计算机已成为各行各业的一个重要工具。掌握计算机的基本知识、熟练地使用计算机，正逐渐成为现代社会中每个人必备的基本技能之一。作为培养高素质应用型、技能型人才的高等职业院校，计算机应用基础课程已成为一门公共必修课程。高职院校学生系统地学习和掌握计算机基础知识、具备较强的计算机应用能力，可以为将来走进社会、开始自己的职业生涯打下良好的基础。

近年来，由于信息技术课程已列入中小学教学计划，职业院校学生的计算机知识的起点也在不断提高，改革计算机基础教学内容和方法，使之更好地符合实际教学需要，对提高人才培养质量具有重要的现实意义。我们按照基于工作过程的课程开发思路，将每一个模块以真实、完整的项目呈现，兼顾理论知识的系统性，编写了本套教材。

本套教材是由几所高职院校长期从事计算机基础教学实践的一线教师编写而成，是他们多年教学经验的归纳与总结。

本套教材共两册：《计算机应用基础项目化教程》是主教材，《计算机应用基础》是辅教材。教师用主教材进行模块化、项目化教学，辅教材则是学生巩固知识、拓宽知识的必备教材。主教材由 6 个模块组成，分别为认识计算机、网上冲浪、利用 Word 2003 处理文档、利用 Excel 2003 处理电子表格、利用 PowerPoint 2003 制作演示文稿、Office 2003 综合；辅教材由 6 章组成，分别为计算机基础知识、中文 Windows XP 操作系统、 Internet 及应用、Word 2003 的使用、Excel 2003 的使用、PowerPoint 2003 的使用。

《计算机应用基础》（以下简称本书）具有以下特点：

1. 目标明确，知识体系结构清晰

本书是根据教育部颁布的《计算机应用基础教学大纲》的要求，结合全国计算机等级考试（一级 MS Office）的考试大纲编写而成。

2. 主辅结合，理论联系实际

主教材中的每一个模块都由一个完整的项目来体现，难免知识点比较零散，本书则能系统地介绍每个模块相应的知识，学生可通过阅读本书，全面、系统地掌握相关知识，从而更好地完成项目任务，以弥补主教材的不足。

3. 课后习题，促使知识巩固

本书每一章的后面都有习题，学生通过完成相应的习题可达到巩固所学知识的目的。

4. 图文并茂，通俗易懂

本书配有大量的实例图片，既有计算机硬件的真实图片，也有形象生动的网络示意图；既有操作过程示意图，也有操作完成后的效果图。使学生能比较轻松地自主学习，提高了学生的学习兴趣，从而达到良好的学习效果。

本书由黄红波担任主编，李军旺、姚志鸿任副主编。参加本书编写的还有刘世英、彭皓宇、冯思垚、阎松林、邓涛等。本书由李军旺规划、统稿，姚志鸿审稿。在编写和出版本书的过程中，得到科学出版社的大力支持，在此表示衷心的感谢。

由于作者水平有限，书中难免有错误或不足之处，敬请广大读者、同行批评指正。

作　者

2011 年 5 月

目　　录

第1章　计算机基础知识

1.1　计算机概述

1.1.1　初识计算机

1. 早期的计算工具

　　计算机，顾名思义就是一种计算的机器，在计算机发明之前，人类用什么工具来计算呢？手是大自然赋予人类最方便的计算工具，人有两只手，十个手指头，所以人们自然而然地习惯于运用十进制记数法。用手指头计算固然方便，但不能存储计算结果，于是人们用石头、木棒、刻痕或结绳来延长自己的记忆能力。随着社会经济的发展，石头、木棒等已不能满足计算的要求。公元前770年左右，我国祖先发明了算筹。算筹是一种竹制、木制或骨制的小棍，在棍上刻有数字。把算筹放在地面或盘中，就可以一边摆弄小棍，一边进行运算，"运筹帷幄"中的"运筹"就是指移动筹棍。用筹进行计算在古代中国使用普遍，筹算也使我国数学家创造出了卓越的数学成果，曾使我国古代数学长期处于世界领先地位。算筹在进行一些简单运算时操作很方便，但当计算较复杂、操作步骤很多时，算筹摆弄起来就会显得很繁乱。为了便于使用，人们对算筹不断改进，到南北朝时，算筹最终演变成了一种新的计算工具——算盘。算盘结构简单，操作方便迅速，打算盘的人只要熟记运算口诀，就能迅速算出结果。算盘价格低廉又便于携带，在我国的经济生活中长期发挥着重大作用，在电子计算器出现以前，是我国最受欢迎、使用最普遍的一种计算工具。

　　随着工业革命的开始，各种机械计算设备被发明出来。1642年法国数学家帕斯卡发明了齿轮式加法器，它不像算盘那样靠手指拨动算珠、利用口诀进行运算，而是通过手摇机器进行运算。帕斯卡的发明向人们揭示：用一种纯粹机械的装置去代替人们的思考和记忆，是完全可以做到的。1673年德国数学家莱布尼茨改进了帕斯卡的设计，发明了乘除器，不但能进行加减运算，而且还能进行乘除运算。十九世纪三四十年代，英国发明家巴贝奇于1822年、1834年先后设计了以蒸汽机为动力的差分机和分析机。虽然受当时技术和工艺的限制，这两台机器都没有在巴贝奇手中研制成功，但是他提出的输入、处理、存储、输出及控制五个基本装置的构想，成为今天电子计算机硬件系统组成的基本框架，可以说已达到了机械方式计算机器的最高设计水平。

　　随着大工业的发展，人们发明了许多自动机械，自然也考虑计算过程是否可以自动化。1884 年美国人赫尔曼受到提花织机的启发，想到用穿孔卡片来表示数据，发明了制表机并获得专利，这种机器被成功地应用于美国 1890 年的人口普查。1936 年美国人霍德华·艾肯提出用机电方法实现巴贝奇分析机的想法，并在 1944 年制造成功 Mark I 计算机，使巴贝奇的梦想变为现实。

2. 第一台电子计算机的诞生

推动设备研发的最重要因素是需求。第二次世界大战期间，美国军方为了计算大量军用数据，成立了由宾夕法尼亚大学的莫奇利和埃克特领导的研究小组。经过近三年紧张的工作，人们公认的第一台电子计算机 ENIAC（电子数值积分计算机的简称，英文全称为 The Electronic Numerical Integrator And Computer，中文译为埃尼阿克）于 1946 年 2 月 15 日研制成功。

ENIAC 采用电子管作为基本电子元件，共用了 18800 个电子管，7 万个电阻，1 万个电容，总重量达 30 吨，占地面积达 170 平方米，耗电 140 千瓦（如图 1-1 所示）。这个庞然大物 1 秒钟内能完成 5000 次加减法运算和 500 次乘除法运算，它还能进行平方、立方、三角函数等一些比较复杂的运算。这比当时最快的继电器计算机的运算速度要快 1000 多倍，是手工计算的 20 万倍。

以现在的眼光来看，ENIAC 当然复杂、笨重，但这在当时是很了不起的成就，它表明了电子计算机时代的到来！原来需要 20 多分钟时间才能计算出来的一条弹道，现在只要短短的 30 秒！这可一下子缓解了当时极为严重的计算速度大大落后于实际要求的局面。

ENIAC 除了体积大，耗电多外，还有一个主要缺陷——不能存储程序。1946 年 6 月美籍匈牙利科学家冯·诺依曼发表了论文《电子计算机装置逻辑结构初探》，并设计出了第一台"存储程序式"计算机 EDVAC（如图 1-2 所示），即离散变量自动电子计

图 1-1　操作 ENIAC 时的场景　　　　　图 1-2　冯·诺依曼与 EDVAC

算机（The Electronic Discrete Variable Automatic Computer，中文译为埃德瓦克）。ED-VAC 与 ENIAC 相比有了重大改进，首先采用二进制 0、1 直接模拟开关电路通、断两种状态，用于表示数据或计算机指令；其次把指令存储在计算机内部，且能自动依次执行指令；最后奠定了当代计算机硬件由控制器、运算器、存储器、输入设备、输出设备等组成的结构体系。

冯·诺依曼提出的 EDVAC 计算机体系结构为后人普遍接受，此结构又称冯·诺依曼结构。其基本设计思想是：预先将根据某一任务设计好的程序装入存储器中，再由计算机去执行存储器中的程序。这样，在执行新的任务时，只需改变存储器中的程序，而不必改动计算机的任何电路。这就是著名的"存储程序"理论，这一基本理论一直沿用至今，迄今为止的计算机系统基本上都是建立在此理论的基础上。EDVAC 在 1952 年正式投入运行，运算速度是 ENIAC 的 240 倍。

3. 电子计算机的特点

计算机与过去的计算工具相比，具有以下五个特点。

1）运算速度快

电子计算机的工作基于电子脉冲电路原理，由电子线路构成其各个功能部件，其中电场的传播扮演主要角色。我们知道电磁场传播的速度是很快的，现在一般微机一秒钟能运算几千万次，2008 年 6 月 9 日，美国 IBM 公司与美国能源部科研人员展示了他们最新开发的超级计算机，它的运算速度达到每秒 1000 万亿次，是当时全球运算速度最快的超级计算机。很多场合下，运算速度起决定作用。例如，计算机控制导航要求运算速度比飞机飞的还快；气象预报要分析大量资料，如用手工计算需要十天半月，失去了预报的意义，而用计算机，几分钟就能算出一个地区内数天的气象预报。

2）计算精度高

电子计算机的计算精度在理论上不受限制，一般的计算机均能达到 15 位有效数字，通过一定的技术手段，可以实现任何精度要求。19 世纪意大利著名数学家威利阿姆·香克斯，曾经为计算圆周率 π 整整花了 15 年时间，才算到第 707 位。现在将这件事交给计算机做，几个小时内就可计算到 10 万位，而且人们在验证他的计算结果时发现，他在第 528 位出现了错误。

3）记忆能力强

计算机中有许多存储单元，用以记忆信息。具有记忆能力，是电子计算机和其他计算工具的一个重要区别。由于具有内部记忆信息的能力，在运算过程中就可以不必每次都从外部去取数据，而只需事先将数据输入到内部的存储单元中，运算时即可直接从存储单元中获得数据，从而大大提高了运算速度。现在的技术可以将计算机存储器的容量可以做得很大，而且能保留很长时间。目前常用的硬盘存储容量是 1TB，相当于能存储 2^{39} 个汉字，而人的大脑可以存储的信息约为 14GB，约相当于一个硬盘容量的 1/73。

4）具有逻辑判断能力

人是有思维能力的。思维能力本质上是一种逻辑判断能力，也可以说是因果关系分析能力。计算机不但能进行数值计算，在相应的程序控制下，计算机可借助逻辑运算，做出逻辑判断，分析命题是否成立，并做出相应的决策。例如，数学中有个"四色问题"（不论多么复杂的地图，使相邻区域颜色不同，最多只需四种颜色即可完成），100 多年来不少数学家一直想去证明它或者推翻它，却一直没有结果，成了数学中著名的难题。1976 年两位美国数学家用 IBM-370 计算机连续运算 1200 小时，验证了这个著名的猜想。

5）有在程序控制下自动工作的能力

计算机内部的运算都是在程序控制下自动完成的，人们只需要将编写好的指令事先输入到计算机中存储起来，在计算机开始工作以后，从存储单元中依次去取指令，用来控制计算机的操作，而不需要外人干预。

4. 正确认识计算机

计算机是由一系列电子元器件组成的机器，当然这种机器与一般的机器不同，它不但具有计算能力，还具有某些人脑的功能，如存储信息和逻辑判断能力，因此许多人形象称计算机为"电脑"。随着计算机的发展，计算机的功能早已超过了计算的概念，它的功能在某些方面甚至"超过"了人，电脑会不会代替人脑？很多人都在讨论和争辩这个问题。

计算机是一种能按照事先存储的程序，自动、高速地进行大量数值计算和各种信息处理的现代化智能电子装置。它可以看作是人脑的延伸和增强，但计算机毕竟只是一台机器，它不是万能的。计算机的存在是为了帮助人、方便人，而不是取代人，也不可能取代人。例如，计算机不能作感情上的判断、不能违背人们输入的指令、不能自主的进行学习、不能创造性的解决问题等。相反，即使要完成最简单的任务，计算机也需要人们给出非常清楚明了的指令。

5. 计算机的应用领域

在当今的互联网时代，计算机的应用领域越来越广，已经深入到科学研究、信息管理、文化教育、医疗卫生、军事技术、工农业生产等现代人类社会的各个领域中，成为我们生产和生活中不可缺少的重要工具。

1）数值计算

计算机就是为了解决科研和工程应用中的大量数值计算问题而发明的。数值计算或称科学计算，是计算机的最基本的应用，例如气象预报、人造卫星轨道计算、解复杂方程式、高层建筑结构力学分析、地震预测、工程设计等都需要计算机进行庞大、繁杂的计算，没有计算机的参与，靠手工是很难完成的。

2）数据处理

数据处理主要是指用计算机对非数值类型的数据进行收集、加工、分析、排序、查询和统计等。例如，人口统计、企业管理、情报检索、报刊编排、办公自动化、图形图像处理等。

3）计算机通信

计算机通信是计算机应用最为广泛的领域之一。它是计算机技术和通信技术的高度发展、密切结合的一门新兴科学。国际互联网已经成为覆盖全球的信息基础设施，在世界的任何地方，人们都可以彼此进行通信，如收发电子邮件、进行文件的传输、拨打 IP 电话等。

4）计算机辅助系统

计算机辅助系统主要有计算机辅助设计（CAD）、计算机辅助制造（CAM）、计算机辅助教学（CAI）、计算机辅助测试（CAT）等系统。

计算机辅助设计（CAD）是指利用计算机来辅助设计人员进行产品和工程的设计。计算机辅助设计已应用于机械设计、集成电路设计、园林设计、建筑设计、服装设计等各个方面。计算机辅助设计系统除配有必要的 CAD 软件外，还应配备图形输入输出设备等。

计算机辅助制造（CAM）是指利用计算机来进行生产设备的管理、控制与操作，从而提高产品质量、降低成本等。如利用计算机辅助制造自动完成产品的加工、装配、包装、检测等制造过程。

计算机辅助教学（CAI）是指利用计算机进行辅助教学、交互学习。如利用计算机辅助教学制作的多媒体课件可以使教学内容生动、形象逼真，取得良好的教学效果。通过交互的学习方式，可以使学员自己掌握学习的进度，进行自测，方便灵活，满足不同层次学员的要求。

计算机辅助测试（CAT）是指利用计算机来进行自动化的测试工作。

5）自动控制

随着生产自动化程度的提高，对信息传递速度和准确度的要求也越来越高，这一任务靠人工操作已无法完成，只有计算机才能胜任。利用计算机为中心的控制系统可以及时地采集数据、分析数据、制定方案，进行自动控制，从而提高产品的质量和合格率。在工业、交通、军事、航空航天以及各种自动化部门，自动控制得到了广泛的应用。

6）人工智能

人工智能（AI）是指利用计算机来模拟人脑的部分功能，使计算机具有"推理"和"学习"能力。人工智能是计算机科学的一个分支，是探索和模拟人的感觉和思维过程的科学，它是在控制论、计算机科学、仿生学、生理学等基础上发展起来的新兴的边缘学科。其主要内容是研究感觉与思维模型的建立，图像、声音、物体的识别。目前，人工智能在机器人研究和应用方面方兴未艾，对机器人视觉、触觉、嗅觉、声音识别等领域的研究取得了很大进展。美国发射的火星探测器"探索者"号就是人工智能的一个典型应用。

7）电子商务

电子商务是指依托于计算机网络而进行的商务活动。如银行业务结算、网上购物、网上交易等。它是近年来新兴的、也是发展最快的应用领域之一。

8）休闲娱乐

使用计算机玩电子游戏、听音乐、看 VCD 及 DVD，已经成为人们休闲娱乐的主要方式之一。

1.1.2 计算机的发展

1. 电子计算机发展的四个阶段

从第一台计算机 ENIAC 问世以来，计算机技术得到了迅猛的发展。通常，根据计算机所采用的电子元件，可将计算机的发展大致分为四代，并正在向着第 5 代或称为新一代发展。

1）第 1 代电子管计算机（1946 ～1957 年）

第 1 代电子计算机采用电子管（图 1-3(a)）作为主要元件，运算速度仅为每秒几千次。第 1 代电子计算机体积庞大、耗电量大、寿命短、造价十分昂贵而且没有系统软件，计算机用机器语言和汇编语言编程，只能在少数尖端领域中得到应用，一般用于科学、军事和财务等方面的计算。尽管存在这些局限性，但第一代电子计算机奠定了计算机发展的基础。这一时期的典型机器国外的有 ENIAC 、UNIVAC，国内的有 103、104 等。

2）第 2 代晶体管计算机（1958 ～1964 年）

第 2 代电子计算机的主要零部件采用晶体管（图 1-3(b)），运算速度每秒几十万次。与第 1 代电子计算机相比，晶体管计算机体积小、省电、寿命长、可靠性大幅度提高。这一时期的典型机器的国外的有 IBM 7090、IBM 7094，国内的有 441B 等。

(a) 电子管　　　　　　　　(b) 晶体管　　　　　　　　(c) 集成电路

图 1-3　电子管、晶体管、集成电路

3）第 3 代中、小规模集成电路计算机（1965～1970 年）

第 3 代电子计算机的主要零部件采用集成电路（图 1-3(c)），存储容量 1~4 兆字节，运算速度每秒几十万次到几百万次。计算机体积进一步缩小、耗电更省、寿命更长、成本更低、可靠性大大提高。这一时期计算机开始应用于各个领域。这一时期的典型机器国外的有 IBM-360，国内的有 709 等。

4）第 4 代大规模、超大规模集成电路计算机（1971 年至今）

第 4 代电子计算机的主要元件采用大规模、超大规模集成电路，计算机的体积更小，计算速度为每秒几百万次到几十万亿次。美国 ILLIAC-IV 计算机，是世界上第一台使用大规模集成电路作为逻辑元件和存储的计算机，标志着计算机的发展进入了第 4 代。目前我们使用的计算机都属于第 4 代。

5）第 5 代计算机

第 5 代计算机将把信息采集、存储、处理、通信和人工智能结合一起具有推理、联想、学习和解释能力。它的系统结构将突破传统的冯·诺依曼机器的概念，实现高度的并行处理。

2. 微型计算机的发展趋势

微型计算机(Microcomputer)简称微机，由美国 Intel 公司年轻的工程师马西安·霍夫于 1971 年研制成功，属于第 4 代计算机。它是指以微处理器为核心，配上由大规模集成电路制作的存储器、输入/输出接口电路及系统总线所组成的计算机。有的微型计算机把 CPU、存储器和输入/输出接口电路都集成在单片芯片上，称之为单片微型计算机，也称单片机。

微机具有体积小、重量轻、功耗小、可靠性高、对使用环境要求低、价格低廉、易于成批生产等特点。所以，微机一出现，就显示出它强大的生命力。微型机的研制、开发和广泛应用，则标志着一个国家科学普及的程度。根据微处理器的集成规模和功能，又形成了微机的不同发展阶段。

1）第 1 代（1971~1973 年）：4 位或低档 8 位微处理器和微型机

代表产品是美国 Intel 公司首先的 4004 微处理器以及由它组成的 MCS-4 微型计算机（集成度为 1200 晶体管/片）。随后又制成 8008 微处理器及由它组成的 MCS-8 微型计算机。第 1 代微型机就采用了 PMOS（P 沟道 MOS 电路）工艺，基本指令时间约为 10~20μs，字长 4 位或 8 位，它的特点是：指令系统比较简单，运算功能较差，速度较慢，系统结构仍然停留在台式计算机的水平上，软件主要采用机器语言或简单的汇编语言，且价格低廉。

2）第 2 代（1974~1978 年）：中档的 8 位微处理器和微型机

典型的第 2 代微处理器以美国 Intel 公司的 8080 和 Motorola 公司的 MC6800 为代表，与第 1 代相比，集成度提高 1~2 倍（Intel 8080 集成度为 4900 管/片），运算速度提高了一个数量级。

1976~1978 年为高档的 8 位微型计算机和 8 位单片微型计算机阶段，称之为 2 代半，以美国 ZILOG 公司的 Z80 和 Intel 公司的 8085 为代表，集成度和速度都比典型的第 2 代提高了 1 倍以上(Intel 8085 集成度为 9000 管/片)。

8 位单片微型机以 Intel 8048/8748（集成度为 9000 管/片）、MC6801、MOSTEK F81/3870、Z80 等为代表，它们主要用于控制和智能仪器。

总的来说，第 2 代微型机的特点是采用 NMOS 工艺，集成度提高 1~4 倍，运算速度提高 10~15 倍，基本指令执行时间约为 1~2μs，指令系统比较完善，已具有典型的计算机系统结构以及中断、DMA 等控制功能，寻址能力也有所增强，软件除采用汇编语言外，还配有 BASIC、FORTRAN、PL/M 等高级语言及其相应的解释程序和编译程序，并在后期开始配上操作系统。

3）第 3 代（1978~1981 年）：16 位微处理器和微型机

代表产品是 Intel 8086（集成度为 29000 管/片），Z8000（集成度为 17500 管/片）和 MC68000（集成度为 68000 管/片）。这些 CPU 的特点是采用 HMOS 工艺，基本指令时间约为 0.05μs，从各个性能指标评价，都比第 2 代微型机提高了一个数量级，已经达到或超过中、低当小型机（如 PDP11/45）的水平。这类 16 位微型机通常都具有丰富的指令系统，采用多级中断系统、多重寻址方式、多种数据处理形式、段式寄存器结构、乘除运算硬件，电路功能大为增强，并都配备了强有力的系统软件。

4）第 4 代（1985 年以后）：32 位高档微型机

随着科学技术的突飞猛进，计算机应用的日益广泛，现代社会对计算机的依赖已经越来越明显。原来的 8 位、16 位机已经不能满足广大用户的需要，因此，1985 年以后，Intel 公司在原来的基础上又发展了 80386 和 80486。其中，80386 有工作主频达到 25MHz，有 32 位数据线和 24 位地址线。以 80386 为 CPU 的 COMPAQ 386、AST 386、IBM PS2/80 等机种相继诞生。同时随着内存芯片的发展和硬盘技术的提高，出现了配置 16MB 内存和 1000MB 外存的微型机，微机已经成为超小型机，可执行多任务、多用户作业。由微型机组成的网络、工作站相继出现，从而扩大了用户的应用范围。1989 年，Intel 公司在 80386 的基础上，又研制出了 80486。它是在 80386 的芯片内部增加了一个 8KB 的高速缓冲内存和 80386 的协处理器芯片 80387 而形成了新一代 CPU。1993 年 3 月 22 日，Intel 公司发布了它的新一代处理器 Pentium(奔腾)。它采用 0.8μm 的 BicMOS 技术，集成了 310 万个晶体管，工作电压也从 5V 降到 3V，外部数据总线为 64 位，工作频率为 66~200 MHz。随着 Pentium 新型号的推出，CPU 晶体管的数目增加到 500 万个以上，工作主频率从 66MHz 增加到 333MHz。1998 年 3 月，Intel 公司在 CeBIT 贸易博览会展出了一种速度高达 702MHz 的奔腾 II 芯片。1999 年，以奔腾 II 450、奔腾 III 450 为微处理器、内存 128MB、硬盘 8.4GB 的微机在我国上市。

5）第 5 代（2003 年至今）：64 位高档微型机

2003 年 9 月，AMD 公司发布了面向台式机的 64 位处理器 Athlon 64，标志着 64 位微机的到来。2005 年 6 月，Intel 和 AMD 相继推出了台式机的双核心处理器。2006

年，Intel 和 AMD 都发布了四核心处理器，处理器将向多核心发展。

3. 计算机的发展趋势

计算机技术是世界上发展最快的科学技术之一，产品不断升级换代。从第一台计算机的诞生到今天，计算机的体积在不断变小，性能速度却在不断提高，应用范围也越来越广泛。从目前的研究方向看，当前计算机正朝着巨型化、微型化、网络化、智能化方向发展。

1）巨型化

巨型化是指向运算速度更高、存储容量更大、功能更强的超级计算机发展。目前，运算速度每秒 1000 万亿次的巨型计算机已研制成功。巨型机主要用于尖端科学技术的研发及军事、国防系统。

2）微型化

微型化是发展体积更小、可靠性更高、功能更强、适用范围更广的计算机系统，以适应个人使用或嵌入一些小型仪器设备中，使仪器设备实现"智能化"。"笔记本型"、"掌上型"电脑，"智能电器"等微型化的计算机设备，就是向这一方向发展的产品。

3）网络化

网络化是计算机发展的重要趋势。从单机走向联网是计算机应用发展的必然结果。所谓计算机网络化，是指用现代通信技术和计算机技术把分布在不同地点的计算机互联起来，组成一个规模大、功能强、可以互相通信的网络结构。网络化的目的是使网络中的软件、硬件和数据等资源能被网络上的用户共享。目前，大到世界范围的通信网，小到实验室内部的局域网已经很普及，因特网（Internet）已经连接包括我国在内的 150 多个国家和地区。由于计算机网络实现了多种资源的共享和处理，提高了资源的使用效率，因而深受广大用户的欢迎，得到了越来越广泛的应用。

目前各国都在开发三网合一的系统工程，即将电信网、计算机网、有线电视网合为一体。为适应这种发展我国已将邮电部、电子工业部、广电部等合并为信息产业部。将来通过网络能更好的传送数据、文本资料、声音、图形和图像，用户可随时随地在全世界范围拨打可视电话或收看任意国家的电影、电视。

4）智能化

智能化是计算机发展的一个热门方向。智能化就是要求计算机能模拟人的感觉和思维，进行"看"、"听"、"说"、"想"、"做"，具有逻辑推理、学习与证明的能力。这也是第 5 代计算机要实现的目标。智能化的研究领域很多，其中最有代表性的领域是专家系统和机器人。目前已研制出的机器人可以代替人从事危险环境的劳动。

4. 未来的计算机

计算机的发展速度很快，但现在的计算机无论功能多强，都没有脱离冯·诺依曼的结构体系，从目前的研究情况看，未来的新型计算机将有可能在以下四个方面取得革命性的突破。

1）量子计算机

量子计算机，是一种全新的基于量子理论的计算机，不同于使用二进制或三极管的传统计算机。量子计算机应用的是量子比特，可以同时处在多个状态，而非像传统计算机那样只能处于 0 或 1 的二进制状态。鉴于这种特性，量子计算机可存储和处理的信息是传统计算机不可企及的。

如何实现量子计算，方案并不少，问题是在实验上实现对微观量子态的操纵确实太困难了。这些计算机机异常敏感，哪怕是最小的干扰，比如一束从旁边经过的宇宙射线，也会改变机器内计算原子的方向，从而导致错误的结果。

图灵奖得主、世界著名的计算机科学家、清华大学姚期智教授正在带领团队力争率先建造出世界上第一台真正意义上的量子计算机。量子计算机一旦问世，将让目前全世界所有的超级计算机都黯然失色。

根据媒体的报道，包括清华大学在内世界上有四个研究组已实现 7 个量子比特量子算法演示，尽管竞争异常激烈，但目前均没有能实现建造出第一台真正意义上的量子计算机。姚期智教授说："目前，建造量子计算机已成为世界科学界一个重要的课题。我们在清华建设了一个队伍，来从事这方面的理论和实际工作。我们有信心能够和国际其他国家竞争，建造出世界上第一台量子计算机。"

与传统的电子计算机相比，量子计算机具有解题速度快、存储量大、搜索功能强和安全性较高等优点。

2）神经网络计算机

人脑总体运行速度相当于每秒 1000 万亿次的电脑功能，可把生物大脑神经网络看做一个大规模并行处理的、紧密耦合的、能自行重组的计算网络。从大脑工作的模型中抽取计算机设计模型，用许多处理机模仿人脑的神经元机构，将信息存储在神经元之间的联络中，并采用大量的并行分布式网络就构成了神经网络计算机。

3）生物计算机

DNA 分子在酶的作用下可以从某基因代码通过生物化学反应转变为另一种基因代码，转变前的基因代码可以作为输入数据，反应后的基因代码可以作为运算结果，利用这一过程可以制成新型的生物计算机。生物计算机最大的优点是生物芯片的蛋白质具有生物活性，能够跟人体的组织结合在一起，特别是可以和人的大脑和神经系统有机的连接，使人机接口自然吻合，免除了繁琐的人机对话。这样，生物计算机就可以听人指挥，成为人脑的外延或扩充部分，另外生物计算机还能够从人体的细胞中吸收营养来补充能量，不要任何外界的能源。由于生物计算机的蛋白质分子具有自我组合的能力，从而使生物计算机具有自调节能力、自修复能力和自再生能力，更易于模拟人类大脑的功能。现今科学家已研制出了许多生物计算机的主要部件——生物芯片。

4）光计算机

光计算机是用光子代替半导体芯片中的电子，以光互连来代替导线制成数字计算机。与电的特性相比光具有无法比拟的各种优点：光计算机是"光导"计算机，光在光介质中以许多个波长不同或波长相同而振动方向不同的光波传输，不存在寄生电阻、电容、电感和电子相互作用问题，光器件有无电位差，因此光计算机的信息在传输中畸变或失真小，可在同一条狭窄的通道中传输数量大得难以置信的数据。

总之，随着科学技术的发展，将来的计算机将会是更加先进、功能更加强大、体积更小而且具有一定智能的绿色环保型计算机。

5. 我国计算机的发展情况

我国的计算机事业，总的来说起步晚，但发展快。我国从 1956 年开始研制计算机，1958 年 6 月中国第一台计算机诞生了，这台小型电子管数字计算机被命名为"103"机。第二年，中国第一台大型电子管数字计算机"104"机也研制成功。此后又相继研制成功多台计算机。它们填补了我国计算机领域的空白，为形成我国自己的计算机工业奠定了基础。

我国在研制第 1 代电子管计算机的同时，已开始研制晶体管计算机，1965 年研制成功的我国第一台大型晶体管计算机 109 乙机。109 乙机共用 2 万多支晶体管，3 万多支二极管。对 109 乙机加以改进，两年后又推出 109 丙机，为用户运行了 15 年，有效算题时间 10 万小时以上，在我国两弹试验中发挥了重要作用，被用户誉为"功勋机"。

1971 年我国又研制出以集成电路为重要器件的 DJS 系列计算机。1974 年 8 月，多功能小型通用数字机通过鉴定，宣告系列化计算机产品研制取得成功，这种产品生产了近千台，标志着中国计算机工业走上了系列化批量生产的道路。

1978 年，邓小平同志在第一次全国科技大会上提出：中国要搞四个现代化，不能没有巨型机！巨型机是一个国家重要的战略资源，没有它，飞船无法升空，基因研究无法继续，复杂的气象预报难以准确。

在我国计算机专家和科技工作者的不懈努力下，1983 年 12 月，我国自行研制的第一个巨型机——"银河"超高速电子计算机系统研制成功，它的向量运算速度为每秒钟一亿次以上，软件系统内容丰富，中国从此跨入了世界巨型电子计算机的行列。这台计算机后来被人们称为"银河Ⅰ"巨型机。

1992 年，10 亿次巨型机"银河Ⅱ"通过鉴定。

1997 年，每秒 130 亿次浮点运算的"银河Ⅲ"并行巨型机研制成功。

1999 年 9 月，峰值速度达到每秒 1117 亿次的曙光 2000-II 超级服务器问世。同年，每秒 3840 亿次浮点运算的"神威"并行计算机研制成功并投入运行。我国成为继美国、日本之后世界上第三个具备研制高性能计算机能力的国家。

2000 年，推出每秒浮点运算速度 3000 亿次的曙光 3000 超级服务器。曙光 3000 是一种通用的超级并行计算机系统。

2001 年 10 月 13 日，我国第一款通用 CPU 芯片——"龙芯"诞生，拥有完全自主知识产权的 CPU 已达到国际前进水平。

2003 年 12 月 10 日，深腾 6800 超级计算机研制成功，运算速度为每秒 4.183 万亿次。

2004 年 6 月，曙光 4000A 研制成功，峰值运算速度为每秒 11 万亿次，是国内计算能力最强的商品化超级计算机。中国成为继美、日之后第三个跨越了 10 万亿次计算机研发、应用的国家。

2008 年 8 月，曙光 5000A 研制成功，以峰值速度 230 万亿次、Linpack 值 180 万亿次的成绩跻身世界超级计算机前十，标志着中国成为世界上即美国后第二个成功研制浮点速度在百万亿次的超级计算机。

这一系列辉煌成就标志着我国综合国力的增强，我国巨型机的研制已经达到国际先进水平。

1.1.3　计算机的分类

计算机的分类方法很多，一般可以从四个方面来划分。

1. 按计算机的功能和规模分

按照计算机的功能和规模可分为巨型机、大型机、中型机、小型机、微型机和工作站等。

1）巨型机

计算机中的"巨型"，并非仅从外观、体积上衡量，主要是从性能方面定义的。20 世纪 70 年代初期，国际上常以所谓的三个 1000 万以上来衡量一台计算机是否为"巨型"，即运算速度在每秒 1000 万次以上，存储容量在 1000 万位以上，价格在 1000 万美元以上的。到了 80 年代中期，巨型机的标准是运算速度为每秒 1 亿次以上，字长达 64 位，主存储器的容量达 4～16 MB。目前，运算速度为每秒 100 万亿～1000 万亿次。

巨型机体积大、价格昂贵、运算速度快，主要用于战略性武器开发和航空航天技术研究等领域，是衡量一个国家经济实力和科技水平的重要标志。目前，只有少数国家能生产巨型机，我国自行研发的银河和曙光系列计算机属于巨型机。

2）大型机、中型机

大型机、中型机的功能没有巨型机强，但也有很强的数据处理能力和管理能力，运行速度相对较快，主要用于高等院校、银行、科研院所和网络服务器等。

3）小型机

小型机相对于大、中型机来说，结构简单，价格较低，主要用于工业自动控制、测量仪器、医疗设备中的数据采集等。

4）微型机

微型机，简称微机，价格低、更新速度快，广泛应用于个人用户，所以又称个人计算机（PC）。现在我们日常用的计算机，绝大多数属于微机。微机包括台式微机、笔记本、掌上微机等。如果不作特别说明，本书所介绍的计算机即为台式微机。

5）工作站

通常比微机有更大的存储容量和更高的运算速度，而且配备大屏幕显示器，主要用于图像处理和计算机辅助设计等领域。

2. 按工作原理分

根据计算机的工作原理，可分为数字计算机、模拟计算机和混合式计算机三类。

数字计算机是一种能够直接对离散的数字进行处理的计算机。它将二进制编码形式的信息作为加工对象，内部采用数字逻辑电路。数字计算机具有速度快、精度高、存储容量大等优点，通常说的计算机就是指数字电子计算机。

模拟计算机是能够直接对连续的物理量，如电流、电压、温度、位移等进行处理的计算机。模拟计算机由运算放大器等模拟电子电路组成，运算速度快，但精度不高、通用性差，主要用于过程控制。

混合式计算机综合了上述两种计算机的优点，这种计算机具有数字部件和模拟部件，数字部件用来处理离散的数字，模拟部件用来处理连续的物理量。数字-模拟混合机主要用于完成一些特定的任务。

3. 按照用途来分

根据计算机的用途不同，可将计算机分为通用计算机和专用计算机两大类。

通用计算机是为解决多种类型问题而设计的计算机，该类计算机使用领域广泛，通用性较强，在科学计算、数据处理和过程控制等多方面适用。专用计算机是为解决某些特定问题而设计的计算机，如一些工业智能仪表、自动化控制装置、银行 ATM 机、数控机床等。

4. 按生产厂家分

按生产厂家可将计算机分为品牌机、组装机。品牌机又称原装机，组装机又称兼容机。

电脑是由许多配件组成，而没有一家品牌机企业可以自身完全生产出电脑的所有配件。因此，品牌机也是由品牌机企业购买多个厂家的配件组装而成，但是品牌厂商有比较严格检测手段，并且能够用自身企业信誉等来对购机者负责。购买品牌机的消费者除了要支付硬件本身的费用外，还需要支付硬件检测，组装，维护的费用，也就是为什么差不多的配置，品牌机和兼容机的价格差那么多的原因。现在比较有名的品牌有联想、戴尔等。

组装机和品牌机相比，少了检测、组装、维护等费用，而且不需要强有力的企业保证，费用相对就低很多。从配件来说，品牌机和兼容机没有本质的区别，所用配件也都是各大配件厂商生产出来的。从质量来看，同规格的配件品牌机和兼容机也是一样的，也就是说它们的质量是没区别的。

此外，按采用的操作系统可以将计算机分为单用户机系统、多用户机系统、网络系统和实时计算机系统；按字长可以将计算机分为 4 位机、8 位机、16 位机、32 位机、64 位机等。

1.2 计算机系统的组成与工作原理

一个完整的计算机系统是由硬件系统和软件系统两部分组成的。硬件是指组成计算机的各种电子器件、机械部件等物理设备，通俗地说就是那些看得见，摸得着的实际设备。软件系统是指计算机系统中的程序以及开发、使用和维护程序所形成的文档的总称。硬件是计算机工作的物质基础，软件是计算机的"灵魂"，没有软件只有硬件的计算机称为"裸机"，它什么事也干不了。硬件与软件是相辅相成的，硬件系统的发展给软件系统提供了良好的开发环境，而软件系统发展又给硬件系统提出了新的要求，促进了硬件的更新换代。

1.2.1 计算机的硬件系统

1. 计算机的硬件系统的基本组成

硬件是计算机工作的物质基础，人只有通过硬件才能向计算机系统发布命令、输入数据，并得到计算机的响应，计算机内部也必须通过硬件来完成数据存储、计算及传输等各项任务。现在我们使用的计算机，都是根据冯·诺依曼的"存储程序控制"原理设计的，即无论是哪一种计算机，一个完整的硬件系统从功能角度而言必须包括运算器、控制器、存储器、输入设备和输出设备五部分，每个功能部件各尽其职、协调工作。我们把运算器、控制器合称为中央处理器（Central Processing Unit，简称 CPU），CPU 和内存储器又合称为计算机的主机，而输入设备和输出设备合称为计算机的外部设备（简称外设）。

1）控制器

控制器（Controller）是整个计算机的控制指挥中心，它的主要功能是控制计算机各部件自动、协调地工作。控制器负责从存储器中取出指令，然后进行指令的译码、分析，并产生一系列控制信号。这些控制信号按照一定的时间顺序发往各部件，控制各部件协调工作，并控制程序的执行顺序。

2）运算器

运算器又称算术逻辑单元（Arithmetic Logic Unit，简称 ALU），是对信息进行加工、运算的部件。运算器的主要功能是对二进制数进行算术运算与逻辑运算。它由加法器（Adder）、补码器（Complement）等组成。现在的计算机都将运算器和控制器做在一起，称为中央处理单元。

3）存储器

存储器（Memory）是计算机的记忆部件，是计算机存放程序和数据的设备。它的基本功能是按照指令要求向指定的位置存进（写入）或取出（读出）信息。

计算机中的存储器分为两大类：主存储器（又叫内存储器）和辅助存储器（又叫外存储器）。存储器的有关术语有六个。

① 位（bit）。位是计算机存储数据的最小单位，用来存放一位二进制数（0 或 1）。一个二进制位只能表示 $2^1=2$ 种状态，要想表示更多的信息，就得把多个位组合起来作为一个整体，每增加一位，所能表示的信息量就增加一倍。例如，ASCII 码用七位二进制组合编码，能表示 $2^7=128$ 种信息。

② 字节（Byte，简称 B）。字节是数据处理的基本单位，即以字节为单位存储和解释信息。规定 8 个二进制位组成一个字节，即 1B＝8bit。存储器的容量一般有 KB（千字节）、MB（兆字节）、GB（吉字节）、TB（太字节），它们之间的关系为 $1KB=2^{10}B=1024B$，$1MB=2^{10}KB$，$1GB=2^{10}MB$，$1TB=2^{10}GB$。

③ 字（Word）。计算机处理数据时，CPU 通过数据总线一次存取、加工或传送的数据长度称为字。一个字通常由一个或若干字节组成。

④ 地址（Address）。计算机的内存被划分成许多独立的存储单元，每个存储单元一般存放 8 位二进制数。为了有效地存取该存储单元中的内容，每个单元必须有一个唯一编号来标识，这些编号称为存储单元的地址。

⑤ 读操作（Read）。按地址从存储器中取出信息，不破坏原有的内容，称为对存储器进行"读"操作。

⑥ 写操作（Write）。把信息写入存储器，原来的内容被覆盖，称为对存储器进行"写"操作。

4）输入设备

输入设备（Input Device）用来向计算机输入人们编写的程序和数据，可分为字符输入设备、图形输入设备和声音输入设备等。微型计算机系统中常用的输入设备有键盘、鼠标、扫描仪、光笔等。

5）输出设备

输出设备（Output Device）向用户报告计算机的运算结果或工作状态，它把存储在计算机中的二进制数据转换成人们需要的各种形式的信号。常见的输出设备有显示器、打印机、绘图仪等。

2. 微型计算机的基本配置

微型计算机硬件系统与其他计算机没有本质的区别，也是由五大功能部件组成。

但在生活中，我们习惯从外观上将微型计算机的硬件系统分为两大部分，即主机和外设。主机是微机的主体，微机的运算、存储过程都是在这里完成的。主机箱里包含着微型计算机的大部分重要硬件设备，如 CPU、主板、内存、各种板卡、电源及各种连线。主机以外的设备称为外设。外设主要是显示器、鼠标、键盘等一些常用 I/O 设备及外存储器等。

1）主板

主板又称系统版、母版等，是微型计算机中最大的一块集成电路板，如图 1-4 所示。

图 1-4　主板

微机的各个部件都直接插在主板上或通过电缆连接在主板上。主板上有 CPU 插座、控制芯片组、BIOS 芯片、内存条插槽、AGP 总线扩展槽、PCI 局部总线扩展槽、ISA 总线扩展槽，还集成了软盘接口、硬盘接口、并行接口、串行接口、USB 接口、键盘和鼠标接口以及一些连接其他部件的接口等。

主板的中心任务是维系 CPU 与外部设备之间能协同工作，不出差错。在控制芯片组的统一调度之下，CPU 首先接受各种外来的数据或命令，经过运算处理，再经由 PCI 或 AGP 等总线接口，把运算结果高速、准确的传输到指定外部设备上。

目前，市场上的主板品牌比较多，主要有华硕、微星、技嘉、硕泰克、联想、磐英等。

2）接口

接口是计算机输入输出的重要通道，计算机接口一般位于机箱的后部，如图 1-5 所示。

串行接口一次传输一位二进制数，通常连接通信设备，如调制解调器、串口鼠标等，其标记为 COM1、COM2。

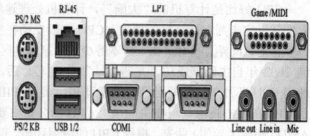

图 1-5　主板背面接口图

并行接口具有在多条线上一次同时传输一组二进制数的能力，并行接口通常连接打印机等设备，被标记为 LPT1、LPT2。

PS/2 接口俗称"小口"，是一种鼠标和键盘的专用接口，最初是 IBM 公司的专利。PS/2 接口的传输速率比 COM 接口稍快一些，而且是 ATX 主板的标准接口，是目前应用比较广泛的键盘、鼠标接口之一。PS/2 接口不支持热插拔，不能使高档鼠标完全发挥其性能，因而在 BTX 主板规范中，这也是即将被淘汰掉的接口。

USB 是英文 Universal Serial BUS 的缩写，中文含义是"通用串行总线"。USB 是在 1994 年底由英特尔、康柏、IBM、Microsoft 等多家公司联合提出的一种外部总线标准，用于规范电脑与外部设备的连接和通讯。USB 接口支持设备的即插即用和热插拔功能。USB 接口可用于连接多达 127 种外设，如鼠标、调制解调器和键盘等。USB 自从 1996 年推出后，已成功替代串口和并口，并成为当今个人电脑和大量智能设备的必配的接口之一。

3）CPU

CPU 是中央处理单元的英文简称，又称为中央处理器。微型计算机中的 CPU 又称为微处理器（Micro-Processor），是利用大规模集成电路技术，把整个运算器、控制器集成在一块芯片上的集成电路。CPU 内部可分为控制单元、逻辑单元和存储单元三大部分。这三大部分相互协调，进行分析、判断、运算并控制计算机各部分协调工作。CPU 外形如图 1-6 所示。

图 1-6　CPU 外形

CPU 好比是计算机的"大脑"，计算机处理速度的快慢主要是由 CPU 决定的，人们常以它来判定计算机的档次。CPU 一般安插在主板的 CPU 插座上。

目前，世界上只有美国、日本等少数国家和地区拥有通用 CPU 的核心技术。我国继 2002 年自主研制成功"龙芯一号"CPU 芯片后，又研制成功了"龙芯二号"高性能通用 CPU 芯片，其性能已经明显超过 PII，达到 PIII 的水平，这标志着我国已经拥有了 CPU 的核心技术。现在生产微机 CPU 的公司主要是美国的 Intel（英特尔）公司和 AMD（超威半导体）两家。根据 CPU 的应用环境，可以分为台式机 CPU、笔记本 CPU 和服务器 CPU 等。

CPU 的主要技术参数有五个。

① 主频。主频是 CPU 内核工作的时钟频率（一秒钟内发生的同步脉冲个数），单位用 MHz 或 GHz 表示。主频是 CPU 最主要的技术参数。虽然主频不直接代表 CPU 的运算速度，但一般主频越高，运算速度越快。

② 外频。外频是指系统总线的工作频率（系统时钟频率），是 CPU 与主板之间同步运行的速度，是 CPU 乃至整个计算机系统的基准频率，单位是 MHz。早期 CPU 的主频一般都等于外频，现在的 CPU 的主频一般是外频 20 倍左右。

③ 前端总线（FSB）。前端总线是 CPU 连接到主板北桥芯片的系统总线，是 CPU 和外界交换数据的最主要通道，其工作频率的高低直接影响 CPU 访问内存的速度。前端总线的数据传输能力对计算机整体性能影响很大，如果没有足够快的前端总线，即使配备再强劲的 CPU，用户也不会感觉到计算机整体速度的明显提升。随着内存频率的不断提升和高性能显卡（特别是双或多显卡系统）的快速发展，FSB 的带宽瓶颈逐渐明显。FSB 总线正在逐渐被 QPI 总线和 HT 总线所替代。

④ 字长。CPU 的字长是指 CPU 可以同时传送数据的位数，一般字长较长的 CPU 处理数据的能力较强，处理数据的精度也较高。目前所使用的 CPU 字长为 32 位、64 位。

⑤ 缓存（Cache）。缓存是位于 CPU 内部的临时存储器，它也是决定 CPU 性能的重要指标之一。微机在运行程序时，首先从硬盘执行程序，存放到内存，再交给 CPU 运算与执行。由于内存和硬盘的速度比 CPU 慢很多，每执行一个程序 CPU 都要等待内存和硬盘，引入缓存技术便是为了解决此矛盾。缓存的速度与 CPU 差不多，CPU 从缓存读取数据比 CPU 在内存上读取快得多，因而可以提升系统的整体性能。当然，由于受到 CPU 芯片面积和成本等因素的影响，缓存都比较小。按照数据读取顺序和与 CPU 结合的紧密程度，CPU 缓存可以分为一级缓存（L1 Cache），二级缓存（L2 Cache），三级缓存（L3 Cache）。每一级缓存中所储存的全部数据都是下一级缓存的一部分，这三种缓存的技术难度和制造成本是相对递减的，所以其容量也是相对递增的。例如一款 Intel 的主流 CPU——Core i3 540，其一、二、三级缓存的容量分别为 2×64K、2×256K、4M。当 CPU 要读取一个数据时，首先从一级缓存中查找，如果没有找到，再从二级缓存中查找，如果还是没有，就从三级缓存或内存中查找。

4）内存

内存是内部存储器的简称，分为只读存储器（Read Only Memory，简称 ROM）和随机存储器（Random Access Memory，简称 RAM）两种。

ROM 是一种只能读取而不能写入的存储器，其信息的写入是在特殊情况下进行的，称为"固化"，通常由厂商完成。ROM 一般用于存放那些不需要改变的信息或系统专用的程序和数据，其特点是关掉电源后存储器中的内容不会消失，例如主板上的 BIOS 信息就是用 ROM 存储的。

RAM 就是我们经常所说的内存，RAM 中的信息可以通过指令随时读取和写入，在工作时存放运行的程序和使用的数据，断电后 RAM 中的内容自行消失。内存是计算机基本硬件设备之一，内存大小会直接影响到计算机的运行速度。微型机上使用的 RAM 被制作成内存条的形式（如图 1-7 所示），一条内存芯片的容量有 1GB、2GB 等不同的规格。RAM 可分为 SRAM（Static RAM，静态随机存储器）和 DRAM（Dynamic RAM，动态随机存储器）两大类。SRAM 不需要刷新电路即能保存它内部存储的数据，而 DRAM 每隔一段时间，要刷新充电一次，否则内部的数据即会消失，因此 SRAM 存取速度快，具有较高的性能，但是 SRAM 也有它的缺点，即它的集成度较低，相同容量的 DRAM 内存可以设计为较小的体积，但是 SRAM 却需要很大的体积，且功耗较大。SRAM 主要用于高速缓冲存储器，DRAM 主要用于大容量内存储器，在微型计算机系统中，DRAM 主要有三种类型：

① SDRAM。SDRAM 是 Synchronous DRAM 的简称，中文名为"同步动态随机存储器"。SDRAM 是奔腾计算机系统普遍使用的内存形式，它的刷新周期与系统时钟保持同步，使 RAM 与 CPU 以相同的速度同步工作，可取消等待周期，减少数据存取时间。它的最高速度可达 1.1GB/s。

② DDR。DDR 是 Dual Date Rate SDRAM 的简称，中文名为"双倍速率 SDRAM"。DDR 的特点是在时钟触发沿的上、下沿都能进行数据传输，即使在 133MHz 的总线频率下的带宽也能达到 2.128GB/s。

③ RDRAM。RDRAM 是 Rambus DRAM 的简称，它能在很高的频率范围内通过一个简单的总线传输数据，在常规的系统上达到 600Mb/s 传输速率。

SDRAM 过去用户较多，RDRAM 价格较高使用较少，目前主流的内存是 DDR SDRAM，DDR 内存也有 1~3 代之分，每代内存金手指缺口位置稍许不同，金手指数和工作电压等也不相同，如图 1-7 所示。

目前，市场上的内存品牌主要有三星（Samsung）、金士顿（Kingston）、胜创（KingMax）、现代（Hyundai）、东芝（TOSHIBA）等。

5）外存

外存是外部存储器的简称，用于扩充存储器容量和存放"暂时不用"的程序和数据。外存储器的容量大大高于内存储器的容量，但它存取信息的速度比内存慢很多。外存通常位于主机范畴之外，常用的外存储器有磁盘、磁带、光盘、优盘等。磁带和

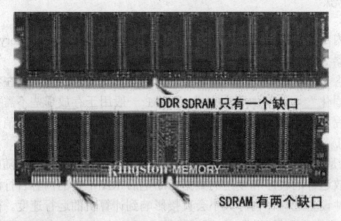

图 1-7 内存

磁盘中软盘现在已被淘汰。

（1）软驱和软盘。软驱又称为软盘驱动器，软驱的基本作用是读取软盘中的数据。软盘是一种磁介质存储设备，其存储容量可用公式求出：

$$磁盘容量 = 磁面数 \times 每磁面磁道数 \times 每磁道扇区数 \times 每扇区字节数$$

其中，磁道（Track）是指当磁头不动时，盘片转动一周被磁头扫过的一个圆周。每一盘面可分成若干个同心圆，即若干个磁道，其中最外层的是 0 磁道。为了记录信息的方便，又把每个磁道分成许多等长区段，每个区段叫做一个扇区（Sector）。一个扇区的存储容量通常为 512 字节。前几年，使用较多是双面高密 3.5 英寸软盘，有 2 个磁面，每面有 80 个磁道，每个磁道含 18 个扇区，其容量是固定的 1.44MB。

3.5 寸软盘的护套上有一个活动滑块的方形小孔，这个小孔称为写保护孔。如果移动滑块露出小孔，软盘驱动器对这片软盘只能读出上面的数据，而不能写入数据。

软盘的价格便宜，且便于携带，便于保存，为计算机信息的保存和转储提供了极大的方便，在 20 世纪 90 年代是最主要的外部存储设备。其缺点是存储容量小，读写速度慢。随着优盘的普及，软盘已逐渐淘汰。软驱和软盘的外形如图 1-8 所示。

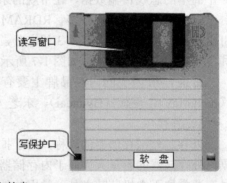

图 1-8　软驱和软盘

（2）硬盘。硬盘是另一种磁介质存储设备，我们说的硬盘实质上指硬盘驱动器和硬盘片，是一种最常见的外存储器，几乎所有的电脑上都配有硬盘。为方便使用，常常将硬盘安装在主机箱内。硬盘像软盘一样，也划分为磁面、磁道和扇区，不同的是一个硬盘由若干个磁性圆盘组成，每个盘片有 2 个磁面，每个磁面各有一个读写磁头，每个磁面上的磁道数和每个磁道上的扇区数也因硬盘的规格不同而差异。硬盘的外形如图 1-9 所示。

图 1-9　硬盘

硬盘最主要的参数有四个。

① 容量。硬盘的容量比软盘大得多。早期的硬盘容量仅为几十 MB 和几百 MB。现在硬盘容量逐步达到 40GB、80GB、120GB、250G、500G、1T、2T 等。

② 转速。转速是影响硬盘性能最重要的因素之一，高低速硬盘性能差距非常明显，一般转速越高性能越好。现在市场上流行的是每分钟转数分别为 5400rpm、7200rpm 和 15000rpm 的硬盘。

③ 缓存。缓存是硬盘的缓冲区，它能够大幅度地提高硬盘整体性能。缓存容量的大小因不同品牌、不同型号的产品而有所不同，早期的硬盘缓存基本都很小，只有几百 KB，现今主流硬盘所采用的一般为 32MB。

④ 接口类型。硬盘按照接口类型可以分为 IDE、SCSI、SATA 接口。

IDE（Integrated Drive Electronics）也称 ATA（Advanced Technology Attachment）接口，是 21 世纪初及以前常用的一种接口类型，其数据传输速率一般为 100MB/S 或 133MB/S。

SCSI（Small Computer System Interface）原是为小型机研制出的一种接口技术，随着电脑技术的发展，PC 机上有许多设备也使用 SCSI 接口，如硬盘、刻录机、扫描仪等。SCSI 接口具有很好的并行处理能力，也具有比较高的磁盘性能，在高端电脑、服务器上常用来作为硬盘及其他储存装置的接口。

SATA 是 Serial ATA 的缩写，即串行 ATA。SATA 总线使用嵌入式时钟信号，具备了更强的纠错能力，这在很大程度上提高了数据传输的可靠性。串行接口还具有结构简单、支持热插拔的优点。SATA 1.0 定义的数据传输率可达 150MB/s，SATA II 的数据传输率则已经高达 300MB/s。

硬盘的特点是存储容量大、存取速度快、可靠性高、每兆字节成本低等。目前，比较有名的硬盘品牌有希捷（Seagate）、西部数据（WD）、IBM、日立（Hitachi）等。

（3）光盘驱动器和光盘。光盘采用光材料作为存储介质，通过改变记录介质的折光率来保存信息，根据激光束反射光的强弱来读出数据。光盘与磁盘、磁带比较，主要的优点是记录密度高、存储容量大、体积小、易携带，被广泛用于存储各种数字信息。CD光盘的容量大约为650MB，DVD光盘的容量可达17GB，一般我们使用的DVD光盘容量大约为4.7GB。

光盘驱动器简称光驱，主要的作用就是读取光盘中的数据。光驱主要有CD-ROM和DVD-ROM（Digital Video Disk，数字视频光盘驱动器）两种。CD-ROM和DVD-ROM在外形上几乎没有区别，但CD-ROM只能读取CD光盘，DVD-ROM可以读取DVD光盘和CD光盘。CD光盘和DVD光盘在外形上也几乎没有区别。光驱和光盘的外形如图1-10所示。

图1-10　光驱和光盘

光驱最初的数据传输率是150KB/s，现在光驱的数据传输率是这个速率的整数倍，所以称为倍速。倍速是是衡量光驱性能的重要指标。在购买的光驱正面往往会刻有类似"52X"等字样，52X即代表该光驱的数据传输率是基本速度150KB/s的52倍。

随着光技术的不断进步，成本的不断降低，光驱已被一种新型的设备——"刻录机"替代。刻录机其外形与CD-ROM或DVD-ROM几乎一样，也有DVD刻录机与普通CD刻录机之分。刻录机不但能读取光盘中的数据还能往光盘中写入数据。当然，要写入数据的光盘不能是普通的只读型光盘，而应是可擦写光盘。可擦写光盘又分为CD-R（只可一次写入型光盘，刻录后光盘内的数据不可更改）和CD-RW（可重写型光盘，可以在一张光盘上进行多次数据擦写操作）。

和光驱一样，读取速度也是刻录机的主要性能指标。对刻录机而言，分为读取速度、写入速度和复写速度，其中写入速度是最重要的指标，写入速度直接决定了刻录机的性能、档次与价格。在购买的刻录机正面一般会顺序标出写入速度、复写速度和读取速度。例如，32X12X48X即表示此款刻录机的写入速度为32倍速，复写速度为12倍速，读取速度为48倍速。

著名的刻录机厂商有索尼（SONY）、雅马哈（YAMAHA）、明基（BenQ）、华硕（ASUS）、里光（RICOH）和爱国者（AIGO）等。

　　（4）优盘。优盘是 U 盘（USB 盘的简称）的谐音称呼，是闪存（Flash Memory）的一种，因此也叫闪存盘。优盘是一种非易失性存储器，其芯片是一种新型的 EEPROM（Electronic Erasable Programmable Read-Only Memory）存储器，它不仅可以像 RAM 那样可读可写，而且还具有 ROM 在断电后数据不会消失的优点。闪存盘具有体积小、外形美观、便于携带、存储容量大、物理特性优异、兼容性良好等特点，如图 1-11 所示。

图 1-11　优盘　　　　　　　　　　　图 1-12　移动硬盘

　　优盘通过 USB 口提供电源，支持即插即用和热插拔。对于 Windows Me/2000/XP 操作系统，把闪存盘插入主机的 USB 口时，系统能自动识别并赋予它一个盘符。

　　目前，市场上的大多数 USB 闪存盘的存储容量一般为 2GB、4GB、8GB、16GB 等，且具有"系统引导"功能。随着价格的不断下降以及容量、密度的不断提高，闪存盘开始向通用化的移动存储产品发展。随着 Intel 公司等著名厂商对外宣布将在新款处理器中彻底停止对软盘驱动器的支持，USB 移动存储盘将会彻底取代传统的软盘驱动器。

　　市场上著名的闪存盘品牌有：爱国者、朗科、纽曼、金士顿等。

　　（5）移动硬盘。移动硬盘的外形如图 1-12 所示，是一种可移动的、以硬盘为存储介质的存储设备。目前市场上绝大多数的移动硬盘都是以标准硬盘为基础的，而只有很少部分的是以微型硬盘(1.8 英寸硬盘等)为基础，因此移动硬盘在数据的读写模式与标准 IDE 硬盘是相同的。移动硬盘多采用 USB、IEEE1394 等传输速度较快的接口，可以较高的速度与系统进行数据传输。

　　移动硬盘属大容量存储设备，其存储容量一般与主流的硬盘容量相当。

　　6）输入设备

　　（1）键盘。键盘是计算机系统中最常用的输入设备，平时所做的文字录入工作，主要是通过键盘完成的。键盘经历了 83 键、101、 104、108 键盘，现在主流是 104、108 键盘，还有一些个性键盘。104 比 101 多了含两个 Win 功能键和一个菜单键（相当于鼠标右键）。108 比 104 多了就几个与电源管理有关的键，如开关机、休眠、唤醒等。个性键盘除了外形比较独特外，一般还在标准键盘上增加了一些"个性键"，如"一键上网键"、"音乐播放键"等。标准键盘和个性键盘的外形如图 1-13 所示。

图 1-13   标准键盘和个性键盘

（2）鼠标。随着 Windows 操作系统的普及，鼠标已经成为计算机最重要的输入设备。鼠标的形状如图 1-14 所示。

鼠标的全称是显示系统纵横位置指示器，因形似老鼠而得名"鼠标"。用鼠标器可以确定一个屏幕位置，用户只需轻轻滑动鼠标器就可控制屏幕上光标的移动。鼠标器上装有二或三个按键，在 Windows 环境下，通过鼠标操作，可以选定项目、激活菜单、打开窗口以及运行程序。使用鼠标大大简化了用户对计算机的操作。

鼠标可分为有线和无线两类。有线鼠标按接口类型可分为串行鼠标、PS/2 鼠标、USB 鼠标三种，无线鼠标以红外线遥控，遥控距离一般在 2m 以内。

鼠标按其工作原理的不同又可以分为机械鼠标和光电鼠标。机械鼠标又称机电式鼠标，主要由滚球、辊柱和光栅信号传感器组成。机械鼠标分辨率高，但编码器会受磨损。光电鼠标器用光电传感器代替了滚球，通过检测鼠标器的位移，将位移信号转换为电脉冲信号，再通过程序的处理和转换来控制屏幕上的鼠标箭头的移动。光学鼠标维护方便，可靠性和精度都较高，缺点是分辨率的提高受到限制。现在大多数高分辨率的鼠标多是光电鼠标。

图 1-14 鼠标   图 1-15 扫描仪   图 1-16 手写笔

（3）扫描仪。扫描仪是一种图像输入设备，通过它可以将图像、照片、图形、文字等信息以图像形式扫描输入到计算机中。扫描仪如图 1-15 所示，是继键盘和鼠标之后的第 3 代计算机输入设备，目前正在被广泛使用。

扫描仪的优点是可以最大程度的保留原稿面貌，这是键盘和鼠标所办不到的。通过扫描仪得到的图像文件可以提供给图像处理程序（如 Photoshop）进行处理。如果配上光学字符识别（OCR）程序，还可以把扫描得到的中西文字形转变为文本信息，以供文字处理软件（如 Word）进行编辑处理，这样就免去了人工输入的环节。

扫描仪生产厂商主要有 MICROTEK、MUSTEK、HP、CONTEX 以及国内的联想、方正等。

（4）手写笔。手写笔是一种在平板电脑、手机上使用较广泛的输入工具。利用它再加上专门的手写识别软件，使用者就可以在不学习中文输入法的情况下，很轻松地输入中文。手写笔作为台式机或笔记本电脑的一种辅助输入设备，一般都由两部分组成，一部分是与电脑相连的写字板，另一部分是在写字板上写字的笔。手写笔的外形如图 1-16 所示。

在手写板的日常使用上，除用于文字、符号、图形等输入外，还可提供光标定位功能，从而手写板可以同时替代键盘与鼠标，成为一种独立的输入工具。

7）输出设备

（1）显示器。显示器是微机最主要的输出设备，用于显示输入的程序、数据或程序运行的结果，并能以数字、字符、图形和图像等形式显示正在编辑的文件、图形、图像以及计算机所处的状态等信息。

显示器分为阴极射线管显示器（Cathode-Ray-Tube，简称 CRT）、液晶显示器（Liquid Crystal Display，简称 LCD）、发光二极管（Light Emitting Diode，简称 LED）显示器、等离子体（Plasma Display Panel，简称 PDP）显示器等。过去的显示器以 CRT 为主，现在的显示器以 LCD 为主。与传统的 CRT 相比，LCD 显示器具有机身薄，占地小，辐射小、重量轻等优点。CRT 显示器和液晶显示器外形如图 1-17 所示。

图 1-17　CRT 显示器和液晶显示器

按显示器屏幕尺寸大小，显示器有 14 英寸、15 英寸、17 英寸、19 英寸、22 英寸等不同的规格，目前以 22 英寸的为主。按显示色彩，显示器可分为黑白显示器和彩色显示器两类。黑白显示器只有黑白二种颜色。彩色显示器可以显示 16 色、256 色以及

2^{16} 和 2^{24} 这样的真彩色，其提供色彩的能力与显卡及显卡的设置有关。

CRT 显示器的主要技术指标有尺寸、点距、分辨率、带宽、刷新频率等，LCD 显示器的技术指标主要有可视角度、度和对比度、响应时间等。

显示器主要品牌有三星、飞利浦、明基、LG、NEC 等。

（2）显卡。显卡又称显示适配器，是个人电脑最基本组成部分之一。显卡的用途是将计算机系统所需要的显示信息进行转换驱动显示器，并向显示器提供行扫描信号，控制显示器的正确显示，是连接显示器和个人电脑主板的重要组件，是"人机对话"的重要设备之一。显卡外形如图 1-18 所示。

图 1-18　显卡

显卡直接插在主机板的扩展槽上并和显示器连接。过去显卡大部分为 PCI 接口，现在的显卡大部分为 AGP（Accelerated Graphics Port）接口，这样的显卡本身具有加速图形处理的功能。对于一些对显示效果要求不太高的应用，常常将显卡做成一块芯片，集成到主板上，以节省开支。

除了接口类型外，显卡还有一个重参数，那就是显存。一般显存容量越大，性能越好，目前市场上所售显卡的显存大多为 1GB 或 2GB。

显卡的主要制造商有爱尔莎（ELSA）、丽台（nVidia）、冶天（ATI）等。

（3）打印机。打印机是计算机的输出设备之一，用于将计算机处理结果打印在相关介质上。衡量打印机好坏的指标主要有三项：分辨率、速度和噪声。

按工作方式，打印机分为击打式和非击打式打印机，击打式的主要有针式打印机，非击式主要有喷墨打印机和激光打印机，三种类型打印机如图 1-19 所示。

针式打印机是依靠打印针击打所形成色点的组合来实现规定字符和汉字打印的。针式打印机结构简单、价格适中、技术成熟、具有中等程度的分辨率和打印速度、形式多样、适用面广而得到大多数用户，目前仍有广泛的市场。

喷墨打印机，使用喷墨来代替针打，噪音低、重量轻、清晰度高，可以喷打出逼真的彩色图像，但是需要定期更换墨盒，使用成本较高。

图 1-19　针式、喷墨、激光打印机

激光打印机实际上是复印机、计算机和激光技术的复合。激光打印机无噪音、速度快、分辨率高。目前的激光打印机有黑白和彩色两种类型。

办公中常用的打印机一般由实达、惠普、爱普生等厂商生产。

1.2.2　计算机的软件系统

软件是为了运行、管理和维护计算机所编制的各种程序及相应文档资料的总和。计算机软件系统包括系统软件和应用软件两大类。

1. 系统软件

系统软件是指控制和协调计算机及其外部设备，支持应用软件的开发和运行的软件。其主要的功能是进行调度、监控和维护系统等。系统软件是用户和裸机的接口，主要包括：

① 操作系统，如 DOS、Windows98、Windows NT、Linux、Netware 等；

② 各种语言处理程序，如低级语言、高级语言、编译程序、解释程序；

③ 各种服务性程序，如机器的调试、故障检查和诊断程序、杀毒程序等；

④ 各种数据库管理系统，如 SQL　Sever、Oracle、Informix、Foxpro 等。

2. 应用软件

应用软件是用户为解决各种实际问题而编制的程序及相关资料。应用软件往往涉及某个领域的专业知识，开发此类程序需要一定的专业知识作为基础。应用软件在系统软件的支持下工作。应用软件主要有以下几种：

① 用于科学计算方面的数学计算软件包、统计软件包；

② 文字处理软件包(如 WPS、Office)；

③ 图像处理软件包(如 Photoshop、Flash 、3DS MAX)；

④ 各种财务管理软件、税务管理软件、工业控制软件、辅助教育等。

3. 计算机系统的主要性能指标

衡量一台计算机的性能好坏的技术指标主要有如下五个方面。

（1）字长。计算机内部一次可以处理的二进制数码的位数称为字长。字长越长，一个字所能表示的数据精度就越高，数据处理的速度也越快。不同的计算机字长是不相同的，常用的字长有 8 位、16 位、32 位、64 位不等。

（2）存储容量。计算机系统所配置的主存（RAM）总字节数。内存容量越大，可运行的软件就越丰富。

（3）运算速度。计算机的运算速度是指计算机每秒所能执行的指令条数。对于微型计算机，可用 CPU 的主频和每条指令执行所需的时钟周期来衡量。由于不同类型的指令所需时间不同，因而运算速度的计算方法也不同。例如，将不同类型指令出现的频率乘上不同的系数，可求得运行时间的统计平均值，得到平均运算速度，此时可用 MIPS（Millions of Instruction Per Second，百万条指令每秒）作为运算速度的单位。

（4）外部设备的配置及扩展能力。主要指计算机系统连接各种外部设备的可能性、灵活性和适应性。

（5）软件配置。配置有功能强、操作简单、又能满足应用要求的操作系统和丰富的应用软件。

1.2.3　计算机的工作原理

1. 指令和指令系统

计算机的指令是一组二进制代码，一条指令一般包括操作码和地址码两部分，操作码表明进行何种操作，地址码则指明操作对象(数据)在内存中的地址。计算机能识别并能执行的全部指令的集合称为计算机的指令系统。

2. 程序设计语言

人们利用计算机来解决一个或某一类问题时，需要计算机按一定的步骤完成各种操作，这就要对计算机发布一系列的指令，这些指令的集合就称为程序。

语言是人与人交流的重要工具，人与计算机交流用什么语言呢？人与计算机交流的语言称为程序设计语言。程序设计语言主要经历了三个发展阶段：机器语言、汇编语言和高级语言。其中，机器语言及汇编语言属于低级语言。

1）机器语言

机器语言是面向机器的语言，是计算机唯一可以直接识别的语言，它用一组二进制代码（又叫机器指令）来表示各种各样的操作。用机器指令编写的程序叫做机器语言程序，其优点是不需要翻译就能够直接被计算机接受和识别。由于计算机能够直接执行机器语言程序，所以其运行速度最快。

用机器语言进行程序设计需要了解计算机的结构和工作原理。由于不同型号微处理器的指令系统各不相同，所以，机器语言的通用性极差。一个 CPU 的指令系统一般包含数百条机器指令，学习和记忆这些机器指令相当困难。用机器指令编制出来的程序可读性差，程序难以修改、交流和维护。

2）汇编语言

机器语言程序不易编制与阅读，为了便于理解和记忆，人们设计了能反映指令功能的英文缩写助记符来表示计算机语言，这种符号化的机器语言就是汇编语言。汇编语言采用助记符，比机器语言直观、容易记忆和理解。汇编语言也是面向机器的程序设计语言，每条汇编语言的指令对应了一条机器语言的代码，不同型号的计算机系统一般有不同的汇编语言。

用汇编语言编写的符号程序，计算机不能直接执行，必须由汇编程序将其翻译成计算机能直接识别的机器语言程序（称为目标程序），计算机才能执行。

3）高级语言

由于汇编语言仍然依赖于硬件，且助记符量大、难记，于是人们又发明了更加易用的所谓高级语言。在这种语言下，其语法和结构更类似普通英文，与人类自然语言十分接近，且由于远离对硬件的直接操作，使得一般人经过学习之后都可以编程。

用高级语言编写的程序即源程序是不能直接被计算机识别和执行的，必须翻译成计算机能识别和执行的二进制机器指令，才能被计算机执行。由源程序翻译成的机器语言程序称为"目标程序"。

高级语言源程序转换成目标程序有两种方式：解释方式和编译方式。解释方式是把源程序逐句翻译，翻译一句执行一句，边解释边执行。解释程序不产生将被执行的目标程序，而是借助于解释程序直接执行源程序本身。编译方式是首先把源程序翻译成等价的目标程序，然后再执行此目标程序。如图 1-20 所示。

图 1-20　编译、解释过程示意图

目前，比较流行的高级语言有 C、Visual Basic、Delphi、Visual C++等。有时也把一些数据库开发工具归入高级语言，如 Visual FoxPro、PowerBuilder 等。

3. 计算机执行程序的过程

计算机工作的过程实质上是执行程序的过程。在计算机工作时，CPU 逐条执行程序中的语句就可以完成一个程序的执行，从而完成一项特定的任务。

计算机在执行程序时，先将每个语句分解成一条或多条机器指令，然后根据指令顺序，一条指令一条指令地执行，直到遇到结束运行的指令为止。而计算机执行指令的过程又分为取指令、分析指令和执行指令三步，即从内存中取出要执行的指令并送到 CPU 中分析指令要完成的动作，然后执行操作，直到遇到结束运行程序的指令为止。程序执行过程如图 1-21 所示。

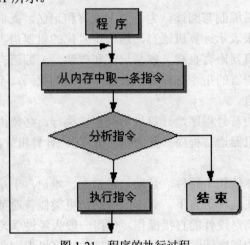

图 1-21　程序的执行过程

4. 计算机的工作原理

目前，绝大多数计算机都是根据冯·诺依曼提出的"存储程序控制"理论设计的，其基本设计思想是：预先将根据某一任务设计好的程序装入存储器中，再由计算机去执行存储器中的程序。从图 1-21 程序的执行过程可以看出，在计算机工作中有三种信息在流动：数据信息、指令信息和控制信息。数据信息是指各种原始数据、中间结果、

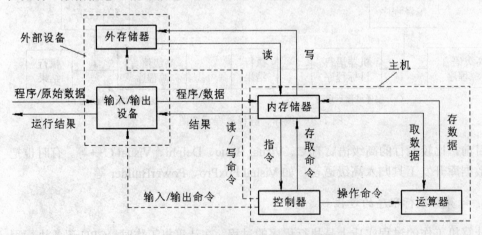

图 1-22　计算机的工作原理示意图

源程序等。这些信息由输入设备送到内存中。在运算过程中，数据从外存读入内存，由内存到 CPU 的运算器进行运算，运算后将计算结果再存入外存，或经输出设备输出。指令信息是指挥计算机工作的具体操作命令，而控制信息是由全机的指挥中心控制器发出的，根据指令向计算机各部件发出控制命令，协调计算机各部分的工作。计算机工作原理如图 1-22 所示。

1.3　数制与编码

1.3.1　数制

1. 数制的概念

数制即进位计数制，指按进位的原则进行计数。在日常生活中经常要用到数制，除了常用的十进制计数以外，还有许多其他的计数方法，如十二进制（十二为一打）、二十四进制（一天二十四小时）、六十进制（六十秒为一分，六十分为一小时）等。这种逢几进一的计数法，称为进位计数法。除了十进制(Decimal notation)外，学习计算机还要了解二进制(Binary notation)、八进制(Octal notation)和十六进制(Hexdecimal notation)。

2. 数制的标示

数 100010，可以看成是二进制数，也可以看成是八进制数、十进制数等，怎样区别呢？可以用下标或字母来标示数制，常用的数制标示如表 1-1 所示。没有任何标示的，默认是十进制。

表 1-1　各种数制的标示

数制	下标	字母	样例
二进制	2	B	100010B 或（100010）$_2$
八进制	8	Q	345672Q 或（345672）$_8$
十进制	10	D	345672D 或（345672）$_{10}$ 或 345672
十六进制	16	H	345672H 或（345672）$_{16}$

3. 数制的三要素

数制的三要素是基码、基数、位权。

1）基码

基码就是基本数码，也就是说一种计数制由哪些基本的数字构成。十制进的基码是 0、1、2、3、……9；二制进的基码是 0、1；八制进的基码是 0、1、2、3、……7；

十六进制的基码是 0、1、……9、A、B、C、D、E、F。

2）基数

基数指数制中所需要的数字字符的总个数。例如，十进制数用 0、1、2、3、4、5、6、7、8、9 等 10 个不同的符号来表示数值，这个 10 就是数字字符的总个数，也是十进制的基数，表示逢 10 进 1。同理，八进制的基数是 8，表示逢 8 进 1；十六进制的基数是 16，表示逢 16 进 1；二进制的基数是 2，表示逢 2 进 1。

3）位权

位权通俗地说就是指一个数的每一位位置的权值。位置的确定是以小数点为中心，向左从 0 开始计数，向右从–1 开始记数。例如十进制数 2345.378，数字 5 所处的位置为 0 位，数字 2 所处的位置为 3 位，数字 8 所处的位置为–3 位。

某一位的位权是以基数的若干次幂来确定的，这个幂的值就是位置的值。这样某个十进制数第 i 位的位权就是 10^i，同理某个二进制数、八进制数、十六进制数第 i 位的位权分别就是 2^i、8^i、16^i。

任何一种数制的数都可以表示成按位权展开的多项式之和。例如十进制数的 234.15 可表示为：

$$234.15 = 2 \times 10^2 + 3 \times 10^1 + 4 \times 10^0 + 1 \times 10^{-1} + 5 \times 10^{-2}$$

二进制数 10100101，可表示为：

$$(10100101)_2 = 1 \times 2^7 + 0 \times 2^6 + 1 \times 2^5 + 0 \times 2^4 + 0 \times 2^3 + 1 \times 2^2 + 0 \times 2^1 + 1 \times 2^0$$

4. 计算机内部的数制

计算机内部用二进制来表示信息，为什么不用我们习惯用的十进制呢，其主要原因有以下四点。

（1）电路简单。计算机是由逻辑电路组成的，逻辑电路通常只有两个状态，例如晶体管的饱和与截止、开关的接通与断开、电压电平的高与低等。这两种状态正好用来表示二进制数的两个数码 0 和 1。

（2）可靠性高。两种状态表示二进制两个数码，数字传输和处理不容易出错，因此电路工作更加可靠。

（3）运算简单。二进制运算法则简单，例如加法法则只有 3 个，乘法法则也只有 3 个。

（4）逻辑性强。计算机工作原理是建立在逻辑运算基础上的，逻辑代数是逻辑运算的理论依据。二进制只有两个数码，正好代表逻辑代数中的"真"和"假"。

在计算机内部，一切信息的存储、处理与传送均采用二进制的形式。但由于二进制数的阅读与书写很不方便，为此，在阅读与书写时又通常用十六进制或八进制来表示，这是因为十六进制和八进制与二进制之间有着非常简单的对应关系，表 1-2 给出了 15 以内的数的用各种计数制表示的对照表。

表 1-2　各种数制的对应关系

十进制	二进制	八进制	十六进制
0	0	0	0
1	1	1	1
2	10	2	2
3	11	3	3
4	100	4	4
5	101	5	5
6	110	6	6
7	111	7	7
8	1000	10	8
9	1001	11	9
10	1010	12	A
11	1011	13	B
12	1100	14	C
13	1101	15	D
14	1110	16	E
15	1111	17	F

5. 各种数制之间的相互转换

将数由一种数制转换成另一种数制称为数制间的转换。由于计算机采用二进制，但用计算机解决实际问题时对数值的输入输出通常使用十进制，这就有一个十进制和二进制相互转换的问题。也就是说，在使用计算机进行数据处理时首先必须把输入的十进制数转换成计算机所能接受的二进制数，计算机在运行结束后，再把二进制数转换为人们所习惯的十进制数输出。这两个转换过程完全由计算机系统自动完成不需人们参与。

1）非十进制数转换成十进制数

非十进制数转换成十进制数时一般采用按位权展开，然后再相加的方法。

例 1　将 1011.01B 转换为十进制数。

$1011.01B = 1 \times 2^3 + 0 \times 2^2 + 1 \times 2^1 + 1 \times 2^0 + 0 \times 2^{-1} + 1 \times 2^{-2} = 8 + 2 + 1 + 0.25 = 11.25D$

例 2　将 B7.FH 转换为十进制数。

$B7.FH = 11 \times 16^1 + 7 \times 16^0 + 15 \times 16^{-1} = 176 + 7 + 0.975 = 183.9375D$

例 3　将 372.6Q 转换为十进制数。

$372.6Q = 3 \times 8^2 + 7 \times 8^1 + 2 \times 8^0 + 6 \times 8^{-1} = 192 + 56 + 2 + 0.75 = 250.75D$

2）十进制数转换成非十进制数

十进制数转换成非十进制数，要整数部分与小数部分分别转换，最后将结果写在一起。

整数部分可以采用除基数逆序取余法，即用十进制整数除基数，除到商为 0 时为止，将得到的余数由下而上排列，就是我们所需的非十进制数的整数部分。

小数部分可以采用乘基数顺序取整法，即用十进制小数乘基数，当积值为 0 或达到所要求的精度时，将整数部分由上而下排列，就是我们所需的非十进制数的小数部分。

例 4 将十进制数 27.125D 转换为二进制数。

整数部分（除基数逆序取余法余）

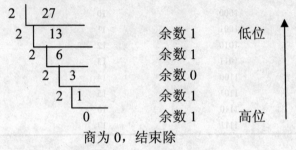

商为 0，结束除

小数部分（乘基数顺序取整法）

$0.125×2=0.25$	整数部分 0	高位
$0.25 ×2=0.5$	整数部分 0	
$0.5×2=1.0$	整数部分 1	低位

去掉整数部分后，积值为 0，结束乘

所以：27.125D=11011.001B

3）二进制数转换成八进制数（或十六进制数）

因二进制数基数是 2，八进制数基数是 8，十六进制数基数是 16。又由于 $2^3=8$，$2^4=16$，可见二进制三位数对应于八进制一位，二进制四位数对应于十六进制一位，所以二进制与八（十六）进制互换是十分简便的。

二进制数转换为八（十六）进制数可概括为"三（四）位并一位"，即以小数点为基准，整数部分从右至左，每三（四）位一组，最高位不足三（四）时，添 0 补足三（四）位；小数部分从左至右，每三（四）位一组，最低有效位不足三（四）位时，添 0 补足三（四）位；然后将各组的三（四）位二进制数按权展开后相加，得到一位八（十六）进制数码；再按权的顺序连接起来即得到相应的八（十六）进制数。

例 5 将 $(1011100.00111)_2$ 转换为八进制数。

$\underline{(001,011,100.001,110)_2} = (134.16)_8$

　　1　　3　　4.　1　　6

例6 将$(1011100.00111)_2$转换为十六进制数。

$$(\underbrace{0101}_{5},\underbrace{1100}_{C}.\underbrace{0011}_{3},\underbrace{1000}_{8})_2=(5C.38)_{16}$$

4）八（十六）进制数转换成二进制数

八（十六）进制数转换成二进制数可概括为"一位拆三（四）位"，即把一位八进制数写成对应的三（四）位二进制数，然后按权连接即可。

例7 将$(163.54)_8$转换成二进制数。

$$(\underbrace{1}_{001}\quad\underbrace{6}_{110}\quad\underbrace{3}_{011}.\underbrace{5}_{101}\quad\underbrace{4}_{100})_8=(1110011.1011)_2$$

例8 将$(16E.5F)_{16}$转换成二进制数。

$$(\underbrace{1}_{0001}\quad\underbrace{6}_{0110}\quad\underbrace{E}_{1110}.\underbrace{5}_{0101}\quad\underbrace{F}_{1111})_{16}=(101101110.01011111)_2$$

6. 二进制的算术与逻辑运算

1）算术运算。

二进制算术运算与十进制算术运算类似，但更为简单。

① 加法运算。

$$0+0=0 \quad 0+1=1 \quad 1+0=1 \quad 1+1=10(逢二进一)$$

② 二进制的减法运算。

$$0-0=0 \quad 0-1=1(借一当二) \quad 1-0=1 \quad 1-1=0$$

③ 二进制的乘法运算。

$$0\times0=0 \quad 0\times1=0 \quad 1\times0=0 \quad 1\times1=1$$

④ 二进制的除法运算。

$$0\div0=0 \quad 0\div1=0 \quad 1\div0=0(无意义) \; 1\div1=1$$

例9 求$(1011011)_2+(1010.11)_2=?$

$$\begin{array}{r} 1011011 \\ +)\quad 1010.11 \\ \hline 1100101.11 \end{array}$$

则$(1011011)_2+(1010.11)_2=(1100101.11)_2$

例10 求$(1010110)_2-(1101.11)_2=?$

$$\begin{array}{r} 1010110 \\ -)\quad 1101.11 \\ \hline 1001000.01 \end{array}$$

则$(1010110)_2-(1101.11)_2=(1001000.01)_2$

2）二进制的逻辑运算

逻辑是指条件与结论之间的关系。因此，逻辑运算是指对因果关系进行分析的一种运算，运算结果并不表示数值大小，而是表示逻辑概念，即成立还是不成立。

计算机的逻辑关系是一种二值逻辑，二值逻辑可以用二进制的 1 或 0 来表示，例如：1 表示"成立"、"是"或"真"，0 表示"不成立"、"否"或"假"等。若干位二进制数组成逻辑数据，位与位之间无"位权"的内在联系。对两个逻辑数据进行运算时，每位之间相互独立，运算是按位进行的，不存在算术运算中的进位和借位，运算结果仍是逻辑数据。

在逻辑代数中有三种基本的逻辑运算：或、与、非。其他复杂的逻辑关系均可由这三种基本逻辑运算组合而成。

（1）"或"运算 (逻辑加法) 。做一件事情取决于多种因素时，只要其中有一个因素得到满足就去做，这种因果关系称为"或"逻辑。用来表达和推演或逻辑关系的运算称为"或"运算，"或"运算符常用"＋"、"∨"或"OR"表示。"或"运算法则：

$$0+0=0 \quad 0+1=1 \quad 1+0=1 \quad 1+1=1 \quad 也可这样写：$$
$$0 \vee 0=0 \quad 0 \vee 1=1 \quad 1 \vee 0=1 \quad 1 \vee 1=1$$

例 11 求 10100001 ∨ 10011011

$$
\begin{array}{r}
10100001 \\
\vee \ 10011011 \\
\hline
10111011
\end{array}
$$

则 10100001 ∨ 10011011 ＝ 10111011

（2）"与"运算（逻辑乘法）。做一件事情取决于多种因素时，当且仅当所有因素都满足时才去做，否则就不做，这种因果关系称为"与"逻辑。用来表达和推演与逻辑关系的运算称为"与"运算，"与"运算符常用"×"、"·"、"∧"或"AND"表示。"与"运算法则：

$$0 \times 0=0 \quad 0 \times 1=0 \quad 1 \times 0=0 \quad 1 \times 1=1$$
$$0 \wedge 0=0 \quad \quad 0 \wedge 1=0 \quad 1 \wedge 0=0 \quad \quad 1 \wedge 1=1$$
$$0 \cdot 0=0 \quad 0 \cdot 1=0 \quad \quad 1 \cdot 0=0 \quad \quad 1 \cdot 1=1$$

例 12 求 10111001 ∧ 11110011

$$
\begin{array}{r}
10111001 \\
\wedge \ 11110011 \\
\hline
10110001
\end{array}
$$

则 10111001 ∧ 11110011 ＝ 10110001

（3）"非"运算（逻辑否定）。"非"运算实现逻辑否定，即进行求反运算。"非"运算符常在逻辑变量上面加一横线表示。运算规则为：非 0 等于 1；非 1 等于 0。也可这样表示 $\overline{0}=1$，$\overline{1}=0$

对某个二进制数进行非运算，就是对它的各位按位求反。

例 13　求 $\overline{10111001}$

$$\overline{10111001} = 01000110$$

1.3.2　编码

　　计算机处理的数据分为数值型和非数值型两类。数值型数据指数学中的代数值，具有量的含义，且有正负之分、整数和小数之分；而非数值型数据是指输入到计算机中的所有信息，没有量的含义，如数字符号 0～9、大写字母 A～Z 或小写字母 a～z、汉字、图形、声音及一切可打印的符号 +、-、! 、#、%、》等。由于计算机采用二进制，所以输入到计算机中的任何数值型和非数值型数据都必须转换为二进制。将数据转换为二进制的过程就是编码的过程。

　　对于数值型数据来说，数据是有正负的，怎样表示正负呢？通常的做法是约定一个数的最高位为符号位，若该位为"0"表示正数；若该位为"1"表示负数。计算机中对带符号的数有原码、补码与反码三种表示形式。

　　对于非数值型数据来说，要进行编码，首先要确定符号的总的数量，然后依次编号，编号值的大小无意义，仅作为区分与使用这些字符的依据。编码虽然简单，但不是每个人能做的，一般编码方法需经权威部门制定并发布才有意义。

　　1. 西文字符的编码

　　西文字符的编码方案很多，主要有 EBCDIC 码、ASCII 码等。EBCDIC 码是 IBM 公司在其各类机器上广泛使用的一种编码方案。ASCII (American Standard Code for formation Interchange，美国标准信息交换)码，是由美国国家标准局(ANSI)制定的，已被国际标准化组织定为国际标准，是目前使用得最广泛编码方案。

　　ASCII 码由 7 位二进制代码组成，可表示 128 个字符（2^7=128），其中包括 26 个大写英文字母、26 个小写英文字母，10 个阿拉伯数字（0~9），33 个控制码和 33 个标点和运算符号。如表 1-3 的前两列和最后一列的最后一个（DEL）为控制码，利用它们可以控制机器进行某种操作。控制码均为不可显示字符。其余 95 个代码所代表的是可显示字符，即可以打印、可以显示的字符。

　　字母和数字的 ASCII 码的记忆是非常简单的。我们只要记住了一个字母或数字的 ASCII 码，知道了相应的大、小写字母之间的差，就可以推算出其余字母、数字的 ASCII 码。例如记住 A 为 65 ，则可推出 F 的 ASCII 码为 70（因为 F 是 A 后第 5 个字母），同理可推出小写字母 a 的 ASCII 码为 97（因为相同字母，小写比大写大 32）。

　　虽然标准 ASCII 码是 7 位编码，但由于计算机基本处理单位为字节（1byte = 8bit），所以一般仍以一个字节来存放一个 ASCII 字符。每一个字节中多余出来的一位（最高位）在计算机内部通常保持为 0（在数据传输时可用作奇偶校验位）。

表 1-3　ACSII 码表

高位码 低位码	000	001	010	011	100	101	110	111
0000	NUL	DLE	SP	0	@	P	`	p
0001	SOH	DC1	!	1	A	Q	a	q
0010	STX	DC2	"	2	B	R	b	r
0011	EXT	DC3	#	3	C	S	c	s
0100	EOT	DC4	$	4	D	T	d	t
0101	ENQ	NAK	%	5	E	U	e	u
0110	ACK	SYN	&	6	F	V	f	v
0111	BEL	ETB	'	7	G	W	g	w
1000	BS	CAN	(	8	H	X	h	x
1001	HT	EM	)	9	I	Y	i	y
1010	LF	SUB	*	:	J	Z	j	z
1011	VT	ESC	+	;	K	[	k	{
1100	FF	FS	,	<	L	\	l	|
1101	CR	GS	-	=	M	]	m	}
1110	SO	RS	.	>	N	^	n	~
1111	SI	US	/	?	O	_	o	DEL

2. 汉字编码

计算机在处理汉字信息时也要将其转化为二进制代码,这就需要对汉字进行编码。但由于汉字的数量庞大、字形复杂,其编码较西文字符要复杂得多。在输入、输出和存储等各个环节中,要涉及多种汉字编码,如输入码、交换码、机内码以及字形码等。

1)输入码

输入码又称外码,是用英文键盘输入汉字时设计的编码。目前,国内先后研制的汉字输入码多达数百种,但用户使用较多的约为十几种,按输入码编码的主要依据,大体可分为顺序码、音码、形码、音形码四类。

汉字输入码与输入汉字时所用的汉字输入方法有关,同一个汉字在不同的输入方案下,产生的输入码可能不同。如"保"字,用全拼,输入码为码为"BAO",用区位码,输入码为"1703",用五笔字型则为"WKS"。

常用的汉字输入法有全拼、双拼、区位码、快速码、自然码、五笔字型、首尾码、电报码以及在这些输入法上发展出来的智能 ABC、极品五笔、QQ 拼音等。

2）机内码

机内码是计算机内部存储和加工汉字时所用的代码，又称内码。不管用何种汉字输入法将汉字输入计算机，为存储和处理方便，都需将其转换成汉字内部码。同一汉字，输入码可以不同，但机内码一定是相同的。用户从键盘上把一个汉字输入计算机时，将由系统自动完成从输入码到机内码的转换。机内码一般都采用变形的国标码。

国标码以 1981 年 5 月我国国家标准局颁布的《信息交换用汉字编码字符集——基本集》（代号为 GB2312-80）作为汉字信息交换的标准编码方案。国标码共对 6763 个汉字和 682 个图形符号共计 7445 个字符进行了编码，其编码原则为：汉字用两个字节表示，每个字节用七位码（高位为 0），并按一定的规则（最常用的 3755 个为一级汉字，按拼音排序；次常用的 3008 个二级汉字，按偏旁部首排序）将所有的国标码字符排列在一个 94 行 94 列的二维表中。在此表中，每一行称为一个"区"，每一列称为一个"位"。这个方阵实际上组成一个有 94 个区（编号由 01 到 94），每个区有 94 个位（编号由 01 到 94）的汉字字符集。这样"任何"一个汉字或符号都对应一个唯一的区位号。汉字输入法中的区位码就是依据这种规律来编码的。例如"保"字在二维表中处于 17 区第 3 位，区位码即为"1703"。很显然区位码是一种没有重码的编码方案。需要注意的是，这里说的区号、位号都是十进制数。

国标码并不等于区位码，它是由区位码稍作转换得到，其转换方法为：先将十进制区码和位码转换为十六进制的区码和位码，再分别加上 20H，就得到国标码。如："保"字的区位码为"1703"，转换为十六进制数为 1103H，再区码、位码分别加 20H，这样"保"字的国标码就为 3123H。

国标码是汉字信息交换的标准编码，但因其前后字节的最高位为 0，与 ASCII 码发生冲突，如"保"字，国标码为 31H 和 23H，而西文字符"1"和"#"的 ASCII 也为 31H 和 23H，现假如内存中有两个字节为 31H 和 23H，这到底是一个汉字"保"，还是两个西文字符"1"和"#"呢？计算机无法判断，显然，国标码是不可能在计算机内部直接采用的，必须进行变换处理，其变换方法为：将国标码的每个字节都加上 128（80H），即将两个字节的最高位由 0 改 1，其余 7 位不变，这就是汉字的机内码（变形国标码）。例如："保"字的国标码为 3123H（前字节为 00110001B，后字节为 00100011B），则其机内码的前字节为 10110001B 后字节为 10100011B，因此，"保"字的机内码就是 B1A3H。机内码、国标码、区位码的换算公式总结如下：

$$区位码 + 2020H = 国标码$$
$$国标码 + 8080H = 机内码$$

3）输出码

汉字输出码又称汉字字形码或汉字字模，用于汉字在显示屏或打印机输出。汉字字形码通常有两种表示方法：点阵和矢量。

点阵字形编码是一种最常见的字形编码，它用一位二进制码对应屏幕上的一个像素点，字形笔划所经过处的亮点用 1 表示，没有笔划的暗点用 0 表示，如图 1-23 所示。

根据输出汉字的要求不同，点阵的多少也不同。简易型汉字为 16×16 点阵，提高型汉字为 24×24、32×32、48×48 点阵等。点阵规模越大，表示的字形信息越完整，显示的汉字越清晰、美观，所占存储空间也越多。例如一个 16 点阵的汉字，占用的空间为 16×16/8=32 字节。字体不同，组成汉字的点阵也不同，例如有"宋体字库"、"楷体字库"、"黑体字库"等不同的汉字库。

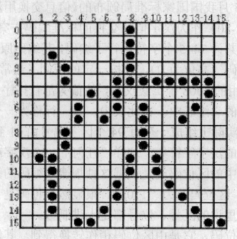

图 1-23　汉字字形点阵

矢量表示方式存储的是描述汉字字形的轮廓特征，当要输出汉字时，通过计算机的计算，由汉字字形描述生成所需大小和形状的汉字点阵。矢量化字形描述与最终文字显示的大小，分辨率无关，因此可以产生高质量的汉字输出。Windows 中使用的 TrueType 技术就是汉字的矢量表示方式。

1.4　多媒体计算机

随着微电子、计算机和数字化声像技术的飞速发展，多媒体技术应运而生。它的出现标志着信息技术一次新的革命性的飞跃。多媒体改善了人与计算机的信息交流方式，同时也拓宽了人类传递信息的途径，给人类带来了深刻的影响，并迅速渗透到社会的各个领域。

1.4.1　多媒体的基本概念

1. 媒体的概念

媒体在计算机科学中有两层含义：一种是指信息的物理载体，如报纸、书刊、磁带、磁盘、录音带、录像带、卡片等；另一种指信息的存在和表现形式，如语言、文字、图像、图形、动画和视频等。在计算机多媒体技术中，一般指后者。

2. 多媒体

多媒体（Multimedia）就是多重媒体的意思。日常生活中媒体传递信息的基本元素是语言、文字、图像、图形、动画和视频等，这些基本元素的组合就构成了我们平常接触的各种信息。计算机中的多媒体就是以数字技术为核心，通过对这些基本媒体元素的"有机"组合来传递信息的。

3. 多媒体技术

多媒体技术是一种能把文字、图形、图像、视频、动画和声音等表现信息的媒体结合在一起，并通过计算机进行综合处理和控制，完成一系列随机性、交互式操作的技术。从研究和发展的角度来看，多媒体技术具有四个特点。

① 集成性。集成性是指能对信息进行多通道统一获取、存储、组织与合成。

② 多样性。多样性是指能综合处理多种媒体信息，包括文本、图形、图像、动画、音频和视频等。

③ 交互性。交互性是多媒体应用有别于传统信息交流媒体的主要特点之一，传统信息交流媒体只能单向地、被动地传播信息，而多媒体技术则可以实现人对信息的主动选择和控制。交互性增加了用户对信息的注意和理解，延长了信息的保留时间。从数据库中检索出用户需要的文字、照片和声音资料，是多媒体交互性的初级应用；通过交互特征使用户介入到信息过程中，则是交互应用的中级阶段；当用户完全进入到一个与信息环境一体化的虚拟信息空间遨游时，才达到了交互应用的高级阶段。

④ 实时性。实时性是指当用户发出指令时，相应的多媒体信息都能得到实时控制，如视频会议和可视电话等。

4. 多媒体个人计算机

多媒体个人计算机 (Multimedia Personal Computer，MPC)一般是指能够综合处理文本、图形、图像、动画、音频和视频等多种媒体信息的计算机。1990 年，IBM、Microsoft、NEC、Philips 等 14 家大型计算机公司成立了 MPC 市场委员会，制定了第一代多媒体计算机的基本标准——MPC 标准，对多媒体计算机及相应的多媒体硬件规定了必需的技术规格。MPC 标准是一组随计算机技术发展而不断更新的标准，主要有MPC-1、MPC-2、MPC-4。

从硬件设备来看，在传统意义的 PC 机上增加声卡和光盘驱动器，就构成 MPC。目前市场上的计算机，几乎都具有多媒体功能。

1.4.2 多媒体计算机系统的组成

多媒体计算机系统是一套复杂的硬件、软件有机结合的综合系统。它把音频、视频等媒体与计算机系统融合起来，并由计算机系统对各种媒体进行数字化处理。与计算机系统类似，多媒体计算机系统由多媒体硬件和多媒体软件构成。

1. 多媒体硬件系统

1）主机

主机可以是一般的微机，也可以是工作站或其他中、大型机。

2）多媒体板卡

多媒体板卡是根据多媒体系统获取或处理各种媒体信息的需要插接在计算机上，以解决输入和输出问题的设备。常用的多媒体板卡有显卡、声卡和视频卡等。

显卡又称显示适配器，它是计算机主机与显示器之间的接口，用于将主机中的数字信号转换成图像信号并在显示器上显示出来。

声卡又称声频卡，是多媒体计算机关键设备之一。声卡有三个基本功能：一是音乐合成发音功能；二是混音器（Mixer）功能和数字声音效果处理器（DSP）功能；三是模拟声音信号的输入和输出功能。声卡的关键技术主要有数字音频、音乐合成、MIDI（Musical Instrument Digital Interface，乐器数字接口）及音效等。

视频卡是将摄像机或录像机的视频信号转换成计算机的数字图像的主要硬件设备。视频卡的种类很多，大体上可分为 MPEG 卡、视频捕获卡、电视编码卡和电视卡。其主要功能是连接摄像机、影碟机、TV 等设备，以便获取、处理和表现各种动画和数字化视频媒体。

3）多媒体设备

多媒体设备十分丰富，工作方式一般为输入或输出。其中输入设备主要有摄像机、录像机、影碟机、扫描仪、话筒、录音机、激光唱盘和 MIDI 合成器等；输出设备主要有打印机、显示器、电视机、投影电视、扬声器、立体声耳机等；人机交互设备主要有键盘、鼠标、触摸屏和光笔等。

2. 多媒体软件系统

多媒体软件系统按功能可分为系统软件和应用软件。

多媒体系统软件除了具有一般系统软件的特点外，还反映了多媒体技术的特点，如数据压缩、媒体硬件接口的驱动、新型交互方式等。多媒体系统软件主要包括多媒体驱动软件（一般由厂商提供）、多媒体操作系统（如 Windows 98、Windows XP）和多媒体开发工具（如 Photoshop、Flash、Premiere、PowerPoint、 Visual C++等）三种。

应用软件是在多媒体创作平台上设计开发的面向应用领域的软件系统，通常由应用领域的专家和多媒体开发人员共同协作、配合完成。多媒体系统是通过多媒体应用软件向用户展现其强大的、丰富多彩的视听功能。例如各种多媒体教学软件、培训软件、电子图书等。

1.4.3 多媒体数据的压缩编码技术

一般多媒体信息（特别是声音、图像和动态视频）的数据量都非常大。例如：一幅仅仅 640×480 分辨率的 24 位真彩色图像的数据量就有 900KB 左右，声音、视频的数据量就更大，如果不经过预先处理，一般的计算机是难于存储、处理和传输这些数据的。对多媒体信息预处理一般采用压缩的方法，数据压缩对于多媒体技术的发展和应用来说是十分关键。

1. 数据压缩的方法

数据压缩的方法很多，大致可分为无损压缩和有损压缩两大类。

1）无损压缩

无损压缩利用数据的统计冗余（如各种形式的重复）进行压缩，使用无损压缩可完全恢复原始数据而不引入任何误差或失真，但压缩率受到数据冗余理论的限制，一般为 2：1 到 5：1。这类方法广泛用于原始数据的存档，如文本数据、程序和创作图像等。由于压缩比的限制，仅使用无损压缩方法不可能完全解决声音、图像和数字视频的存储和传输问题。

2）有损压缩

有损压缩利用了人类视觉和听觉器官对图像或声音中的某些频率成分不敏感的特性，允许在压缩过程中损失一定的信息，有损压缩的数据虽然不能完全恢复原来的面貌，但是所损失的部分对理解原始图像或声音的影响较小，却换来了大得多的压缩比。有损压缩广泛应用于语音、图像和视频数据的压缩。

正在发展的新一代数据压缩方法中，许多都是有损的，如矢量量化、子带编码、基于模型的压缩、分形压缩等。其中有些方法已经接近成熟，并用于实际的多媒体开发，如 MPEG-4 等。

2. 常用的压缩标准

多媒体数据的压缩标准很多，这里只介绍静态图像压缩标准 JPEG 和动态图像压缩标准 MPEG。

1）JPEG 标准

JPEG 的全称是 Joint Photographic Experts Group，中文译名是联合图像专家组，文件后缀名为".jpg"或".jpeg"，是最常用的图像文件格式之一。JPEG 压缩技术十分先进，它用有损压缩方式去除冗余的图像数据，在获得极高的压缩率的同时能展现十分丰富生动的图像，换句话说，就是可以用最少的磁盘空间得到较好的图像品质。而且 JPEG 是一种很灵活的格式，具有调节图像质量的功能，允许用不同的压缩比例对文件进行压缩，支持多种压缩级别，压缩比率通常在 10：1 到 40：1 之间，压缩比越大，品质就越低；相反地，压缩比越小，品质就越好。

2）MPEG 标准

MPEG 的全称为 Moving Pictures Experts Group，中文译名是动态图像专家组。MPEG 是一个系列标准，主要有 MPEG-1、MPEG-2、MPEG-4 等。

MPEG-1 制定于 1992 年，为工业级标准而设计，可适用于不同带宽的设备，如 CD-ROM、Video-CD 等。MPEG 的编码速率最高可达 4-5Mbits/sec，但随着速率的提高，其解码后的图像质量有所降低。MPEG-1 也被用于数字电话网络上的视频传输，如 ADSL、视频点播(VOD)、以及教育网络等。同时，MPEG-1 也可被用做记录媒体或是在 INTERNET 上传输音频。

MPEG-2 制定于1994年，设计目标是高级工业标准的图像质量以及更高的传输率。MPEG-2 所能提供的传输率在 3-10Mbits/sec 间，MPEG-2 也可提供广播级的视像和 CD 级的音质。由于 MPEG-2 在设计时的巧妙处理，使得大多数 MPEG-2 解码器也可播放 MPEG-1 格式的数据，如 VCD。对于最终用户来说，由于现存电视机分辨率限制，MPEG-2 所带来的高清晰度画面质量（如 DVD 画面）在电视上效果并不明显，倒是其音频特性（如加重低音、多伴音声道等）更引人注目。

MPEG-4 标准主要应用在数字电视、交互式图形应用、实时多媒体监控、移动多媒体通信、网络上的视频流传输等方面，其传输速率要求较低，在 4800~64000bits/sec 之间。

1.4.4 多媒体技术的应用

近年来，多媒体技术得到迅速发展，多媒体系统的应用更以极强的渗透力进入人类生活的各个领域，如教育、电子出版物、商业与咨询、通信与网络、军事与娱乐等。

1. 教育

以多媒体计算机为核心的现代教育技术，可以创造出图文并茂、绘声绘色、生动逼真的教学环境和交互操作方式，从而可以大大激发学生学习的积极性和主动性，改善学习环境，提高学习质量。

2. 电子出版物

电子出版物是指以数字代码方式将图、文、声、像等信息存储在磁、光、电介质上，通过计算机或类似设备阅读使用。由于电子出版物具有容量大、体积小、成本低、检索快、易于保存和复制、能存储图、文、声、像信息等特点，多媒体技术在出版方面的应用越来越广泛。

3. 商业与咨询

多媒体技术的商业应用包括商品简报、查询服务、产品演示以及商贸交易等方面。利用多媒体技术可为各类咨询提供服务，如旅游、邮电、交通、商业、气象等公共信息以及宾馆、百货大楼等服务指南都可以存放在多媒体系统中，向公众提供多媒体咨询服务。用户可通过触摸屏进行操作，查询所需的多媒体信息资料。

4. 通信与网络

多媒体技术应用到通信上，将把电话、电视、传真、音响、卡拉 OK 机以及摄像机等电子产品与计算机融为一体，由计算机完成音频和视频信号采集、压缩和解压缩、多媒体信息的网络传输、音频播放和视频显示，形成新一代的家电类消费产品。

随着多媒体网络技术的发展，视频会议、可视电话、家庭间的网上聚会交谈等日渐普及。多媒体通信和分布式系统相结合而出现了分布式多媒体系统，使远程多媒体信息的编辑、获取、同步传输成为可能。

5. 军事与娱乐

多媒体技术在军事上的应用，对未来战争的作战和指挥产生了重要的影响。在军事通信中使用多媒体技术可以使现场信息及时、准确地传给指挥部。同时指挥部也能根据现场情况正确地判断形势，将信息反馈回去实施实时控制与指挥。

多媒体技术的发展，促使 MPC 进入家庭，改变了传统家电的格局。在 MPC 中可以播放 CD、VCD、DVD 等光碟。如果是在网络上，不同地方的用户可以通过网络一起玩交互式游戏。

1.5 计算机信息安全

1.5.1 计算机信息安全简介

1. 计算机系统面临的威胁和攻击

计算机系统面临的威胁按对象可以分为三类：是对硬件实体设施的威胁和攻击，对软件、数据和文档资料的威胁和攻击，兼对前两者的攻击破坏。

1）对硬件实体的威胁和攻击

对实体的威胁和攻击主要指对计算机及其外部设备和网络的威胁和攻击，如各种自然灾害、人为破坏、设备故障、电磁干扰、战争破坏以及各种媒体的被盗和丢失等。对实体的威胁和攻击，不仅会造成国家财产的重大损失，而且会使系统的机密信息严重破坏和泄漏。因此，对系统实体的保护是防止对信息威胁和攻击的首要一步，也是防止对信息威胁和攻击的天然屏障。

2）对信息的威胁和攻击

这类威胁和攻击是针对计算机系统处理所涉及的国家、部门、各类组织团体和个人的机密、重要及敏感性信息。由于种种原因，信息往往成为敌对势力、不法分子和黑客攻击的主要对象。无论是无意地泄露，还是有意地窃取，都会造成直接经济损失或社会重大损失。

3）同时攻击软、硬件系统

这类情况除了战争攻击、武力破坏以外，最典型的就是病毒的危害。计算机病毒利用非法程序干扰、攻击和破坏系统正常工作，它的产生和蔓延给信息系统的安全带来严重的威胁和巨大损失。据不完全统计，世界上每年由计算机病毒造成的直接经济损失达几十亿美元。实践证明，计算机病毒已成为威胁系统安全的最普遍、最危险的因素之一。

2．计算机黑客与计算机犯罪

1）计算机黑客

黑客（Hacker）是指利用通信软件，通过网络非法进入他人的计算机系统、获取或篡改各种数据、危害信息安全的入侵者或入侵行为。黑客的行为直接威胁着政府、军队、金融、电信、交通等各领域。目前在互联网上已发现 NetBus 和 Backdoor 等十几种黑客程序。

一般黑客犯罪的主要手段有：寻找系统漏洞，非法侵入涉及国家机密的计算机信息系统；非法获取口令，偷取特权，侵入它人计算机信息系统窃取它人商业秘密、隐私或挪用、盗窃公私财产；制作、传播计算机病毒。因此，一般计算机黑客的行为是非法的，是计算机信息网上的破坏分子，应当受到法律的制裁。

2）计算机犯罪

计算机犯罪是指利用计算机作为犯罪工具进行的犯罪活动，如黑客利用计算机网络窃取国家机密、盗取它人信用卡密码、传播复制黄色作品等。

通过计算机网络进行犯罪有一定的隐蔽性，但它做的每一步操作在计算机内部都有记录，在网上是不难查到操作者的来源与身份的。计算机犯罪最终必将受到法律的制裁。

3．计算机系统的安全措施

1）安全立法

法律是规范人们一般社会行为的准则。有关计算机系统的法律、法规和条例在内容上大体可以分成两类，即社会规范和技术规范。这些法律和技术标准是保证计算机系统安全的依据和保障。

2）行政管理

行政管理主要是指一般的行政管理措施，即介于社会和技术措施之间的组织单位所属范围内的措施。从人事资源管理到资产物业管理，从教育培训、资格认证到人事考核鉴定制度，从动态运行机制到日常工作规范、岗位责任制度，方方面面的规章制度是一切技术措施得以贯彻实施的重要保证。所谓"三分技术，七分管理"的表现即在于此。

3）技术措施

安全技术措施是计算机系统安全的重要保证，也是整个系统安全的物质技术基础。实施安全技术，不仅涉及计算机和外部设备，还涉及数据安全、软件安全、网络安全、数据库安全、运行安全、防病毒技术、站点的安全以及系统结构、工艺和保密、压缩技术。安全技术措施的实施应贯彻落实在系统开发的各个阶段，从系统规划、系统分析、系统设计、系统实施、系统评价到系统的运行、维护和管理。

1.5.2　计算机病毒

1. 计算机病毒的定义

计算机病毒是指人为编制的，能够侵入计算机系统并引起计算机故障的"特殊程序"。由于这些程序有独特的自我复制能力，可以很快蔓延，又常常难以清除，类似于生物学上的病毒，因此形象地称这些"特殊程序"为计算机病毒。

2. 计算机病毒的特征

① 传染性。计算机病毒能自我复制，并将程序附着到其他程序中。传染性是计算机病毒最重要的特征，是判断一段程序代码是否为计算机病毒的主要依据。当运行被计算机病毒感染的程序以后，可以很快地感染其他程序或计算机，被传染的程序、计算机又成为计算机病毒的生存环境及新的传染源。

② 变种性。某些病毒可以在传播的过程中自动改变自己的形态，从而衍生出另一种不同于原版病毒的新病毒，这种新病毒称为病毒变种。有变形能力的病毒能更好地在传播过程中隐蔽自己，使之不易被反病毒程序发现及清除，有的病毒能产生几十种变种病毒。

③ 破坏性。计算机系统被计算机病毒感染后，一旦病毒发作条件满足时，就在计算机上表现出一定的症状。其破坏性包括：占用 CPU 时间、占用内存空间、破坏数据和文件、干扰系统的正常运行。病毒破坏的严重程度取决于病毒制造者的目的和技术水平。

④ 潜伏性。计算机病毒具有依附于其他媒体而寄生的能力，依靠病毒的寄生能力，病毒传染给合法的程序和系统后，可能会长时间潜伏在计算机中，当条件成熟时再发作，没发作之前，系统没有异常症状。

3. 计算机病毒的分类

1）按计算机病毒的破坏情况分

① 良性病毒。这种病毒的目的不是为了破坏计算机系统，而只是为了表现自己。通常表现为弹出一些信息窗口、播放一段音乐等，此类病毒破坏性较小，一般不影响系统运行，如小球病毒等。

② 恶性病毒。这类病毒的目的是就是破坏计算机系统。具有明显破坏目标，其破坏和危害性都很大，可能造成删除文件和数据、频繁重启、系统崩溃或对硬盘进行非法的格式化等危害。绝大多数情况下，恶性病毒即使消除了，也无法恢复系统正常工作，如"黑色星期五"等。

2）按传染方式分

① 引导区型病毒。主要通过外存储设备在操作系统中传播，感染引导区，把原来操作系统的引导记录转移至磁盘的其他地方，如"大麻病毒"等。

② 文件型病毒。主要感染扩展名为 COM、EXE、SYS 等类型的文件。每一次激活时，感染文件把自身复制到其他文件中，并在存储器中保留很长时间，直到病毒又被激活。例如"CHI 病毒"，该病毒主要感染可执行文件，病毒会破坏计算机硬盘和改写计算机基本输入/输出系统（BIOS），导致系统主板的破坏。CHI 病毒已有许多的变种。

③ 混合型病毒。具有引导区型病毒和文件型病毒两者的特点，既感染引导区又感染文件，只要中毒，一开机病毒就会发作，然后通过可执行程序感染其他的程序文件，因此扩大了传染途径。

④ 宏病毒。是指用 BASIC 语言编写的病毒程序并以宏代码的形式寄存在 Office 文档上。宏病毒影响对文档的各种操作。当打开 Office 文档时，宏病毒程序就被执行，这时宏病毒处于活动状态，当条件满足时，宏病毒便开始传染、表现和破坏。根据美国"国家计算机安全协会"的统计，宏病毒占全部病毒的百分之八十。在计算机病毒历史上它是发展最快的病毒。宏病毒与其他类型的病毒不同，它能够通过电子邮件、Web 下载、文件传输等途径很容易地得以蔓延。凡是具有写能力的软件都有可能感染宏病毒，如 Word、Excel 等 Office 软件。

3）按寄生方式分

① 源码型病毒。在源程序编译之前插入其中，并随源程序一起编译、链接成可执行文件。此时生成的可执行文件便已经带毒了。

② 入侵型病毒。是把病毒程序的一部分插入到主程序中。这种病毒程序也难编写，一旦入侵，难以清除。

③ 操作系统病毒。可用其自身部分加入或代替操作系统的部分功能。因其直接感染操作系统，这种病毒破坏性和危害性最大。

④ 外壳型病毒。通常将自身附在正常程序的开头或结尾，相当于给正常程序加了个外壳。大部分的文件类型病毒都属于这一类。

4）按网络病毒破坏机制分

① 蠕虫病毒。蠕虫病毒以计算机为载体，以网络为攻击对象，利用网络的通信功能将自身不断地从一个结点发送到另外一个结点，并且能够自动启动病毒程序，这样不仅消耗了大量的本机资源，而且大量占用了网络的宽带，导致网络堵塞而使网络拒绝服务，最终造成整个网络的瘫痪。如"冲击波"病毒。

② 木马病毒。木马病毒是指在正常访问的程序、邮件附件或网页中包含了可以控制计算机的程序，这些隐藏的程序非法入侵并监控用户的计算机，窃取用户的帐号和密码等机密信息。木马一词来源于古希腊士兵藏在木马内进入敌方城市从而攻占城市的故事。木马病毒一般通过电子邮件、即时通信工具（如 MSN、QQ 等）和恶意网页等方式感染用户的计算机，多数都是利用了操作系统中存在的漏洞。

4. 常见的"中毒"现象

计算机"中毒"后的一般症状有：
① 程序装入的时间比平时长很多；
② 屏幕出现花屏或局部的乱码；
③ 双击可执行文件时，没有任何反应；
④ 存储文件时莫名其妙地报告"宏调用错"或"程序调试失败"；
⑤ 磁盘访问的时间比平时长，有异常的磁盘访问；
⑥ 有规律地发现异常动作，如突然死机后又自动启动；
⑦ 可用磁盘空间快速减少；
⑧ 磁盘坏块大量增加；
⑨ 数据和程序丢失，原来正常的文件局部或全部变成乱码；
⑩ 打印时出现问题，如出现奇怪字符等现象；
⑪ 死机现象时有发生；
⑫ 磁盘的卷名发生了变化；
⑬ 在使用未写保护的软盘时屏幕上出现软盘写保护信息；
⑭ 异常地要求输入密码（PASSWORD）；
⑮ 出现名称怪异的文件或文件大小不合理；
⑯ 一些文件名的文件自动生成。

5. 计算机病毒的危害

计算机病毒的危害主要表现在以下方面：
① 破坏磁盘的文件分配表 FAT，使磁盘上最根本的信息丢失，造成磁盘无法使用；
② 破坏系统文件，使系统崩溃、造成死机或硬盘死锁；
③ 删除特定的可执行文件使这类程序无法使用；
④ 在磁盘上制造"假的坏扇区"，减少磁盘可用空间；
⑤ 滚雪球式地复制文件和数据，最终占满所有磁盘空间；
⑥ 格式化整个磁盘或特定的磁道，使相应的文件无法访问；
⑦ 修改或破坏磁盘上的数据，或把硬盘数据加锁；
⑧ 一些由 Internet 或 E-mail 传播的病毒则设法窃取用户信息。

6. 计算机病毒的防治

1）计算机病毒的传播途径

计算机病毒的传播主要有两种途径：一种途径是多个机器共享可移动存储器（如软盘、优盘、可移动硬盘等），一旦其中一台机器被病毒感染，病毒随着可移动存储器感染到其他的机器。另一种途径是网络传播，一旦使用的机器与病毒制造者传播病毒的机器联网，就可能被感染病毒；通过计算机网络上的电子邮件、下载文件、访问网络上的数据和程序时，病毒也会得以传播。

2）计算机病毒的预防

阻止病毒的侵入比病毒侵入后再去发现和清除重要的多。堵塞病毒的传播途径是阻止病毒入侵的最好方式。计算机病毒的预防分为两种：使用上的预防和技术上的预防。

使用上的预防是切断病毒传播的途径，主要措施有：养成良好的电脑操作习惯，不浏览不健康的网站；重要的文件要经常备份；数据文件和系统文件要分开存放；少用外来软盘、光盘、U 盘和来历不明的软件；来历不明的邮件不要轻易打开；及时更新 Windows，打齐最新的补丁；屏蔽掉一些不太常用的，易受病毒攻击的服务，如远程桌面共享等；安装系统还原软件，并保护好系统盘和重要数据盘，一旦感染了病毒，一重新启动，系统就恢复如原样。

技术上的预防是指采用一定的技术，如预防软件、"病毒防火墙"等，预防计算机病毒对系统的入侵或发现病毒与传染系统时，向用户发出警报。

3）计算机病毒的清除和常见的反病毒软件

在网络日益普及的今天，频繁地上网和使用 U 盘，经常会使我们的计算机受到病毒或木马的侵袭，导致系统破坏或数据丢失，影响我们的学习、工作和生活。一般使用反病毒软件，即常说的杀毒软件来查、杀与预防病毒。反病毒软件（实质是病毒程序的逆程序）具有对特定种类病毒进行检测的功能，可查出数百种至数千种的病毒，且可同时清除。使用方便安全，一般不会因清除病毒而破坏系统中的正常数据。

反病毒软件的基本功能是监控系统、检查文件和清除病毒。检测病毒程序采用特征扫描法，根据已知病毒的特征代码来确定病毒的存在与否，能用来检测已经发现的病毒。另外有些反病毒软件还采用虚拟机技术和启发式扫描方法来检测未知病毒和变形病毒。

常用的反病毒软件：美国 Norton 公司的 Norton AntiVirus、公安部研制的 KILL、瑞星公司的瑞星反病毒软件、北京江民新科技有限责任公司研制的 KV3000 等。

习 题

一、选择题

1. 第一台电子计算机是 1946 年在美国研制的，该机的英文缩写名是（　　　）。

 A. ENIAC　　　　　B. EDVAC　　　　　C. EDSAC　　　　　D. MARK-II

2. 个人计算机（Personal Compute，PC）属于（　　　）。

 A. 巨型机　　　B. 小型机　　　C. 专用计算机　　　D. 微机

3. "按照人们预先确定的操作步骤，协调各部件自动进行工作" 是对（　　　）的功能描述。

 A. 运算器　　　B. 控制器　　　C. 输入设备　　　　D. 输出设备

4. 一个完整的微型计算机系统应包括（　　　）。

 A. 计算机及外部设备　　　　　　　　　B. 主机箱、键盘、显示器和打印机

 C. 硬件系统和软件系统　　　　　　　　D. 系统软件和系统硬件

5. 在下面关于计算机系统硬件的说法中，不正确的是（　　　）。

 A. CPU 主要由运算器、控制器和寄存器组成

 B. 当关闭计算机电源后，RAM 中的程序和数据就消失了

 C. 软件和硬盘上的数据均可由 CPU 直接存取

 D. 软盘和硬盘驱动器既属于输入设备，又属于输出设备

6. DRAM 存储器的中文含义是（　　　）。

 A. 静态随机存储器　　　　　　　　B. 动态随机存储器

 C. 静态只读存储器　　　　　　　　D. 动态只读存储器

7. 系统软件中主要包括（　　　）。

 A. 过程控制程序、操作系统、数据库管理系统

 B. 操作系统、语言处理程序、信息管理程序

 C. 操作系统、语言处理程序、数据库管理系统

 D. 辅助设计程序、办公专用程序、财务软件

8. 个人计算机属于（　　　）。

 A. 小巨型机　　　　　B. 中型机　　　C. 小型机　　　D. 微机

9. 断电会使原存信息丢失的存储器是（　　　）。

 A. 半导体 RAM　B. 硬盘　　　C. ROM　D. 软盘

10. 在内存中，每个基本单位都被赋予一个唯一的序号，这个序号称之为（　　　）。

 A. 字节　　　　　B. 编号　　　C. 地址　　　　D. 容量

11. 在下列存储器中，访问速度最快的是（　　　）。

 A. 硬盘存储器　　　　　　　　B. 软盘存储器

 C. 半导体 RAM(内存储器)　　　　D. 磁带

12. 存储器半导体只读存储器(ROM)与半导体随机存储器(RAM)的主要区别在于 (　　　　)。

A. ROM 可以永久保存信息，RAM 在掉电后信息会丢失

B. ROM 掉电后，信息会丢失，RAM 则不会

C. ROM 是内存储器，RAM 是外存储器

D. RAM 是内存储器，ROM 是外存储器

13. 计算机存储器是一种 (　　　　)。

A. 运算部件　　　　B. 输入部件　　　C. 输出部件　　　　D. 记忆部件

14. 微型计算机的发展是以什么的发展为特征的 (　　　　)。

A. 主机　　　　　　B. 软件　　　　　C. 微处理器　　　　D. 控制器

15. 人们把以 (　　　　) 为基本部件的计算机称为第四代计算机。

A. 大规模和超大规模集成电路　　　B. ROM 和 RAM

C. 小规模集成电路　　　　　　　　D. 磁带与磁盘

16. 用计算机管理科技情报资料，是计算机在 (　　　　) 方面的应用。

A. 科学计算　　　　B. 数据处理　　　C. 实时控制　　　　D. 人工智能

17. 微机的性能指标中的内存容量是指 (　　　　)。

A. RAM 的容量　　　　　　　　　　B. RAM 和 ROM 的容量

C. 软盘的容量　　　　　　　　　　D. ROM 的容量

18. 下列有关存储器读写速度的排列，正确的是 (　　　　)。

A. RAM>Cache>硬盘>软盘

B. Cache>RAM>硬盘>软盘

C. Cache>硬盘>RAM>软盘

D. RAM>硬盘>软盘>Cache

19. 反映计算机存储容量的基本单位是 (　　　　)。

A. 二进制位　　　　B. 字节　　　　　C. 字　　　　　　　D. 双字

20. 在微机中，存储容量为1MB，指的是 (　　　　)。

A. 1024 个字×1024 个字　　　　　　B. 1024 个字节×1024 个字节

C. 1000 个字×1000 个字　　　　　　D. 1000 个字节×1000 个字节

21. 有关二进制的论述，下面 (　　　　) 是错误的。

A. 二进制数只有 0 和 1 两个数码

B. 二进制运算逢二进一

C. 二进制数各位上的权分别为 0，2，4，…

D. 二进制数只有二位数组成

22. 把内存中的数据传送到计算机的硬盘，称为 (　　　　)。

A. 显示　　　　　　B. 读盘　　　　　C. 输入　　　　　　D. 写盘

23. ENTER 键是 (　　　　)。

A. 输入键　　　B. 回车换行键　　　C. 空格键　　　D. 换档键

24. 在微机中，Bit 的中文含义是（　　　　）。

　　A. 二进制位　　　　　B. 字　　　　　　　　C. 字节　　　　　　　D. 双字

25. 汉字国标码规定每个汉字用（　　　　）。

　　A. 一个字节表示　　　　　　　　　B. 二个字节表示

　　C. 三个字节表示　　　　　　　　　D. 四个字节表示

26. 为了避免混淆，十六进制数在书写时常在后面加字母（　　　　）。

　　A. H　　　　　　　B. O　　　　　　　C. D　　　　　　　D. B

27. 某单位的财务管理软件属于（　　　　）。

　　A. 工具软件　　　　B. 系统软件　　　　　C. 编辑软件　　　　　D. 应用软件

28. 使用高级语言编写的程序称之为（　　　　）。

　　A. 源程序　　　　B. 编辑程序　　　　C. 编译程序　　　　D. 连接程序

29. 计算机软件系统应包括（　　　　）。

　　A. 编辑软件和连接程序　　　　　B. 数据软件和管理软件

　　C. 程序和数据　　　　　　　　　D. 系统软件和应用软件

30. 在微机中的 "Windows XP"，从软件归类来看，应属于（　　　　）。

　　A. 应用软件　　　　B. 工具软件　　　　C. 系统软件　　　　D. 编辑系统

31. 计算机病毒是指（　　　　）。

　　A. 生物病毒感染　　　　　　　　　B. 细菌感染

　　C. 被损坏的程序　　　　　　　　　D. 特制的具有损坏性的小程序

32. 微机唯一能够直接识别和处理的语言是（　　　　）。

　　A. 汇编语言　　　　B. 高级语言　　　　C. 甚高级语言　D. 机器语言

33. 下面列出的计算机病毒传播途径，不正确的说法是（　　　　）。

　　A. 使用来路不明的软件　　　　　B. 通过借用他人的软盘

　　C. 通过非法的软件拷贝　　　　　D. 通过把多张软盘叠放在一起

34. 计算机的 CPU 每执行一个（　　　　），就完成一步基本运算或判断。

　　A. 语句　　　　　　B. 指令　　　　　　C. 程序　　　　　　D. 软件

35. 在计算机内部用机内码而不用国标码表示汉字的原因是（　　　　）。

　　A. 有些汉字的国标码不唯一，而机内码唯一

　　B. 在有些情况下，国标码有可能造成误解

　　C. 机内码比国标码容易表示

　　D. 国标码是国家标准，而机内码是国际标准

36. 计算机中的机器数有三种表示方法，下列（　　　　）不是。

　　A. 反码　　　　　　B. 原码　　　　　　C. 补码　　　　　　D. ASCII

37. 下列各项中，不属于多媒体硬件的是（　　　　）。

　　A. 光盘驱动器　　　B. 视频卡　　　C. 音频卡　　　D. 加密卡

38. 将高级语言编写的程序翻译成机器语言程序，采用的两种翻译方式是（   ）。

A. 编译和解释   B. 编译和汇编

C. 编译和链接   D. 解释和汇编

二、计算题

1. 将二进制数 1011011.1101 转换成八进制数。

2. 将十进制数 139.75 分别转换为二进制、八进制、十六进制数。

3. 计算 01101011+10000100（算术）。

4. 计算 11101011+10000100（逻辑）。

三、简答题

1. 简述计算机的特点和应用领域。

2. 什么是计算机病毒？它的主要特征有哪些？

第2章 中文 Windows XP 操作系统

2.1 操作系统简介

2.1.1 操作系统的概念和功能

1. 操作系统的概念

操作系统（Operating System，简称 OS）是一种管理电脑硬件与软件资源的程序，同时也是计算机系统的内核与基石。

2. 微机上常见的操作系统

目前微机上常见的操作系统有 DOS、OS/2、UNIX、XENIX、LINUX、Windows2000、Netware、Windows XP、Windows 7 等。

3. 操作系统的功能

操作系统的基本功能是管理计算机系统的硬件和软件资源，操作系统必须为用户提供各种简便有效的访问本机资源的手段，并且合理地组织系统工作流程，以便有效的管理系统。为了实现这些基本功能，需要在操作系统中建立各种进程，编写不同的功能模块，并按层次结构的思想，将这些功能模块有机的组织起来，以完成处理器管理、存储管理、文件系统管理、设备管理、作业控制等主要功能。

2.1.2 操作系统的分类

根据操作系统在用户界面的使用环境和功能特征的不同，操作系统一般可分为三种基本类型，即批处理操作系统、分时操作系统和实时操作系统。常见的通用操作系统是分时系统与批处理系统的结合。其原则是：分时优先，批处理在后。"前台"响应需频繁交互的作业，如终端的要求；"后台"处理时间性要求不强的作业。随着计算机体系结构的发展，又出现了嵌入式操作系统、个人操作系统、网络操作系统和分布式操作系统。

1. 批处理操作系统

批处理（Batch Processing）操作系统的工作方式是：用户将作业交给系统操作员，

系统操作员将许多用户的作业组成一批作业，之后输入到计算机中，在系统中形成一个自动转接的连续的作业流，然后启动操作系统，系统自动、依次执行每个作业，最后由操作员将作业结果交给用户。批处理操作系统的特点是：多道和成批处理。

2. 分时操作系统

分时（Time Sharing）操作系统的工作方式是：一台主机连接了若干个终端，每个终端有一个用户在使用。用户交互式地向系统提出命令请求，系统接受每个用户的命令，采用时间片轮转方式处理服务请求，并通过交互方式在终端上向用户显示结果，用户根据上步结果发出下道命令。分时操作系统将 CPU 的时间划分成若干个片段，称为时间片。操作系统以时间片为单位，轮流为每个终端用户服务。每个用户轮流使用一个时间片而使每个用户并不感到有别的用户存在。分时系统具有多路性、交互性、"独占"性和及时性的特征。多路性指同时有多个用户使用一台计算机，宏观上看是多个人同时使用一个 CPU，微观上是多个人在不同时刻轮流使用 CPU。交互性是指用户根据系统响应结果进一步提出新请求（用户直接干预每一步）。"独占"性是指用户感觉不到计算机为其他人服务，就像整个系统为他所独占。及时性指系统对用户提出的请求及时响应。

3. 实时操作系统

实时操作系统（Real Time Operating System，简称 RTOS）是指使计算机能及时响应外部事件的请求在规定的严格时间内完成对该事件的处理，并控制所有实时设备和实时任务协调一致地工作的操作系统。实时操作系统要追求的目标是：对外部请求在严格时间范围内做出反应，有高可靠性和完整性。

4. 嵌入式操作系统

嵌入式操作系统（Embedded Operating System）是运行在嵌入式系统环境中，对整个嵌入式系统以及它所操作、控制的各种部件装置等资源进行统一协调、调度、指挥和控制的系统软件，并使整个系统能高效地运行。

5. 个人计算机操作系统

个人计算机操作系统（Personal Computer Operating System）是一种单用户多任务的操作系统。个人计算机操作系统主要供个人使用，功能强、价格便宜，可以在几乎任何地方安装使用。它能满足一般人操作、学习、游戏等方面的需求。个人计算机操作系统的主要特点是计算机在某一时间内为单个用户服务；采用图形界面人机交互的工作方式，界面友好；使用方便，用户无需专门学习，也能熟练操纵机器。

6. 网络操作系统

网络操作系统是基于计算机网络的，是在各种计算机操作系统上按网络体系结构协议标准开发的软件，包括网络管理、通信、安全、资源共享和各种网络应用。其目标是相互通信及资源共享。

7. 分布式操作系统

大量的计算机通过网络被连接在一起，可以获得极高的运算能力及广泛的数据共享。这种系统被称作分布式系统（Distributed System）。

2.1.3　DOS 操作系统简介

DOS 是 Disk Operation System（磁盘操作系统）的简称，是 1985~1995 年的个人电脑上使用的一种主要的操作系统。由于早期的 DOS 系统是由微软公司为 IBM 的个人电脑开发的，称为 MS-DOS，因此后来其他公司生产的与 MS-DOS 兼容的操作系统，也延用了这个称呼，如 PC-DOS、DR-DOS 等。DOS 主要由三个基本文件和一些外部命令组成，三个基本文件是 MSDOS.SYS、IO.SYS 和 COMMAND.COM。其中，MSDOS.SYS 称为 DOS 的内核，它主要用来管理和启动系统的各个部件，为 DOS 的引导做好准备工作。IO.SYS 主要负责系统的基本输入和输出，即 DOS 于各个部件的联系。COMMAND.COM 文件是 DOS 与用户的接口，它主要提供了一些 DOS 的内部命令。磁盘是否具有启动 DOS 的能力，就看它是否具有这三个文件，具有这三个文件的磁盘称为引导盘。而除此之外还包含许多 DOS 外部命令的磁盘称为系统盘。

2.2　Windows XP 操作系统简介

2.2.1　Windows XP 的版本及运行的硬件要求

1. Windows XP 的版本

Windows XP 中文全称为视窗操作系统体验版，是微软公司发布的一款视窗操作系统。它发行于 2001 年 10 月 25 日，原来的名称是 Whistler。微软最初发行了两个版本，家庭版（Home）和专业版（Professional）。家庭版的消费对象是家庭用户，专业版则在家庭版的基础上添加了新的为面向商业设计的网络认证、双处理器等特性。且家庭版只支持 1 个处理器，专业版则支持 2 个。字母 XP 表示英文单词 "experience"（体验）。

2. 硬件要求

两种操作系统在系统需求方面的不同如表 2-1 所示。

表 2-1　两种操作系统的系统需求

硬件	Windows XP 32 位专业版	Windows XP 64 位版本
最小 CPU 速度	233 MHz	733 MHz
推荐 CPU 速度	300 MHz	无
最小 RAM	64 MB	1 GB
推荐最小 RAM	128 MB	无
硬盘需求	1.5GB 可用空间	1.5GB 可用空间

2.2.2　键盘与鼠标操作

1. 键盘操作

1）键盘简介

键盘是计算机使用者向计算机输入数据或命令的最基本的设备。常用的键盘上有 101 个键或 103 个键，分别排列在四个主要部分：打字键区、功能键区、编辑键区、小键盘区。

① 打字键区是键盘的主要组成部分，它的键位排列与标准英文打字机的键位排列一样。该键区包括了数字键、字母键、常用运算符以及标点符号键，除此之外还有几个必要的控制键。

【Spacebar】空格键：键盘上最长的条形键。每按一次该键，将在当前光标的位置上空出一个字符的位置。

【Enter】回车键：每按一次该键，将换到下一行的行首输入。就是说，按下该键后，表示输入的当前行结束，以后的输入将另起一行。或在输入完命令后，按下该键，则表示确认命令并执行。

【CapsLock】大写字母锁定键：在打字键区左边。该键是一个开关键，用来转换字母大小写状态。每按一次该键，键盘右上角标有 CapsLock 的指示灯会由不亮变成发亮，或由发亮变成不亮。如果 CapsLock 指示灯发亮，则键盘处于大写字母锁定状态，这时直接按下字母键，则输入为大写字母；如果按住[Shif]键的同时，再按字母键，输入的反而是小写字母。如果 CapsLock 指示灯不亮，则大写字母锁定状态被取消。

【Shift】换档键：换档键在打字键区共有两个，它们分别在主键盘区（从上往下数，下同）第四排左右两边对称的位置上。对于符号键（键面上标有两个符号的键，这些键也称为上下档键或双字符键）来说，直接按下这些键时，所输入的是该键键面下半部所标的那个符号（称为下档键）；如果按住【Shift】键同时再按下双字符键，则输入为键面上半部所标的那个符号（称为上档键）。对于字母键而言，当键盘右上角标有 CapsLock 的指示灯不亮时，按住【Shift】键的同时再按字母键，输入的是大写字母。例如：CapsLock 指示灯不亮时，按【Shift】＋S 键会显示大写字母 S。

【←BackSpace】退格删除键：在打字键区的右上角。每按一次该键，将删除当前光标位置的前一个字符。

【Ctrl】控制键：在打字键区第五行，左右两边各一个。该键必须和其他键配合才能实现各种功能，这些功能是在操作系统或其他应用软件中进行设定的。例如：按【Ctrl】＋【Break】键，则起中断程序或命令执行的作用。（说明：指同时按下【Ctrl】和【Break】键（见下述的"功能键区"），此类键称为复合键。）

【Alt】转换键：在打字键区第五行，左右两边各一个。该键要与其他键配合起来才有用。例如，按【Ctrl】＋【Alt】＋【Del】键，可重新启动计算机（称为热启动）。

【Tab】制表键：在打字键区第二行左首。该用来将光标向右跳动 8 个字符间隔（除非另作改变）。

② 功能键区。

【ESC】取消键或退出键：在操作系统和应用程序中，该键经常用来退出某一操作或正在执行的命令。

【F1】～【F12】功能键：在计算机系统中，这些键的功能由操作系统或应用程序所定义。如按[F1]键常常能得到帮助信息。

【PrintScreen】屏幕硬拷贝键：在打印机已联机的情况下，按下该键可以将计算机屏幕的显示内容通过打印机输出。

【ScrollLock】屏幕滚动显示锁定键，目前该键已作废。

【Pause】或【Break】暂停键：按该键，能使得计算机正在执行的命令或应用程序暂时停止工作，直到按键盘上任意一个键则继续。另外，按【Ctrl】＋【Break】键可中断命令的执行或程序的运行。

③ 编辑键区。

【Insert】或【Ins】插入字符开关键：按一次该键，进入字符插入状态；再按一次，则取消字符插入状态。

【Delete】或【Del】字符删除键：按一次该键，可以把当前光标所在位置的字符删除掉。

【Home】行首键：按一次该键，光标会移至当前行的开头位置。

【End】行尾键：按一次该键，光标会移至当前行的末尾。

【PageUp】或【PgUp】向上翻页键：用于浏览当前屏幕显示的上一页内容。

【PageDown】或【PgDn】向下翻页键：用于浏览当前屏幕显示的下一页内容。

【←】【↑】【→】【↓】光标移动键：使光标分别向左、向上、向右、向下移动一格。

　　【Ins】、【Del】、【PgUp】、【PgDn】键都在小键盘区（见以下所述），【Home】、【End】键及光标移动键在小键盘区上也有。

　　④　小键盘区（也称辅助键盘），它主要是为大量的数据输入提供方便。该区位于键盘的最右侧。在小键盘区上，大多数键都是上下档键（即键面上标有两种符号的键），它们一般具有双重功能：一是代表数字键，二是代表编辑键。小键盘的转换开关键是[NumLock]键（数字锁定键）。

　　【Num Lock】（数字锁定键）：该键是一个开关键。每按一次该键，键盘右上角标有 Num Lock 的指示灯会由不亮变为发亮，或由发亮变为不亮。如果 Num Lock 指示灯亮，则小键盘的上下档键作为数字符号键来使用，否则具有编辑键或光标移动键的功能。

　　2）操作键盘的正确姿势

　　在初学键盘操作时，必须十分注意打字的姿势。如果打字姿势不正确，就不能准确快速地输入，也容易疲劳。正确的姿势应做到下面四点。

　　①　坐姿要端正，腰要挺直，肩部放松，两脚自然平放于地面；

　　②　手腕平直，两肘微垂，轻轻贴于腋下，手指弯曲自然适度，轻放在基本键上；

　　③　原稿放在键盘左侧，显示器放在打字键的正后方，视线要投注在显示器上，不可常看键盘，以免视线一往一返，增加眼睛的疲劳；

　　④　坐椅的高低应调至适应的位置，以便于手指击键。

　　3）键盘指法

　　键盘指法是指如何运用十个手指击键的方法，即规定每个手指分工负责击打哪些键位，以充分调动十个手指的作用，并实现不看键盘地输入（盲打），从而提高击键的速度。

　　①　键位及手指分工。键盘的"ASDF"和"JKL"这 8 个键位定为基本键。输入时，左右手除大拇指之外的 8 个手指头从左至右自然平放在这 8 个键位上。键盘的打字键区分成两个部分，左手击打左部，右手击打右部，且每个字键都有固定的手指负责。如图 2-1 所示。

　　注：大多数键盘的 F、J 键键面有一点不同于其余各键：触摸时，这两个键键面均有一道明显的微凸的横杠，这对盲打找键位很有用。

　　②　正确的击键方法。掌握了正确的操作姿势，还要有正确的击键方法。初学者要做到：平时各手指要放在基本键上，打字时，每个手指只负责相应的几个键，不可混淆；打字时，一手击键，另一手必须在基本键上处于预备状态；手腕平直，手指弯曲自然，击键只限于手指指关节，身体其他部分不得接触工作台或键盘；击键时，手抬起，只有要击键的手指才可伸出击键，不可压键或按键，击键之后手指要立刻回到基本键上，不可停留在已击的键上；击键速度要均匀，用力要轻，有节奏感，不可用力过猛；初学打字时，要讲求击键准确，其次再求速度，开始时可用每秒钟打一下的速度。

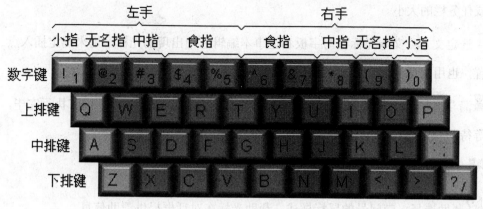

图 2-1　手指分工

2. 鼠标操作

鼠标全称：显示系统纵横位置指示器，因形似老鼠而得名"鼠标"（港台称作滑鼠）。"鼠标"的标准称呼应该是"鼠标器"，英文名"Mouse"。

鼠标的基本操作包括指向、单击、双击、拖动、右击和滚动。

① 指向：指移动鼠标，将鼠标指针移到操作对象上。

② 单击：指快速按下并释放鼠标左键；一般用于选定一个操作对象。

③ 双击：指连续两次快速按下并释放鼠标左键，一般用于打开窗口，启动应用程序。

④ 拖动：指按下鼠标左键，移动鼠标到指定位置，再释放按键的操作，一般用于选择多个操作对象，复制或移动对象等。

⑤ 右击：指快速按下并释放鼠标右键，一般用于打开一个与操作相关的快捷菜单。

⑥ 滚动：指在浏览网页或长文档时，滚动三键鼠标的滚轮，此时文档将向滚动方向进行浏览。

在 XP 系统中，随着每次执行的任务不同，鼠标的光标的形状也不相同。

标准选择、自动形状：鼠标在预备状态，等等执行命令。这种光标出现在非文本区，用来选择命令，操作图标，移动窗口等。

十 精度选择、十字形状：十字型。精确定位光标，在"图画"中出现，确定绘画的开始位置。

移动光标、十字箭头形。用来移动窗口或改变窗口大小。

垂直调整、↔水平调整、沿对角线调整 1、沿对角线调整 2：用来调整窗口或任务栏的大小。

I 选定文本：文本光标在写字板和记事本编辑区中出现的光标，用来确定插入点的位置，也用来选择文本。

⧖ 漏斗形状：等待效果沙漏形。表示忙，等待正在执行某个操作，没有执行完毕，需要等待。

⧖ 一般箭头加漏斗形状的组合，表示程序正在后台运行。

⯑ 帮助选择：带问号的鼠标样式，帮助光标在对话框提供帮助信息。

⬆ 链接选择：手形光标，在项目选定方式为单击时或在使用帮助光标移动到关键字上时出现的光标。

✎ 手写光标：在"画图"附件中出现的光标，其作用如一枝铅笔。

⊘ 禁止光标：表示当前选项不可用，或禁止当前操作。

2.2.3 Windows XP 安装

1. 设置光盘启动：

所谓光启，意思就是计算机在启动的时候首先读光驱，这样的话如果光驱中有具有光启功能的光盘就可以赶在硬盘启动之前读取出来（比如从光盘安装系统的时候）。设置方法：

① 启动计算机，并按住 DEL 键不放，直到出现 BIOS 设置窗口（通常为蓝色背景，黄色英文字）。

② 选择并进入第二项，"BIOS SETUP"（BIOS 设置）。在里面找到包含 BOOT 文字的项或组，并找到依次排列的 "FIRST"、"SECEND"、"THIRD" 三项，分别代表"第一项启动"、"第二项启动"和"第三项启动"。这里我们按顺序依次设置为"光驱"、"硬盘"，（如在这一页没有见到这三项英文选项，通常 BOOT 右边的选项菜单为"SETUP"，这时按回车进入即可看到了）应该选择"FIRST"敲回车键，在出来的子菜单选择 CD-ROM，再按回车键。

③ 选择好启动方式后，按 F10 键，出现英文对话框，按"Y"键（默认值），并回车，计算机自动重启，证明更改的设置生效了。

2. 从光盘安装 XP 系统

在重启之前放入 XP 安装光盘，在看到屏幕底部出现 CD 字样的时候，按回车键。才能实现光启，否则计算机开始读取硬盘，也就是跳过光启从硬盘启动了。

XP 系统盘光启之后便是蓝色背景的安装界面，这时系统会自动分析计算机信息，不需要任何操作，直到显示器屏幕变黑一下，随后出现蓝色背景的中文界面。

这时首先出现的是 XP 系统的协议，按 F8 键（代表同意此协议），之后可以见到硬盘所有分区的信息列表，并且有中文的操作说明。选择 C 盘，按 D 键删除分区（之前记得先将 C 盘的有用文件做好备份），C 盘的位置变成"未分区"，再在原 C 盘位置（即"未分区"位置）按 C 键创建分区，分区大小不需要调整。之后原 C 盘位置变成了"新的未使用"字样，按回车键继续。

接下来有可能出现格式化分区选项页面，推荐选择"用 FAT32 格式化分区（快）"，按回车键继续。

系统开始格式化 C 盘，速度很快。格式化之后是分析硬盘和以前的 WINDOWS 操作系统，速度同样很快，随后是复制文件，大约需要 8 到 13 分钟不等（根据机器的配置决定）。

复制文件完成（100%）后，系统会自动重新启动，这时当再次见到"CD-ROM……"的时候，不需要按任何键，让系统从硬盘启动，因为安装文件的一部分已经复制到硬盘里了（注：此时光盘不可以取出）。

出现蓝色背景的彩色 XP 安装界面，左侧有安装进度条和剩余时间显示，起始值为 39 分钟，也是根据机器的配置决定，通常 P4、2.4 的机器的安装时间大约是 15 到 20 分钟。

此时直到安装结束，计算机自动重启之前，除了输入序列号和计算机信息（随意填写），以及敲 2～3 次回车之外，不需要做任何其他操作，系统会自动完成安装。

3、驱动的安装

① 重启之后，将光盘取出，让计算机从硬盘启动，进入 XP 的设置窗口。

② 依次按"下一步"、"跳过"，选择"不注册"、"完成"。

③ 进入 XP 系统桌面。

④ 在桌面上单击鼠标右键，选择"属性"，选择"显示"选项卡，点击"自定义桌面"项，勾选"我的电脑"，选择"确定"退出。

⑤ 返回桌面，右键单击"我的电脑"，选择"属性"，选择"硬件"选项卡，选择"设备管理器"，里面是计算机所有硬件的管理窗口，此中所有前面出现黄色问号＋叹号的选项代表未安装驱动程序的硬件，双击打开其属性，选择"重新安装驱动程序"，放入相应当驱动光盘，选择"自动安装"，系统会自动识别对应当驱动程序并安装完成。（AUDIO 为声卡，VGA 为显卡，SM 为主板，需要首先安装主板驱动，如

没有 SM 项则代表不用安装）。安装好所有驱动之后重新启动计算机，至此驱动程序安装完成。

2.2.4　Windows XP 的启动与退出

1. Windows XP 的启动

启动计算机，待出现登录界面后单击用户名前的图标并输入正确的密码，即可启动 Windows XP。

2. Windows XP 的退出

① 保存打开的文档及其他数据；
② 关闭所有正在运行的应用程序；
③ 用鼠标单击"开始"按钮，选择"关闭计算机"；
④ 在弹出的"关闭计算机"对话框中单击"关闭"。

2.2.5　Windows XP 的帮助系统

Windows 提供了功能强大的系统帮助，可以获取帮助信息的方法也很多。选择"开始"菜单中的"帮助和支持"，将打开"帮助和支持中心"，这是针对 Windows XP 操作系统中的所有功能提供的帮助信息。在打开的应用程序窗口中，例如"写字板"、"画笔"等，使用菜单中的"帮助"，得到的则是有关该程序的帮助信息。

1. 通过"开始"菜单获取帮助

Windows XP 操作系统的"帮助和支持中心"代表了一个重要的里程碑，它通过一个位置就提供了"联机帮助"、支持、工具、教学文章以及其他资源。单击"开始"→"帮助和支持"，打开"帮助和支持中心"窗口，如图 2-2 所示。Windows XP 的"帮助和支持中心"做得非常漂亮，外观像一个 Web 站点。

"帮助和支持中心"共有主页、索引、收藏夹、历史、支持和选项 6 个选项卡，并将这些选项卡的外观设置成工具按钮的形式。

① "主页"选项卡中有很多像书一样的主题图标。用鼠标单击"主页"选项卡中的主题图标就可打开该主题所包含的内容。

② "索引"选项卡：如果要查看有关文字的帮助索引，只需在"搜索"文本框中键入要查的关键字，然后单击 按钮，就会列出有关该关键字的"建议的主题"，用鼠标单击某个主题栏目，在帮助窗口右边的浏览窗口就会显示其帮助信息。

③ "收藏夹"选项卡可将"帮助"主题、搜索结果和其他页添到"帮助和支持中心"收藏夹列表，以便将来能容易找到它们。

④ "历史"选项卡列出以前读过的帮助和支持页。

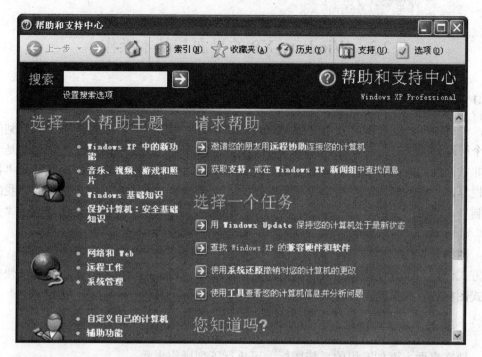

图 2-2　Windows XP 的"帮助和支持中心"窗口

⑤ "支持"选项卡为用户提供了多种方式来获取帮助，包括通过 Internet。如连接到 Internet，用户可以使用"远程协助"允许朋友从任何地方连接到自己的计算机帮助解决问题，也可通过 Microsoft 联机帮助让在线专家回答问题，还可以访问技术支持新闻组，帮助找到使用 Microsoft 产品的最佳方法。如果未连接到 Internet，可以通过"我的电脑信息"了解有关当前安装的软件和硬件的信息。另外，"高级系统信息"和"系统配置实用工具"为技术支持人员提供了可用来解决问题的技术细节。

⑥ "选项"选项卡可选择不同的选项来自定义"帮助和支持中心"，如是否在浏览栏中显示收藏夹、用于帮助内容的字体大小、设置搜索选项等。

⑦ 在"Windows 资源管理器"、"我的电脑"等应用程序窗口中，单击"帮助"→"帮助和支持中心"，也可以打开"帮助和支持中心"窗口。

2. 从对话框获取帮助

Windows XP 的大部分对话框的标题栏右端都含有一个"帮助"按钮 ，单击可打开有关该对话框的帮助窗口。

3. 获得应用程序的帮助

Windows XP 中的应用程序一般都有"帮助"菜单。打开应用程序窗口，选择"帮助"菜单中的相关项目，从中可得到有关该应用程序的帮助信息。

2.3 Windows XP 的界面与基本操作

2.3.1 桌面及其操作

"桌面"就是在安装好中文版 Windows XP 后，启动计算机登录到系统后看到的整个屏幕界面，它是用户和计算机进行交流的窗口。第一次登录系统时，看到的是一个非常简洁的画面。桌面上（右下角）只有一个"回收站"图标，桌面的底部是"任务栏"，"任务栏"的左端是"开始"按钮。Windows 先前版本中用户熟悉的"我的电脑"、"我的文档"、"网上邻居"和"Internet Explorer"等图标全部被置于"开始"菜单中。

图标是指代表窗口、程序、文档、文件夹以及快捷方式等各种对象的小图形。快捷方式则是为了方便操作而复制的指向对象的图标。通常可以将一些常用对象的快捷方式图标放置到桌面上。

1. 添加系统常用图标

要在桌面上添加常用的系统图标，可执行下列操作步骤。

① 用鼠标右键单击桌面空白处，在弹出的快捷菜单（如图 2-3 所示）中选择"属性"命令，打开"显示属性"对话框，如图 2-4 所示。

② 选择"桌面"选项卡，单击"自定义桌面"按钮，打开"桌面项目"对话框，如图 2-5 所示。

③ 在"桌面图标"选项组中选择需要添加的图标项，如"我的文档"和"我的电脑"。

④ 设置完成后，单击"确定"。

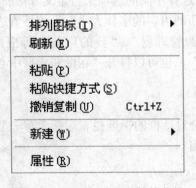

图 2-3　右键单击桌面的快捷菜单

图 2-4 "显示属性"对话框　　　　图 2-5 "桌面项目"对话框

2. 添加桌面图标

桌面上的图标通常是用来打开各种程序和文件的快捷方式。可以用拖动的方法将经常使用的程序、文件和文件夹等对象拖放到桌面上,以建立新的桌面对象。

① 用鼠标右键拖动对象到桌面后,释放鼠标按键,在弹出的快捷菜单中选择一种方案,如图 2-6 所示。

② 鼠标右击桌面空白处,在图 2-7 所示的快捷菜单中指向"新建",在下级菜单中选择"快捷方式"。

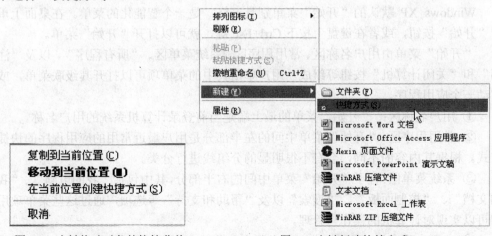

图 2-6 右键拖动对象的快捷菜单　　　　图 2-7 右键新建快捷方式

3. 删除桌面图标

要删除桌面上的对象，可用鼠标右键单击相应的图标，然后在弹出的快捷菜单中选择"删除"，也可将需要删除的图标直接拖放到桌面上的"回收站"。

4. 排列桌面图标

用鼠标右键单击桌面空白处，在快捷菜单中选择"排列图标"，可按名称、类型、大小等多种方式重新排列桌面上的图标，如图 2-8 所示。还可以在桌面上自行排列图标，但必须去掉"自动排列"选项前面的"√"，即没有选中图标的自动排列功能。

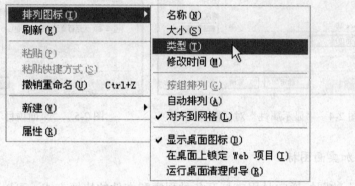

图 2-8　右键排列图标

2.3.2　开始菜单及其操作

1. "开始"菜单的组成

Windows XP 默认的"开始"菜单别具一格，是一个智能化的菜单。在桌面上单击"开始"按钮，或者在键盘上按下 Ctrl+Esc 键，就可以打开"开始"菜单。

"开始"菜单由用户名称区、常用程序区、系统菜单区、"所有程序"，以及"注销"和"关闭计算机"按钮等组成。用户单击其中的菜单项可以打开其级联菜单，或启动一个应用程序。

① 用户名称区："开始"菜单的最上端是当前登录计算机系统的用户名称。

② 常用程序区："开始"菜单中间的左半部分是用户最近常用的应用程序的快捷方式。根据其内容的不同，会有不很明显的分组线进行分类。

③ 系统菜单区：位于"开始"菜单中间的右半部分，其中包括"我的电脑"、"我的文档"、"控制面板"、"搜索"以及"帮助和支持"等选项，通过这些菜单项用户可以实现对计算机的操作与管理。

④ "所有程序"：鼠标指向"所有程序"菜单项，弹出菜单中将显示计算机系统

中安装的主要应用程序。包括 Windows XP 提供"附件"、"游戏"及工具程序。

2. "开始"菜单的设置

第一次启动 Windows XP，系统默认的是 Windows XP 风格的"开始"菜单，用户可以通过改变"开始"菜单属性对它进行设置。

鼠标右键单击"开始"→"属性"，打开"任务栏和「开始」菜单属性"对话框中，在"「开始」菜单"选项卡中，选择"经典「开始」菜单"单选钮，可以使用以前版本，即 Windows 9X、Windows 2000 等"开始"菜单的显示方式。单击"自定义"按钮，打开"自定义「开始」菜单"对话框，如图 2-9 所示，可以进一步设置"开始"菜单。

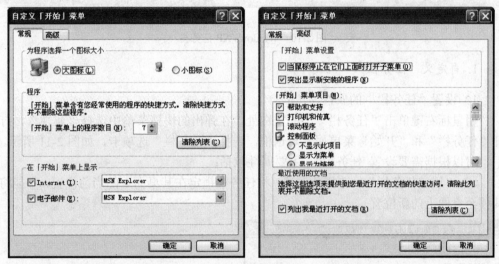

图 2-9   "自定义「开始」菜单"对话框

通过"常规"选项卡，可以选择"开始"菜单中图标的大小，常用程序区中快捷方式的数量等。

在"高级"选项卡上选中"当鼠标停止在它们上面时打开子菜单"复选框，是指当鼠标停放在"开始"菜单中的选项上时，系统会自动打开其级联菜单，否则用户必须单击才能打开子菜单。

"高级"选项卡的"「开始」菜单项目"列表框提供了一些常用的选项，选中项目前面的复选框，可将其添加到"开始"菜单中。对于一些含有子选项的菜单项，例如"控制面板"等，可以选择"显示为菜单"、"显示为链接"或者"不显示此项目"。

① 显示为菜单：该选项下的内容显示在一个级联菜单中。

② 显示为链接：该选项下的内容显示在一个链接窗口中。

设置完成后，单击"确定"。再次打开"开始"菜单时，设置生效。

2.3.3 任务栏及其操作

"任务栏"通常位于桌面的底部，从左到右依次为"开始"按钮、快速启动区、窗口按钮显示区和系统托盘区，如图2-10所示。

可将常用程序的快捷方式放在"任务栏"的快速启动区，默认情况下包含"Internet Explorer 浏览器" 、"显示桌面" 、"Windows Media Player" 等图标。

系统托盘区最右边是时钟按钮，还存放有常驻内存的程序图标，如输入法、音量调节、网络连接、防火墙或计算机病毒监控等图标。

图 2-10 Windows XP 任务栏

1. 自定义"任务栏"

1) 设置"任务栏"的属性

用鼠标右键单击"任务栏"上的空白处，在弹出的快捷菜单中选择"属性"，打开"任务栏"和"开始"菜单属性对话框，选择"任务栏"选项卡，如图2-11所示。

可以根据需要设置"任务栏"，主要属性包括：

① "锁定任务栏"：选择此选项，将任务栏锁定在其桌面上的当前位置，不能将其移至桌面上的新位置。

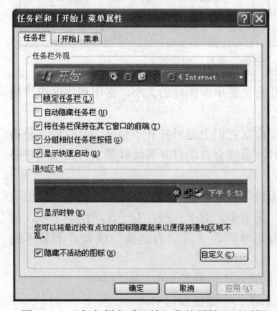

图 2-11 "任务栏和「开始」菜单属性"对话框

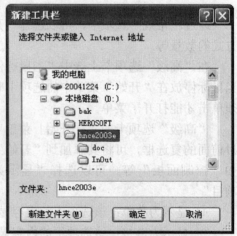

图 2-12 "新建工具栏"对话框

② "自动隐藏任务栏": 选择此选项, 任务栏会自动隐藏。但用鼠标指向任务栏所在的屏幕区域时, 任务栏又会重新显示。

③ "分组相似任务栏按钮": 选择此选项, 将为同一程序打开的文件显示任务栏按钮。

④ "显示快速启动": 是一个可定义的工具栏, 能够显示 Windows 桌面或通过一个单击操作启动程序。

2）缩放和移动"任务栏"

当同时打开的应用程序很多时, "任务栏"上的图标会显得很拥挤, 要改变"任务栏"的大小, 可移动鼠标到"任务栏"的顶端边沿处, 当鼠标指针变为双向箭头时, 拖动鼠标到合适的大小位置。还可以根据需要调整"任务栏"在屏幕上的位置。移动时先确定任务栏处于非锁定状态, 然后将鼠标指向"任务栏"的空白处, 按住鼠标并拖放到目标位置。

2. 使用工具栏

在"任务栏"使用工具栏上, 可以方便而快捷地完成所需任务。系统默认显示"语言栏", 用户可以根据需要添加或者新建工具栏。

1）添加工具栏

在任务栏的空白处单击右键, 在弹出的快捷菜单中指向"工具栏", 可以选择子菜单中列出的预选工具栏, 如"快速启动"、"桌面"、"链接"等。选择其中的一项, 任务栏上会出现相应的工具栏。

2）新建工具栏

可以将经常使用的文件夹或 Internet 地址, 作为工具栏显示在"任务栏"上。在"任务栏"的空白处单击右键, 选择"工具栏"→"新建工具栏", 打开"新建工具栏"对话框, 选择所需创建的文件夹, 或在"文件夹"框中键入 Internet 地址, 单击"确定"完成创建。如图 2-12 所示。

2.3.4 窗口及其操作

Windows XP 的操作是以窗口为主体进行的, 当用户打开一个文件或者应用程序时, 都会出现一个窗口, 窗口是用户操作的基本对象之一。

1. 窗口的组成

虽然 Windows XP 对应不同的程序和文档会打开不同的窗口, 但其外观和操作方法基本相同。了解窗口的组成, 有助于我们掌握 Windows 窗口的基本操作。

图 2-13 是一个典型的 Windows 的窗口, 其主要组成部分包括:

① 标题栏: 位于窗口顶部, 左端为控制菜单图标、窗口名称或打开的文档名, 右端为 3 个窗口控制按钮;

② 菜单栏：紧挨标题栏的下面，提供了该应用程序中的大部分命令；

③ 工具栏：包含了窗口的常用功能按钮，通常可以根据需要重新设置；

④ 工作区：位于窗口内部，用来放置有关的操作对象，如图标、文本等；

⑤ 任务窗格：列出常用的操作任务，会根据情况自动改变其中的内容。图 2-13 的任务窗格由"系统任务"、"其他位置"和"详细信息"3 个子窗格组成，如果打开"我的电脑"中的一个逻辑分区，将变成"文件和文件夹任务"窗格；

⑥ 状态栏：在窗口的底部，用来显示窗口的状态，以及进行某种操作时与该操作有关的提示信息；

⑦ 滚动条：当工作区中的内容太多，无法同时浏览时，会自动出现垂直滚动条或水平滚动条，实现窗口内容的翻动。

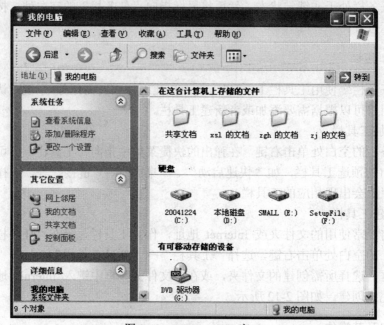

图 2-13 Windows XP 窗口

2. 窗口的操作

1）打开窗口

双击需要打开的窗口图标，或用鼠标右击对象，在快捷菜单中选择"打开"命令。

2）移动窗口

用鼠标拖动窗口标题栏，可将一个非最大化的窗口移动到某个位置。

3）调整窗口

单击"最大化"按钮，可以使活动窗口扩展到整个屏幕，此时该按钮变为"还原"按钮，单击恢复窗口到原始大小。单击"最小化"按钮，将窗口以按钮形式排列在"任务栏"上。需要还原窗口时，可单击"任务栏"上的窗口按钮。

通过对边框或边角的拖动操作，可以任意改变窗口的大小。当窗口最大化时，双击标题栏可使其还原，反之可使其最大化。单击窗口的控制菜单图标，弹出一个控制菜单，也可实现窗口的调整操作。

4）切换窗口

当有多个窗口同时打开时，只有一个处在激活状态，其标题栏通常呈深蓝色，称之为当前窗口或活动窗口。切换窗口有以下方法：

① 单击"任务栏"上的窗口按钮，可以很方便地实现活动窗口的切换；

② 单击某个窗口的可见部分，把它变换为活动窗口；

③ 按下 Alt+Tab 组合键，屏幕上出现"切换任务栏"窗口，其中列出了当前正在运行的窗口，保持"Alt"键，按"Tab"键从"切换任务栏"中选择一个窗口，选中后再松开这两个键，所选窗口即成为当前窗口。

5）排列窗口

当屏幕上出现多个窗口时，可以采用 Windows 提供的"层叠"和"平铺"两种方式，自动排列窗口在桌面上的位置。将鼠标指向"任务栏"的空白处，单击右键，在弹出的快捷菜单上可选择需要排列的方式。

6）关闭窗口

用户完成对窗口的操作后，在关闭窗口时有下面几种选择：

① 单击标题栏上的"关闭"按钮❌；

② 双击窗口控制菜单图标；

③ 单击窗口控制菜单图标，在弹出的控制菜单中选择"关闭"命令；

④ 使用 Alt+F4 组合键；

⑤ 选择"文件"菜单中的"退出"命令；

⑥ 鼠标右键单击任务栏上的窗口按钮，在弹出的快捷菜单中选择"关闭"命令。

对于文档窗口，用户在关闭窗口之前需要保存文档。如果忘记保存，当执行"关闭"命令时，系统会弹出一个对话框，询问是否要保存所做的修改。

2.3.5 对话框及其操作

对话框是 Windows 与用户进行信息交流的一个界面，为了获得必要的操作信息，Windows 会打开对话框向用户提问，通过对选项的选择、属性的设置或修改，完成必要的交互性操作。Windows 还使用对话框来显示一些附加信息或警告信息，或解释没有完成操作的原因。

对话框的组成和窗口有相似之处，但对话框要比窗口更侧重于与用户的交流。图 2-14 是一个 Windows XP 对话框的实例，有关对话框的组成说明，可参考表 2-2。

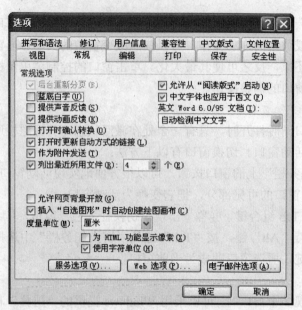

图 2-14　Windows XP 对话框

表 2-2　对话框组成说明

对象	说　明
标题栏	位于对话框的顶部，左端显示对话框的名称，右端为"关闭"按钮![X]，大部分对话框含有一个"帮助"按钮![?]
选项卡	紧挨标题栏下面，用来选择对话框中某一组功能，如图 2-14 中的"常规"、"编辑"等
单选钮![O]	用来在一组选项中选择一个，且只能选择一个，被选中的按钮中央出现一个圆点
复选框![√]	用于列出可以选择的项目，可以根据需要选择一个或多个。被选中的复选框中显示"√"标记，单击可取消选择
文本框	用于输入文本和数字，通常在右端有一个下拉按钮。可直接输入，或从下拉列表中选取预选的文本或数字
列表框	列表框提供了对应于某项设置的若干选项，当其中的内容不能全部列出时，系统会自动显示滚动条。用户不能修改其中的选项
下拉列表框	下拉列表框与列表框作用相同，但可节省屏幕空间。单击下拉列表按钮，可在列表中选择设置。与带有下拉按钮的文本框不同，下拉列表框不提供输入和修改功能
命令按钮	执行一个命令。如果命令按钮呈暗淡色，表示当前不可选用。按钮名称后有省略号"…"，表示将打开新的对话框。常见的命令按钮是"确定"、"取消"和"应用"

2.3.6　菜单及其操作

Windows 的菜单提供了应用程序的访问途径，选择菜单命令的按钮，可以完成一些特定的功能。

1. 打开菜单

Windows 有几种不同类型的菜单，打开方法有四种。

① "开始"菜单：用鼠标单击任务栏上的"开始"按钮；

② 下拉菜单：用鼠标单击窗口菜单栏上的菜单名；

③ 窗口控制菜单：用鼠标单击窗口标题栏左端的窗口控制图标；

④ 对象快捷菜单：用鼠标右键单击某个对象图标，对象的快捷菜单包含了该对象当前可以执行的一些主要命令。

2. 菜单项的约定

虽然不同的菜单项代表不同的命令，但其操作方式却有相似之处。Windows 为了方便用户识别，为菜单项加上了某些特殊标记，有关的说明见表 2-3。

表 2-3　菜单项的约定

菜单项	说　明
黑色字符	正常的菜单项，表示可以选用
暗淡字符	变灰的菜单项，表示当前不可选用
后面带省略号 "…"	执行命令后会打开一个对话框，供用户输入信息或修改设置
后面带三角 "▶"	级联菜单项。表示含有下级菜单，鼠标指向或单击，会打开一个子菜单
分组线	菜单项之间的分隔线条，通常按功能将一个菜单分为若干组
前面带符号 "●"	选择标记。在分组菜单中，有且仅有一个选项标有 "●"，表示被选中
前有符号 "√"	选择标记。"√" 表示命令有效，再次单击可删除标记，表示命令无效
后面带组合键	用组合键可直接执行菜单命令，如按 Ctrl+V 可执行粘贴命令

2.4　Windows XP 的文件管理功能

大多数 Windows 任务都涉及使用文件和文件夹。文件和文件夹的管理主要包括如何创建、删除、复制和移动文件及文件夹，以及如何查看、搜索文件和文件夹等，这是 Windows 中最基本的一类操作。

2.4.1　文件和文件夹的基本概念

文件就是用户赋予了名字并存储在外部介质上的信息的集合，它可以是用户创建的文档，也可以是可执行的应用程序或一张图片、一段声音等。

文件夹是用来存放文件和子文件夹的地方，是系统组织和管理文件的一种形式，是为了方便用户查找、维护而设置的，故应将文件分门别类地存放在不同的文件夹中。

2.4.2 管理文件和文件夹

1. 文件和文件夹的命名

在为文件命名时，建议使用描述性的名称作为文件名，这样有助于用户回忆文件的内容或用途。Windows XP 使用长文件名，文件和文件夹的命名应遵循如下约定：

① 文件名或文件夹名最多可以有 256 个字符（包括空格），其中包含驱动器和路径信息，因此实际使用的文件名的字符数应小于 256。

② 每一文件都有 3 个字符的文件扩展名，用以标识文件类型和创建此文件的程序。

③ 文件名或文件夹名中不能出现以下字符：\ / : * ? " < > | 、"。

④ 系统保留用户命名文件时的大小写格式，但不区分其大小写。

⑤ 搜索和排列文件时，可以使用通配符 "*" 和 "?"。其中，"?" 代表文件中的一个任意字符，而 "*" 代表文件名中的 0 个或多个任意字符。

⑥ 可以使用多分隔符的名字。例如，Play.Plan.2011.PPT。

⑦ 同一个文件夹中的文件不能同名。

2. 文件和文件夹的浏览

浏览文件和文件夹的主要工具是 "我的电脑" 和 "资源管理器"。利用它们可以显示文件夹的结构和文件的有关详细信息，启动应用程序、打开文件、复制文件等。此外，还可以利用 "地址栏" 和 "搜索" 工具来查找文件和文件夹。

1）认识 "我的电脑" 和 "资源管理器" 窗口

双击桌面上 "我的电脑" 图标，打开 "我的电脑" 窗口，如图 2-15 所示。单击窗口工具栏上的 文件夹 按钮，窗口将切换到 "资源管理器" 窗口，如图 2-16 所示。再次单击该按钮，窗口又回到 "我的电脑"。实际上，这两个用于资源管理的工具仅仅延续了它们在早期版本中的名称，并表现为不同的外观，在 Windows XP 中已经没有实质的区别。

为了方便用户，Windows XP 提供了多种用来打开 "资源管理器" 的操作。

① 单击 "开始" → "所有程序" → "附件" → "Windows 资源管理器"。

② 右键单击 "开始" 按钮，在快捷菜单中选择 "资源管理器"。

③ 右键单击任何 Windows XP 默认的组件图标（不含桌面上的应用程序快捷方式图标），或 "我的电脑" 窗口中的驱动器、文件夹图标，在弹出的快捷菜单中选择 "资源管理器"。

在 "我的电脑" 窗口中，右边的 "任务窗格" 引入了 "任务超级链接" 的新概念，并在功能上带来了许多便利。"任务窗格" 由 "系统任务"、"其他位置" 和 "详细信息" 三个子窗格组成，能够自动根据所选对象的类型，出现相对应的任务选项。例

图 2-15 "我的电脑"窗口

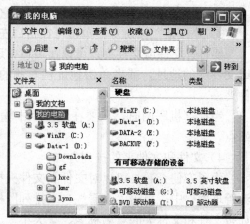

图 2-16 "资源管理器"窗口

如，在选中一个文件夹时，"任务窗格"会出现关于文件夹的操作任务，如重命名、移动、复制、删除、共享，以及将文件夹发布到 Web 等。

在"资源管理器"窗口中，左边的窗格显示了所有磁盘和文件夹的列表，右边的窗格用于显示选定的磁盘和文件夹中的内容。如果左窗格对象的左侧有标记"+"，表示该对象包含有下一级子文件夹，单击该标记可展开其包含的内容，同时标记"+"变为标记"–"，再次单击，该对象重新折叠。

2）文件和文件夹的显示方式

在"我的电脑"和"Windows 资源管理器"中，有多种浏览文件和文件夹的方法，可以根据需要随时改变文件和文件夹的显示方式。

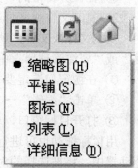

图 2-17 "查看菜单"

打开"我的电脑"或"资源管理器"窗口，单击菜单栏中的"查看"，或工具栏上"查看"按钮 右侧的小箭头，打开如图 2-17 所示"查看"菜单。选择"缩略图"、"平铺"、"图标"、"列表"或"详细信息"中的某一项，可立即改变文件和文件夹的显示方式。

"缩略图"、"平铺"、"图标"和"列表"方式仅显示文件和文件夹的图标与名称。"详细信息"方式则可显示文件和文件夹的名称、大小、类型及修改时间等。在使用"详细信息"方式显示文件时，把鼠标放到列标题右侧的分界线上，待鼠标指针变为双向箭头时，拖动鼠标可以调整列的宽度，以便显示出所需要的信息。

3）工具栏的常用操作

在"标准工具栏"中，主要有下列按钮：

① "后退"按钮 ：单击可退回到当前位置的上一个浏览位置。

② "前进"按钮 ：单击可前进到当前位置的下一个浏览位置。

③ "向上"按钮 ：单击可返回到它的上一级文件夹或磁盘中。

④ "搜索"按钮 ：单击可在窗口左侧显示"搜索助理"窗格。

要打开文件或文件夹，可以在窗口中逐级查找，也可以直接在地址栏中键入文件或文件夹的地址，或者单击地址栏右侧的下拉列表按钮来选择需要打开的文件或文件夹。

当计算机联网时，只要在地址栏中输入一个网址即可启动 IE 浏览器访问 Web 站点。

4）文件和文件夹的排列方式

为了方便查看，可以对文件和文件夹按不同的顺序排列。在"我的电脑"或"资源管理器"中，单击"查看"→"排列图标"，可以根据需要选择不同的排列方式，如按文件和文件夹的"名称"、"大小"、"类型"，或者按"修改时间"等。

3. 文件和文件夹的管理

1）创建新文件夹

在 Windows XP 中，可以在桌面、驱动器以及任意的文件夹上创建新的文件夹。不过，最好将它放在合适的地方。要创建文件夹，可有四种方法，前两种方法还可用来创建新文件，方法是在菜单中选择需要建立的文件类型。

① 单击菜单"文件"→"新建"→"文件夹"，在选定位置出现图标 ▭新建文件夹，可将默认名称"新建文件夹"修改成较为贴切的文件夹名。

② 右键单击要创建文件夹的空白处，在快捷菜单中选择【新建】→【文件夹】。

③ 在任务窗格的"文件和文件夹任务"区域，单击 ▭ 创建一个新文件夹 超级链接。

2）复制文件或文件夹

复制文件或文件夹就是将文件或文件夹的一个副本放到其他地方去。在"我的电脑"或"资源管理器"中，用菜单方式或命令方式复制文件或文件夹的步骤如下：

① 在源窗口选定要复制的对象；

② 单击"编辑"→"复制"，或按下 Ctrl+C 组合键；

③ 打开目标窗口，单击"编辑"→"粘贴"，或按下 Ctrl+V 组合键。

用鼠标拖动也可进行文件或文件夹的复制。如果复制前后的存放位置不在同一个驱动器中，将被选择的对象直接拖到目标窗口即可完成复制。如果在同一驱动器中，则拖动时必须按住 Ctrl 键，否则为移动文件或文件夹。

还可利用快捷菜单复制文件或文件夹。首先选定对象，单击鼠标右键，在弹出的快捷菜单中选择"复制"，然后在目标窗口单击鼠标右键，在快捷菜单中选择"粘贴"，即可完成复制。如果要复制到软盘、桌面等，还可使用快捷菜单中的"发送到"命令。

Windows XP 还提供了复制文件和文件夹的另一快捷方法，步骤如下：

① 选定文件或文件夹。

② 单击任务窗格中的 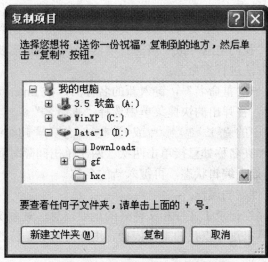 复制这个文件 或 复制这个文件夹 超级链接，弹出"复制项目"对话框。

③ 选择目标文件夹，单击"复制"按钮，如图 2-18 所示。

图 2-18 "复制项目"对话框

若要一次选定多个相邻的文件或文件夹，可先单击第一个文件或文件夹，然后按住 Shift 键，找到并单击最后一个文件或文件夹。若要一次选定多个不相邻的文件或文件夹，单击第一个文件或文件夹后，按住 Ctrl 键，再单击其余要选择的文件或文件夹。若要选择所有的文件或文件夹，可单击"编辑"→"全部选定"命令或按组合键 Ctrl+A。

3）移动文件或文件夹

移动文件或文件夹的操作与复制非常相似，区别是在文件或文件夹被移动后，将会从原来位置删除，而只出现在新的位置上。另外，操作时只需在上面"复制文件或文件夹"操作的第二步选择"编辑"→"剪切"，或按下 Ctrl+X 组合键，其他步骤与复制完全一样。

4）删除文件或文件夹

当有些文件或文件夹不再需要时，可将其删除掉。删除后的文件或文件夹将被移动到"回收站"中，可以选择将其彻底删除或还原到原来的位置。在选定了文件或文件夹后，删除文件有以下几种方法：

① 直接按键盘上的 Delete 键。

② 单击"文件"→"删除"。

③ 右键单击文件或文件夹，从弹出的菜单中选择"删除"。

④ 单击任务窗格上的 ✕ 删除这个文件 或 ✕ 删除这个文件夹 超级链接。

⑤ 直接将选定对象拖到桌面上的"回收站"。

如果在"回收站"的属性设置中，选中"显示删除确认对话框"复选框，则在删除文件时，将弹出"确认×××删除"对话框。另外，按下 Shift+Delete 键将直接删除文件，而不放入回收站。

5）更名文件或文件夹

文件或文件夹的更名就是给文件或文件夹重新命名一个新的名称，使其可以更符合用户的要求。打开"我的电脑"或"资源管理器"，在选定需要改名的文件或文件夹后，可按以下几种方法进行重命名：

① 单击"文件"→"重命名"，键入新的名称后，按 Enter 键。

② 单击鼠标右键，在弹出的快捷菜单中选择"重命名"。

③ 单击任务窗格中的 ▣ 重命名这个文件 或 ▣ 重命名这个文件夹 超级链接。

也可在文件或文件夹名称处直接单击两次（两次单击间隔时间应稍长一些，以免使其变为双击），使其处于编辑状态，再键入新的名称。

6）更改文件或文件夹的属性

文件和文件夹的属性记录了文件和文件夹的重要信息，是系统区别文件和文件夹的重要标志，也是计算机进行查找的主要依据。用户可查看、修改和设定文件或文件夹的属性。

鼠标右键单击文件，在弹出的菜单中选择"属性"，弹出如图 2-19（a）所示的"×××属性"对话框。在常规选项卡的属性栏中记录了文件的图标、名称、位置、

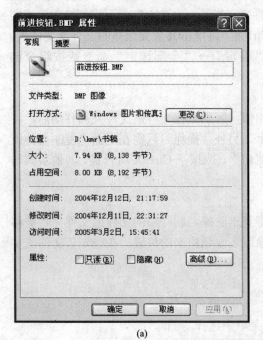
(a)

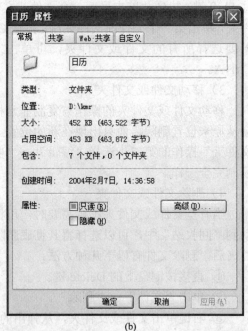
(b)

图 2-19 文件和文件夹的"属性"对话框

大小等不能任意更改的信息。另外也提供了可以更改的文件的"打开方式"和属性。其中"只读"属性表明只能对该文件进行读的操作，不允许更改和删除。若将文件设置为"隐藏"属性，则该文件在常规显示中将不被看到，可避免文件因意外操作被删除或损坏。

更改文件夹属性的操作与更改文件的属性操作完全一样，但在文件夹"常规"选项卡中，没有"打开方式"和"更改"按钮，如图 2-19（b）所示。

7）显示隐藏文件或文件夹

在系统默认状态下，有些文件或文件夹是不显示在文件夹窗口中的，如系统文件、隐藏文件。如果需要修改或删除这些文件或文件夹，则首先必须将它们显示出来。操作的一般方法为：

① 单击"工具"→"文件夹选项"，打开"文件夹选项"对话框。

② 单击"查看"选项卡，在"高级设置"下拉列表框中，选择"显示所有文件和文件夹"单选钮。

③ 如果要显示"受保护的操作系统文件"，可以清除"隐藏受保护的系统文件（推荐）"复选框。这时系统会显示警告信息，在警告信息框中单击"是"按钮。

8）压缩与解压缩文件或文件夹

Windows XP 能够自动识别一定类型的压缩文件或文件夹。借助一些第三方软件的压缩功能，可以节省文件或文件夹所占的存储空间。在使用 E-mail 发送多个文件时，也可以将其压缩成一个文件包并以附件的形式传送。

压缩文件或文件夹的操作步骤如下（以 WinRAR 为例，下同）：

① 选定要压缩的驱动器、文件或文件夹。

② 右键单击，在弹出的菜单中鼠标指向 WinRAR，如图 2-20（a）。

③ 在其级联菜单中根据需要选择其中一项命令进行操作。

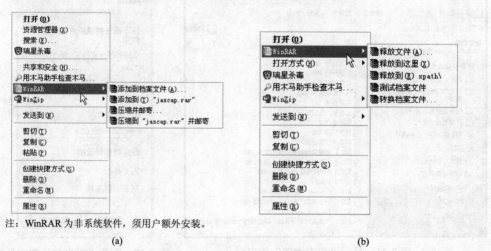

(a)   (b)

注：WinRAR 为非系统软件，须用户额外安装。

图 2-20　压缩与解压缩文件或文件夹

创建了压缩文件包后，还可向其中添加其他文件或文件夹，方法是将需要添加的对象图标拖动到该压缩文件包中。可以直接打开压缩文件包中的文件或文件夹，或在打开前先解压缩这些文件或文件夹。

解压缩文件或文件夹的步骤如下：

① 右键单击欲解压缩的压缩文件包。

② 鼠标指向弹出菜单中的 WinRAR，如图 2-20（b）。

③ 在其级联菜单中根据需要选择其中一项命令进行操作。

4. 文件和文件夹的查找

有时候用户需要查看某个文件或文件夹的内容，却忘记了该文件或文件夹存放的具体位置或具体名称，这时 Windows XP 提供的搜索文件或文件夹功能就可以帮助用户查找该文件或文件夹。Windows XP 提供的搜索工具的功能相当强大，它把搜索文件或文件夹，搜索计算机、网上用户以及网上资源的功能集中在一起。

1）打开"搜索助理"栏窗口

单击"开始"→"搜索"，打开一个搜索窗口，或者打开"我的电脑"或"资源管理器"，单击工具栏上的"搜索"按钮 🔎 。这两种方式打开的窗口左侧都显示"搜索助理"窗格，如图 2-21 所示。从图中可以看到"搜索助理"含有 4 种搜索对象："图片、音乐或视频"，"文档（文字处理、电子数据表等），"所有文件和文件夹"，"计算机或人"。按照所要查找的对象选择搜索范围，可缩短搜索时间，提高搜索效率。

2）查找文件和文件夹

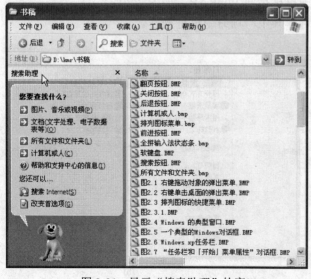

图 2-21　显示"搜索助理"的窗口

图 2-22　查找"所有文件和文件夹"

以图 2-21 中的查找"所有文件和文件夹"为例，说明搜索文件或文件夹的一般方法。

① 在图 2-21 中单击"所有文件和文件夹"，"搜索助理"窗格如图 2-22 所示。

② 在"全部或部分文件名"文本框中键入所要查找的文件或文件夹的全名或部分名称，可以使用通配符"*"和"？"。如键入"*.doc"查找扩展名为"doc"的所有文件。

③ 可在"文件中所包含的词或词组"文本框中键入文件中所包含的词或词组。

④ 在"在这里寻找"下拉列表框中指定文件查找的位置，可选定一个要从中查找的驱动器、文件夹或网络。

⑤ 要进一步缩小搜索范围，可以在其余选项中选择一项或多项，如设定所要查找的文件的大小、修改日期等选项。

⑥ 单击"搜索"按钮，开始搜索，Windows XP 将搜索的结果显示在右边的空白框内。单击"停止"按钮，可停止搜索。

⑦ 双击搜索后显示的文件或文件夹，可直接打开该文件或文件夹。

3）保存搜索结果

Windows XP 在查找功能中增加了保存搜索结果的功能。完成一次查找后，可以单击"文件"→"保存搜索"，所保存文件的扩展名为"fnd"。下次要进行同样条件的搜索，只需双击运行上述文件。

2.5 Windows XP 的磁盘管理功能

2.5.1 磁盘的操作

1. 查看磁盘属性

磁盘的常规属性包括磁盘的类型、文件系统、空间大小、卷标信息等，查看磁盘的常规属性可执行以下操作：

① 双击"我的电脑"图标，打开"我的电脑"对话框。

② 右击要查看属性的磁盘图标，在弹出的快捷菜单中选择"属性"命令。

③ 打开"磁盘属性"对话框，选择"常规"选项卡。

④ 在该选项卡的中部显示了该磁盘的类型、文件系统、打开方式、已用空间及可用空间等信息；在该选项卡的下部显示了该磁盘的容量，并用饼图的形式显示了已用空间和可用空间的比例信息。单击"磁盘清理"按钮，可启动磁盘清理程序，进行磁盘清理。

⑤ 单击"应用"按钮，即可应用在该选项卡中更改的设置。

2. 磁盘格式化

格式化，简单说，就是把一张空白的盘划分成一个个小区域并编号，供计算机储存、读取数据。没有这个工作，计算机就不知在哪写、从哪读。

磁盘格式化（Format）是在物理驱动器（磁盘）的所有数据区上写零的操作过程。格式化是一种纯物理操作，同时对硬盘介质做一致性检测，并且标记出不可读和坏的扇区。由于大部分硬盘在出厂时已经格式化过，所以只有在硬盘介质产生错误时才需要进行格式化。

在 Windows 环境下格式化磁盘可执行如下操作：

① 在桌面上双击"我的电脑"，进入我的电脑。

② 比如要格式化 D:盘，则右键单击 D:盘。

③ 在弹出的快捷菜单中选择"格式化"，然后在弹出的"格式化"对话框中选择"开始"按钮，如图 2-23 所示。

但在 Windows 环境下不能直接格式化 C：盘，因为我们的 Windows 系统文件大都安装在 C：盘，如果要格式化 C：盘，则要退出后启动到 DOS 状态下才能完成。

2.5.2 磁盘的管理

1. 添加或修改卷标

在日常生活、工作当中，我们希望对磁盘进行个性化命名，以方便对文件进行管理，对磁盘进行个性化命名，即为添加或修改磁盘卷标，可执行如下操作：

① 双击"我的电脑"图标，打开"我的电脑"对话框。

② 右击要查看属性的磁盘图标，在弹出的快捷菜单中选择"属性"命令。

③ 打开"磁盘属性"对话框，选择"常规"选项卡。

④ 在该选项卡中，用户可以在最上面的文本框中键入该磁盘的卷标或者修改已有的磁盘卷标。

2. 磁盘碎片整理程序

用户在经常进行文件的移动、复制、删除及安装、删除程序等操作后，可以会出现坏的磁盘扇区，这时可执行磁盘查错程序，以修复文件系统的错误、恢复坏扇区等。执行磁盘查错程序的具体操作如下：

① 双击"我的电脑"图标，打开"我的电脑"对话框。

② 右击要进行磁盘查错的磁盘图标，在弹出的快捷菜单中选择"属性"命令。

③ 打开"磁盘属性"对话框，先择"工具"选项卡。

④ 在该选项卡中有"查看"、"碎片整理"和"备份"三个选项组。

⑤ 单击"碎片整理"选项组中的"开始整理"按钮，可执行"磁盘碎片整理程

序"，如图 2-24 所示。

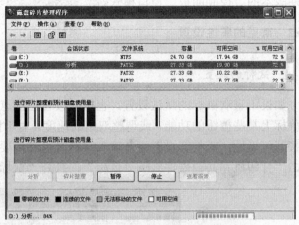

| 图 2-23 | 格式化 D:盘 | 图 2-24 | 对 D:盘进行磁盘碎片整理 |

2.6 Windows XP 的系统设置

2.6.1 控制面板

"控制面板"是 Windows XP 提供的用来对系统进行设置的一个非常有用的工具集，它集成了设置计算机软硬件环境的绝大部分功能，用户可以根据需要和爱好进行设置。

在"我的电脑"或"Windows 资源管理器"中，单击任务窗格中的"控制面板"图标，或单击"开始"→"控制面板"，都可以打开"控制面板"窗口，如图 2-25 所

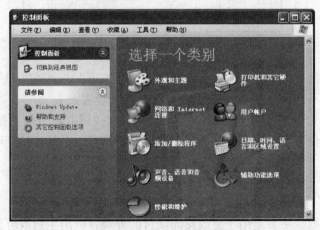

图 2-25 "控制面板"窗口

示。在"控制面板"中，最常见的项目按照分类进行组织，用鼠标指向图标或类别名称，可以查看某一项目中的详细信息。单击"切换到经典视图"，可以切换到 Windows 早期版本的"控制面板"窗口模式。

2.6.2 常见的属性设置

1. 鼠标的设置

如果不喜欢鼠标的默认设置，也可以按自己的意愿重新设定鼠标。例如，可以更改鼠标上某些按钮的功能，或调整双击的速度。对于鼠标指针而言，可以更改其外观，改善其可见性，或将其设置为在输入字符时隐藏。要改变鼠标的设置，在控制面板中单击"打印机和其他硬件"→"鼠标"，打开"鼠标属性"对话框，如图 2-26 所示。

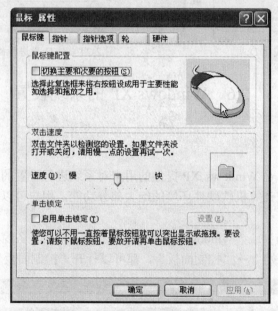

图 2-26　"鼠标属性"对话框

该对话框包括"鼠标键"、"指针"、"指针选项"、"轮"和"硬件" 5 个选项卡（随鼠标的不同而改变），根据需要完成相应的设置。

选中"切换主要和次要的按钮"可以改变主次按钮并将右边的按钮作为主要按钮，适用于习惯使用左手的用户。现在多数鼠标都具有一个鼠标轮，可以用来实现滚动文档等操作。

2. 外观和主题

"外观和主题"主要是用于更改桌面项目的外观、应用主题或屏幕保护程序，或者自定义"任务栏和「开始」菜单"等设置。

在控制面板中单击"外观和主题"→"显示",或右键单击桌面空白处,在弹出菜单中选择"属性",将打开"显示属性"对话框,如图 2-27 所示。

图 2-27 "显示属性"对话框

1)设置"桌面"

桌面背景就是用户打开计算机后所出现的桌面背景颜色或图片。可在这个选项卡的"背景"列表框中选择一幅自己喜欢的图片,也可以单击"浏览"按钮在本地或网络中选择其他图片作为桌面背景。在"位置"列表框中可以选择背景的显示方式。

2)设置"屏幕保护程序"

"屏幕保护程序"当用户在一段指定的时间内没有对计算机进行操作时,会在屏幕上出现移动的文字或图片。使用屏幕保护程序可以保障系统安全、减少屏幕损耗并且可以延长显示器的使用寿命。在"屏幕保护程序"选项卡中选择一种屏幕保护程序,可以立即预览到该屏幕保护程序的效果,单击"设置"按钮,可对屏幕保护程序进行设置。

3)设置"外观"

"外观"选项卡用于设置 Windows XP 窗口的显示风格、色彩和字体。可在其中的"窗口和按钮"下拉列表框中选择窗口显示风格,在"色彩方案"和"字体大小"下拉列表框中选择显示颜色和字体的显示方式。单击"效果"或"高级"按钮可以作进一步设置。

3. 日期、时间、区域和语言设置

"日期、时间、区域和语言设置"用于更改系统的日期、时间、区域等显示方式，还可以根据需要任意添加或删除某种输入法。

1）区域和语言选项

① 在控制面板中的单击"日期、时间、区域和语言设置"→"区域和语言选项"，打开"区域和语言选项"对话框。

② 在"语言"选项卡中，单击"详细信息"按钮，打开"文字服务和输入语言"对话框，或右键单击"任务栏"中的语言栏图标，选择快捷菜单中的"设置"，也可以打开"文字服务和输入语言"对话框，如图 2-28 所示。

③ 在"已安装的服务"列表中列出了已经安装的输入法。如果要添加某种输入法，单击"添加"按钮，选中"键盘布局/输入法"复选框，在其下拉列表中选择需要添加的输入法，如图 2-29 所示，单击"确定"按钮。如果要"删除"某种输入法，只须在图 2-28"已安装的服务"列表中选中一种输入方法，单击"删除"按钮。

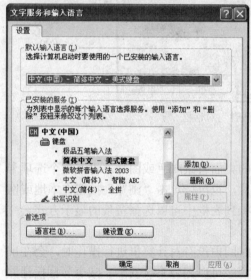

图 2-28　"文字服务和输入语言"对话框

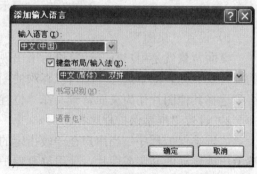

图 2-29　"添加输入语言"对话框

2）日期和时间

若需要更改系统日期和时间，可按以下步骤进行操作：

① 在控制面板中单击"日期、时间、区域和语言设置"→"日期和时间"，或双击任务栏右端的时钟按钮，打开"日期和时间属性"对话框。

② 选择"日期和时间"选项卡，分别调整日期和时间。

③ 完成设置后，单击"确定"按钮。

2.6.3　回收站

我们在 Windows XP 操作系统中删除文件，这些文件就"转移"到回收站中，如果你需要，可以再把它捡回来。

1．清除回收站中的文件

删除到回收站的文件并不是真正的删除，而是将文件移动到回收文件夹，这些文件还保存在硬盘上，占用硬盘空间。如果想彻底地删除回收站的文件，可以鼠标右键点击回收站图标，在弹出的菜单中选择"清空"回收站。也可以打开回收站，选择性地清除。

2．恢复回收站中的文件

在回收站中回收文件非常简单。鼠标双击回收站图标，打开回收站文件夹窗口，选择要恢复的文件，然后选择"文件/恢复"即可，文件将自动恢复到原来的文件夹。也可以用复制、拖动的方法来恢复。

3．直接删除文件

直接删除文件就是不经过回收站，直接将文件删除。方法是在文件窗口中选择文件，在删除操作的时候按住"Shift"键。即：按住"Shift"键，再按"Del"键就可以将文件彻底删除。

4．取消回收站

取消回收站就是删除文件不再转移到回收站，而是直接就将文件删除掉。鼠标右键点击回收站图标，选择弹出菜单中的"属性"选项，选择属性窗口中的"不将文件移入回收站，而是直接删除"栏。

5．改变回收站的容量

回收站容量并不是无限制的，它只能保留一定数量的文件，系统默认的是硬盘空间的 10%，当超过这个数量的时候，就采用先进先出的方法，将以前的文件彻底删除，腾出空间保留后删除的文件。但回收站的空间还是可以调整的。方法是按照上面的方法打开回收站属性窗口，拖动"回收站最大空间"栏中的滑块，选择自己认为合适的比例。另外清除属性窗口中的"显示删除确认对话框"栏中标记，在删除文件的时候就可以不出现确认对话框。

6．分别设置分区硬盘的回收站容量

实际上，Windows 的每个硬盘分区中都有一个隐藏的回收站，我们可以根据分区

的具体情况分别设置各个分区硬盘的回收站容量。例如，如果 C 盘空间比较紧张，就可以单独地将 C 盘的回收站容量调小一点。方法是进入回收站属性窗口，选择"各驱动器的配置相互独立"，然后选择 C 盘的标签进行设置。指定回收站的容量并不是要给回收站分配这么大的硬盘空间，只是可以保留的最大使用空间。

2.6.4 添加/删除程序

在使用计算机的过程中，经常需要安装、更新程序或删除已有的应用程序。在控制面板中单击"添加/删除程序"图标，打开如图 2-30 所示的"添加或删除程序"窗口，在"当前安装的程序"列表中列出了当前安装的所有程序。

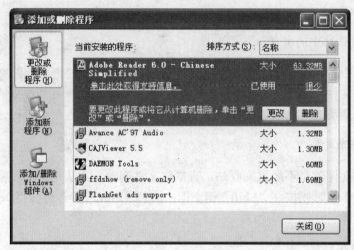

图 2-30　"添加或删除程序"窗口

1. 更改或删除程序

对于不再使用的应用程序，应该卸载删除，有的软件安装完成后，在其安装目录或程序组的快捷菜单中会有一个名为"Uninstall+应用程序名"或"卸载+应用程序名"的文件或快捷方式，执行该程序可自动卸载应用程序。如果有的应用程序没有带 Uninstall 程序，或需要更改某些应用程序的安装设置时，单击"更改或删除程序"按钮，选中要更改或删除的程序，然后单击"更改"或"删除"，按提示进行操作即可。

删除应用程序不要通过打开其所在文件夹，然后删除其中文件的方式来删除某个应用程序。因为有些 DLL 文件安装在 Windows 目录中，因此不可能删除干净，而且很可能会删除某些其他程序也需要的 DLL 文件，导致破坏其他依赖这些 DLL 文件的程序。

2. 添加新程序

单击"添加新程序"选项按钮，如果要从 CD-ROM 或软盘安装程序，则选择"CD

或软盘"按钮，Windows 将自动搜索 CD 盘或从软盘上安装程序。如果要通过 Internet 从 Microsoft 添加一个新的 Windows 功能、设备驱动程序或进行系统更新，则应单击 "Windows Update"按钮。

3. 添加/删除 Windows 组件

Windows XP 提供了丰富且功能齐全的组件，包括程序、工具和大量的支持软件，在安装 Windows XP 的过程中，可能由于需求或者因为硬件条件的限制，很多组件没有安装。在使用过程中，可随时根据需要添加或删除 Windows 组件。

单击"添加/删除 Windows 组件"按钮，弹出"Windows 组件向导"对话框，如图 2-31 所示。在"组件"列表框中，选中或清除组件旁边的复选框，按照提示即可完成操作。

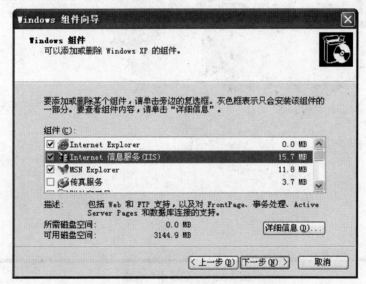

图 2-31 "Windows 组件向导"对话框

2.7 Windows XP 的附件

2.7.1 记事本与写字板

1. 记事本

"记事本"是 Windows 提供的一个用来创建简单文档的文本编辑器，可以用来查看或编辑纯文本文件（.TXT）。由于"记事本"保存的 TXT 文件不包含特殊的字符或其他格式，故可以被 Windows 中的大部分应用程序调用。"记事本"使用方便、快捷、应用广泛，如一些应用程序的自述文件"Readme"通常是以记事本的形式保存的。另外，也常用"记事本"编辑各种高级语言的程序文件，也是创建 Web 页 HTML 文档的一种较好的工具。

在"记事本"中用户可以使用不同的语言格式创建文档，而且可以用不同的编码进行打开或保存文件，如 ANSI、UTF-8 或 Unicode，Unicode big-endian 等格式。当使用不同的字符集工作时，程序将默认保存为标准的 ANSI（美国国家标准化组织）文档。

打开"记事本"的方法很简单。单击"开始"→"所有程序"→"附件"→"记事本"，即可打开"记事本"应用程序，如图 2-32 所示。

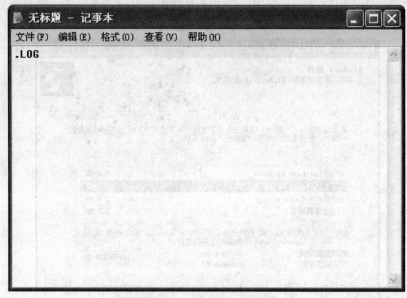

图 2-32　"记事本"程序

试一试，将日志附加到文档中的操作：

① 在记事本文档的第一行第一列键入".LOG"（注意全部为大写字母）。

② 单击"文件"→"保存"，将文件保存。

可以观察到，每次打开这个文件时，记事本都将把计算机时钟的当前系统日期和时间添加到文档的末尾。

2. 写字板

"写字板"是一个 Windows 操作系统自带的使用简单，但却功能强大的文字处理程序，用户可以利用它进行日常工作中文件的编辑。它不仅可以进行中英文文档的编辑，而且还可以图文混排，插入图片、声音、视频剪辑等多媒体资料。但是写字板的使用不如 OFFICE 普及。

写字板具有 Word 的最初形态，有格式控制等，而且保存的文件后缀名也是.doc，是 word 的雏形。写字版的容量比较大，对于大点的文件记事本打开比较慢或者打不开可以用写字板程序打开。同时，写字板支持多种字体格式。

2.7.2　画图

"画图"程序是一个位图编辑器，可以用它创建简单或精美的图画，也可以对各种位图格式的图片进行编辑修改。在编辑完成后，可以以 Bmp、Jpg、Gif 等格式存档，可以打印所绘的图，还可以将它作为桌面背景，或作为文件插入到其他文档中。

打开"画图"的方法与打开其他附件工具的方法相同。单击"开始"→"所有程序"→"附件"→"画图"，打开"画图"应用程序窗口，如图 2-33 所示。

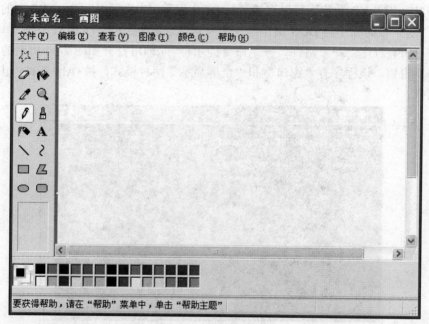

图 2-33　"画图"程序

"画图"应用程序窗口的左侧是"工具箱"，左下方是"颜料盒"。"工具箱"中包含了 16 种常用的工具，每当选择一种工具时，在下面的辅助选择框中会出现相应的选项。如选择"放大镜"工具时，会显示不同的放大比例，选择"刷子"工具时，则会出现不同大小的刷子，以供选择。使用绘图工具的方法很简单，先选中它，然后将鼠标移到画板上即可进行画图工作。

在"颜料盒"中提供的色彩如果不能满足要求，可以选择菜单"颜色"→"编辑颜色"，或者双击"颜料盒"中的任意一款颜色，均可弹出"编辑颜色"对话框。可在"基本颜色"选项组中进行色彩的选择，也可以单击"规定自定义颜色"按钮，自定义颜色并"添加到自定义颜色"选项组中。

2.7.3 其他附件

1. 命令提示符

1）"命令提示符"简介

Windows XP 的"命令提示符"程序又被称为"MS-DOS 方式"。MS-DOS 是 Microsoft Disk Operating System 的缩写，是一种在早期的个人计算机上广泛使用的命令行界面操作系统。"MS-DOS 方式"是在 32 位系统（如 Windows 98、Windows XP 和 Windows 2000 等）中仿真 MS-DOS 环境的一种外壳。因为 MS-DOS 应用程序运行安全、稳定，有的用户还在使用。

在 Windows XP 系统下可以直接运行 DOS 程序，中文版 Windows XP 中的"命令提示符"进一步提高了与 DOS 操作命令的兼容性。当需要运行 DOS 程序时，单击"开始"→"所有程序"→"附件"→"命令提示符"，即可打开如图 2-34 所示的"命令提示符"窗口。该程序有"窗口"和"全屏显示"两种模式，按 Alt+Enter 组合键可进行切换。

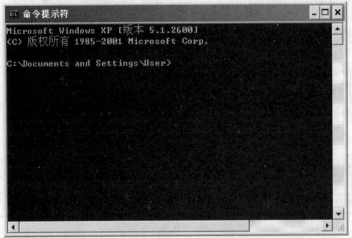

图 2-34 "命令提示符"窗口

2）设置"命令提示符"窗口属性

可以通过"属性"来改变"命令提示符"程序的窗口模式、字体、布局和颜色等。在窗口模式下，右键单击标题栏，在弹出的快捷菜单中选择"属性"命令，打开"命令提示符属性"对话框，如图 2-35，按照对话框中的提示操作即可。

3）复制"命令提示符"窗口数据

在"命令提示符"窗口中，如果需要执行复制、粘贴等操作，必须先切换到"窗口"模式，在用鼠标右键单击标题栏，在快捷菜单中指向"编辑"，可以看到其级联子菜单中有"标记"、"复制"、"粘贴"等命令，如图 2-36 所示。

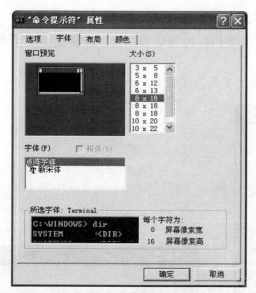

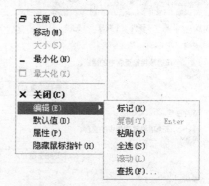

图 2-35　"命令提示符属性"对话框　　　　图 2-36　"命令提示符"窗口快捷菜单

对于使用 Turbo C、QB 等编写程序的用户，有时需要在其编程环境和 Windows 之间来回复制源代码或数据，借助图 2.34 中的"编辑"子菜单，可以实现上述工作。要从"命令提示符"窗口复制文本到 Windows，操作步骤如下：

① 在"命令提示符"窗口打开 DOS 应用程序，并使之运行在"窗口"模式下。

② 用鼠标单击"编辑"子菜单中的"标记"，使之处于"标记"状态。

③ 拖动鼠标，选择要复制的文本。

④ 单击"编辑"子菜单中的"复制"命令，将被选定的内容复制到剪贴板。

⑤ 单击任务栏上的 Windows 应用程序，移动光标到需要复制数据的位置，按 Ctrl+V 组合键，或单击 Windows 应用程序窗口工具栏中的"粘贴"按钮，完成复制。

如果需要将 Windows 应用程序中的数据复制到 DOS 应用程序，可先用鼠标选定要复制的文本，然后按 Ctrl+C 组合键，或单击应用程序工具栏上的"复制"按钮，将选中的内容复制到剪贴板上，再切换到窗口模式下的 DOS 应用程序，移动光标到需要复制的位置后，单击"编辑"子菜单中的"粘贴"命令。

要关闭"命令提示符"窗口，除了单击窗口标题栏上的"关闭"按钮，还可在输入命令"Exit"后按 Enter 键。

2. 系统工具

为了优化系统资源，使系统能快速、安全地运行，Windows 提供了若干系统工具。这里仅介绍"磁盘扫描程序"和"磁盘碎片整理程序"两个工具。

1）磁盘扫描程序

"磁盘扫描程序"可以检查磁盘，发现和分析错误，并尽量修复错误。启动"磁

盘扫描程序"的一般步骤如下:

①打开"我的电脑",右键单击需要扫描的驱动器图标,在快捷菜单中单击"属性"。

②在"××属性"对话框中,选择"工具"选项卡,如图2-37所示。

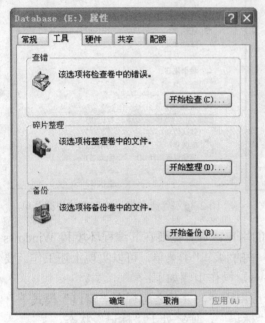

图2-37 磁盘属性对话框

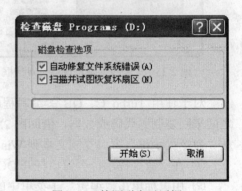

图2-38 检测磁盘对话框

③单击"查错"栏中的"开始检查"按钮,弹出如图 2-38 所示的检查磁盘对话框。

④可以同时选中"自动修复文件系统错误"和"扫描并试图恢复坏扇区"两个复选框,然后单击"开始"按钮,即可启动"磁盘扫描程序"。

⑤系统在完成扫描后,弹出一个确认对话框,单击"确定"。

2)磁盘碎片整理程序

磁盘(尤其是硬盘)经过长时间的使用后,会出现很多零散的空间和磁盘碎片,一个文件可能会被分别存放在不同的磁盘空间中,这样在访问该文件时系统就需要到不同的磁盘空间中去寻找该文件的不同部分,从而影响了运行的速度。同时由于磁盘中的可用空间也是零散的,创建新文件或文件夹的速度也会降低。"磁盘碎片整理程序"可以将那些非连续存放的文件,经重新整理后存储在连续的磁盘空间,并将空余的碎片合并在一起成为连续的空间,实现提高运行速度的目的。运行"磁盘碎片整理程序"的具体步骤如下:

①单击"开始"→"所有程序"→"附件"→"系统工具"→"磁盘碎片整理程序",打开"磁盘碎片整理程序"窗口,如图2-39所示。

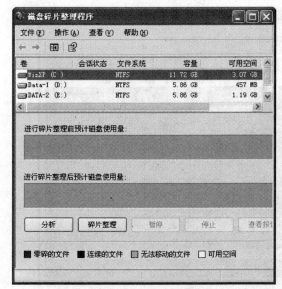

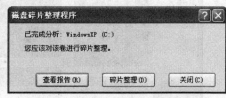

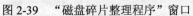

图 2-39 "磁盘碎片整理程序"窗口   图 2-40 "磁盘碎片整理程序"对话框

② 选择需要整理的驱动器，例如 C 盘，单击"分析"按钮，开始对 C 盘进行分析。

③ 分析完成后，系统会弹出一个对话框，如图 2-40 所示。系统会建议是否需要进行碎片整理，也可单击"查看报告"，检查磁盘分析的结果。

④ 要进行碎片整理，单击"碎片整理"按钮，开始对 C 盘进行整理。整理完毕后，弹出一个对话框，可查看碎片整理情况的结果报告。

3. 娱乐

多媒体技术集成了声音、图像、动画、视频等多种媒体表现形式，能以更加人性化的方式与人进行交流。Windows XP 具有很强的多媒体功能。本节主要介绍 Windows 系统内建的两个媒体支持工具："Windows Media Player"和"录音机"。

1）Windows Media Player

Windows Media Player（媒体播放器）是在计算机和 Internet 上播放和管理多媒体的中心。使用 Windows Media Player 可以播放、编辑和嵌入多种多媒体文件，包括视频、音频和动画文件，不仅可以播放本地的多媒体文件，还可以播放来自 Internet 的流式媒体文件。此外，还可以使用此播放机收听全世界的电台广播、创建自己的 CD 以及将音乐或视频复制到便携设备（如便携式数字音频播放机和 Pocket PC）中。

① Windows Media Player 简介。单击"开始"→"所有程序"→"附件"→"娱乐"→"Windows Media Player"，打开 Windows Media Player，如图 2-41 所示。

在窗口的左边有 8 个功能按钮，中间和右边的区域视功能按钮的选择而显示不同的内容。下面对这些功能按钮作一简单介绍：

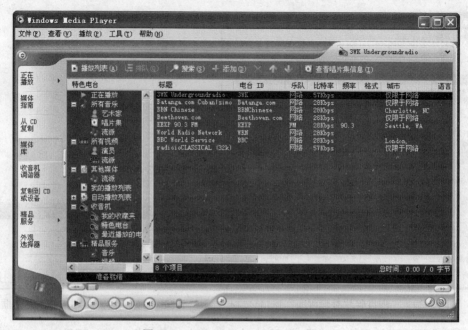

图 2-41　Windows Media Player 窗口

　　"正在播放"：监视当前播放的媒体。单击"正在播放"右侧的小箭头，弹出选项列表，如图 2-42 所示。可以根据需要选择不同的播放类别。

图 2-42　"正在播放"选项列表

　　"媒体指南"：在 Internet 上查找媒体。单击"媒体指南"按钮，在右侧的播放器中会调用内置的浏览器，访问微软的站点获取服务。通过"媒体指南"可以试听一些歌手的新歌，或了解一些电影动态及新闻。

　　"从 CD 复制"：复制并播放 CD 音频曲目。单击"从 CD 复制"按钮，可以将自己 CD 上的音乐转换成其他形式的音乐格式，可以选择的格式有 MP3、WMA、WMA(VBR)。

　　"媒体库"：创建播放列表并管理媒体。媒体库是保存所有播放文件列表的中心，可以创建新的播放任务列表或者编辑已有的播放列表。通过"媒体库"，可以将计算机中的媒体文件进行归类，以方便文件播放。单击"媒体库"按钮，如图 2.48 所示，可以通过其中的"播放列表"选择需要播放的项目。

"收音机调谐器"：调到流广播电台。通过大量的网络广播电台，可以选择收听来自世界各地的声音。为了使接收流式媒体的过程连贯，Windows Media Player 提供了智能流式处理，即在文件传输时，自动检测网络情况并调整数据流的属性，以调整至最佳播放状态。单击此按钮，在窗口中给出的是默认的 Internet 电台列表，单击需要收听的电台，将自动连接并下载音频数据，之后就可以收听了。另外，还可以通过关键字进行电台搜索，是一个练习英语听力的好地方。

"复制到 CD 或设备"：将媒体文件复制到便携设备和可录制 CD 上。Windows Media Player 内置了媒体刻录程序，可以方便的保存媒体文件。

"精品服务"：在 Internet 查找订阅服务。目前在还没正式推出此项服务，不过可以查看美国的服务情况。

"外观选择器"：更改播放机的外观和功能。可以使 Windows Media Player 以特定的外观显示，播放特定的音频文件或者显示特定的可视化效果。有多种不同风格的外观可供选择，也可以从 Internet 下载其他外观。

播放多媒体文件。Windows Media Player 支持很多种媒体播放格式文件，详见表 2-4。

表 2-4　Windows Media Player 支持的媒体文件

文件类型（格式）	文件扩展名
音乐 CD 播放（CD 音频）	.cda
音频交换文件格式 (AIFF)	.aif、.aifc 和 .aiff
Windows Media 音频和视频文件	.asf、.asx、.wax、.wm、.wma、.wmd、.wmp、.wmv、.wmx、.wpl 和.wvx
Windows 音频和视频文件	.avi 和.wav
Windows Media Player 外观	.wmz
运动图像专家组 (MPEG)	.mpeg、.mpg、.m1v、.mp2、.mpa、.mpe、.mp2v*和.mpv2
音乐器材数字接口 (MIDI)	.mid、.midi 和 .rmi
AU (UNIX)	.au 和 .snd
MP3	.mp3 和 .m3u
DVD 视频	.vob
Macromedia Flash	.swf

使用 Windows Media Player 播放多媒体文件，通常可采用下列几种方法：

打开 Windows Media Player，单击"文件"→"打开"，选择需要播放的文件，单击"打开"按钮。

安装 Windows XP 时会自动建立 Windows Media Player 与其可支持文件的关联，因此，也可以直接双击需要播放的媒体文件图标。

打开 Windows Media Player，单击"文件"→"打开 URL"，在弹出的"打开

URL"对话框中输入多媒体文件的 URL 地址，或单击"浏览"按钮进行查找。然后单击"确定"按钮。

若要播放 CD 或 VCD 中的文件，可先将光盘插入光盘驱动器，单击"播放"→"VCD 或 CD 音频"，找到要播放的文件后，再单击"播放"按钮。

2）录音机

"录音机"程序可以录制、混合、播放和编辑声音文件，也可以将声音文件链接或插入到另一文档中。声音文件一般以波形文件（.WAV）的形式存储，如果波形文件中包含的是数字化的声音信息，就可以使用"录音机"来播放声音。

① 录音机简介。单击"开始"→"所有程序"→"附件"→"娱乐"→"录音机"，即可打开"录音机"应用程序。从"录音机"窗口可以查看当前正在录制或者播放的波形文件的位置和长度（单位为秒），显示播放声音的波形，也可以用鼠标拖动滚动条来寻找一段录音中的某一位置。如图 2-43 所示。

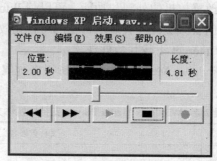

图 2-43 "录音机"窗口

② 录制声音。录制声音前须先将音频输入设备（如麦克风）连接到计算机上。要开始录音，单击按钮 ● ，最多录音长度为 60 秒。要停止录音，单击按钮 ■ 。要保存录制的声音文件，可单击"文件"→"保存"，打开"另存为"对话框，选择保存文件的位置，输入文件名，并单击"保存"按钮。

③ 播放声音。打开"录音机"程序，单击"文件"→"打开"，选择要播放的声音文件后。单击按钮 ► 开始播放声音，单击按钮 ■ 停止播放声音。在播放声音时，单击按钮 ◄◄ 可以移动到声音文件的开头，而单击按钮 ►► 则移动到末尾。"录音机"通过麦克风和声卡来记录声音，所以在使用麦克风录音时，要确保其处于非静音状态。双击任务栏右端的"音量"图标，打开"音量控制"对话框，可进行设置。

④ 加工和处理声音文件。对于录制好的波形文件，可以进行以下加工和处理：

删除部分声音文件：将滑块移到文件中要剪切的位置，单击"编辑"菜单，然后根据需要单击"删除当前位置以前的内容"或"删除当前位置以后的内容"。

将声音文件插入到另一个声音文件中：单击"文件"→"打开"，打开待修改的文件，将滑块移动到要插入其他声音文件的位置，然后单击"编辑"→"插入文件"，键入要插入的声音文件名。

在文档中插入声音：打开要插入的声音文件，单击"编辑"→"复制"。打开要将声音复制到其中的文档，选择插入点，单击"编辑"→"粘贴"。

需要注意的是，只能将声音文件插入到未压缩的声音文件中。如果在"录音机"程序中看不到绿线，说明该文件是压缩文件，只有经修改后才能进行处理。

习　题

一、单选题

1. 在 Windows XP 操作中，若光标变成"I"形状，则表示（　　）。
   A. 当前系统正在访问磁盘　　　　　B. 可以改变窗口的大小
   C. 可以改变窗口的位置　　　　　　D. 光标出现处可以接收键盘的输入

2. 在 Windows XP 的许多应用程序的"文件"菜单中，都有"保存"和"另存为"两个命令，下列说法中正确的是（　　）。
   A. "保存"命令只能用原文件名存盘，"另存为"不能用原文件名
   B. "保存"命令不能用原文件名存盘，"另存为"只能用原文件名
   C. "保存"命令只能用原文件名存盘，"另存为"也能用原文件名
   D. "保存"和"另存为"命令都能用任意文件名存盘

3. 利用"Windows 资源管理器"中"查看/排列图标"命令，可以排列（　　）。
   A. 桌面上应用程序图标　　　　　　B. 任务栏上应用程序图标
   C. 所有文件夹中的图标　　　　　　D. 当前文件夹中的图标

4. 下列操作中，直接删除文件而不把被删除文件送入回收站，下列操作正确的是（　　）。
   A. 选定文件后，按 Del 键
   　　B. 选定文件后，按 Shift 键，再按 Del 键
   C. 选定文件后，按 Shift+Del 键
   D. 选定文件后，按 Ctrl+Del 键

5. 下面关于 Windows XP 的说法中，不正确的是（　　）。
   A. 在"添加/删除程序属性"对话框可以制作启动盘
   B. 打印文档的一种方法是：将文档从"Windows 资源管理器"或"我的电脑"中拖曳到"打印机"文件夹中的打印机上
   C. 可以交换鼠标左、右按钮的功能
   D. 真彩色 16 位

6. 在 Windows 中不同驱动器之间的文件移动，应使用的鼠标操作为（　　）。
   A. 拖曳
   B. Ctrl+拖曳
   C. Shift+拖曳
   D. 选定要移动的文件按 Ctrl+C 组合键，然后打开目标文件夹，最后按 Ctrl+V

7. 在 Windows XP 中，要将当前窗口的全部内容复制到剪贴板，应该使用组合键（　　　）。

A. Print Screen　　　　　　　　B. Alt+Print Screen

C. Ctrl+Print Screen　　　　　　D. Ctrl+P

8. 在下列有关 Windows 菜单命令的说法中，不正确的是（　　　）。

A. 带省略号…的命令执行后会打开一个对话框，要求用户输入信息

B. 命令前有符号√表示该命令有效

C. 当鼠标指向带符号▶的命令时，会弹出一个子菜单

D. 命令项呈暗淡的颜色，表示相应的程序被破坏

9. 下列有关删除文件的说法不正确的是（　　　）。

A. 可移动磁盘如软盘上的文件被删除后不能恢复

B. 网络上的文件被删除后不能恢复

C. 在 MS-DOS 方式中被删除的文件不能被恢复

D. 直接用鼠标拖到"回收站"的文件不能被恢复

10. 下列关于 Windows XP 文件名的说法中，不正确的是（　　　）。

A. Windows XP 中的文件名可以用汉字

B. Windows XP 中的文件名可以用空格

C. Windows XP 中的文件名最长可达 256 个字符

D. Windows XP 中的文件名最长可达 255 个字符

11. 以下 4 项操作中，不是鼠标基本操作方式的是（　　　）。

A. 单击　　　　　　　　　　　　B. 拖放

C. 连续交替按下鼠标左、右键　　D. 双击

12. 想要改变窗口的大小，应将鼠标指针移到一个窗口的边缘变成一个（　　　）。

A. 指向左上方的箭头　　　　　　B. 伸出手指的手

C. 垂直短线　　　　　　　　　　D. 双向箭头

13. 在 windows XP 中，打开某个菜单后，其中某菜单项会出现与之对应的级联菜单的标识是（　　　）。

A. 菜单项右侧有一组英文提示　B. 菜单项右侧有一个黑色三角

C. 菜单项左侧有一个黑色圆点　D. 菜单项左侧有一个"√"号

14. 在某窗口中打开"文件"菜单，在其中的"打开"命令项的右侧括弧中有一个带下划线的字母"O"，此时要想执行打开操作，可以在键盘上按（　　　）。

A. O 键　　　　　　　　　　　　B. Ctrl+O 组合键

C. Alt+O 组合键　　　　　　　　D. Shift+O 组合键

15. 在菜单的各个命令项中，有一类命令项的右侧标有省略号（…），这类命令项的执行特点是（　　　）。

A. 被选中执行时要求用户加以确认

B. 被选中执行时会弹出子菜单

C. 被选中执行时会弹出对话框

D. 当前情况下不能执行

16. 在 windows XP 中，"剪切"／"复制"和"粘贴"命令所在的菜单是（   ）。

A. "查看"   B. "文件"

C. "编辑"   D. "帮助"

17. 对话框图允许用户（   ）。

A. 最大化   B. 最小化

C. 移动其位置   D. 改变其大小

18. 在 Windows 的各种窗口中，有一种形式叫做"对话框"（会话窗口）。在这种窗口中，有些项目在文字说明的左边标有一个小圆形框，当该框内有"·"符号时表明（   ）。

A. 这是一个多选（复选）项，而且未被选中

B. 这是一个多选（复选）项，而且已被选中

C. 这是一个单选按钮，而且未被选中

D. 这是一个单选按钮，而且已被选中

19. 为了执行一个应用程序，可以在 Windows 资源管理器窗口内用鼠标（   ）。

A. 左键单击一个文档图标   B. 左键双击一个文档图标

C. 左键单击相应的可执行程序   D. 右键单击相应的可执行程序

20. 在 Windows 环境中，可以同时打开若干窗口，但是（   ）。

A. 其中只能有一个是当前活动窗口，其图标在任务栏上的颜色与众不同

B. 其中只能有一个窗口在工作，其余窗口都不能工作

C. 它们都不能工作，只有其余窗口都关闭，留下一个窗口才能工作

D. 它们都不能工作，只有其余窗口都最小化之后，留下一个窗口才能工作

二、判断题

1. 在 Windows 资源管理器左窗格中的树型目录上，有"+"号的表示该目录尚有子目录未展开。（   ）

2. 在 Windows 中，应用程序的管理应该在控制面板中进行。（   ）

3. 在 Windows XP 中，文件名可以用任意字符。（   ）

4. 在对话框中，复选项是指在所列的选项中必须选中全部。（   ）

5. 在桌面上要移动任何窗口，可用鼠标指针拖动该窗口的边框。（   ）

6. 在 Windows XP 中，任务栏的位置、大小不可改变。（   ）

7. 在 Windows 中，文件夹是指目录。（   ）

8. 在 Windows XP 主窗口提供了联机帮助功能，查看与该窗口有关的帮助信息应按 F1 键。（   ）

9. 同时显示多个窗口，标题栏颜色较浅的是当前工作窗口。（   ）

10. 关闭当前活动应用程序窗口，可以按 Ctrl+F4 快捷键。（   ）

11. 误操作后可以按 Ctrl+Z 快捷键撤销。（　　　）

12. 用鼠标拖动的方法复制一个目标时，通常是按住 Shift 键，同时拖动鼠标左键。（　　　）

13. 快捷菜单是用鼠标右键双击目标调出的。（　　　）

14. Windows XP 是一个 64 位操作系统。（　　　）

15. Windows 窗口中的"查看"菜单可以提供不同的显示方式，文件创建者名称也是其中一项。
（　　　）

16. 当鼠标指针指向窗口的两边时，鼠标形状变为十字形状。（　　　）

17. 用鼠标先后单击文件名两次，直接输入新的文件名后回车，可以为文件重命名。（　　　）

18. 记事本是 Windows 控制面板中的应用程序。（　　　）

19. 在 Windows 中，用 Ctrl+空格键可以进行中英文输入法切换。（　　　）

20. 图标既可以代表程序，也可以代表文件。（　　　）

第3章 Internet 及应用

3.1 计算机网络基础

3.1.1 计算机网络概述

随着计算机技术的突飞猛进，计算机的应用也日益广泛，特别是进入 21 世纪以来，计算机网络技术的迅猛发展更使人类进入了一个前所未有的全球信息化时代，计算机网络已经成为人们生活不可缺少的一部分。

广义上的计算机网络就是利用通信设备和通信线路，将处于不同地理位置且具有独立功能的多台计算机系统互相连接起来，在网络软件的支持下实现彼此之间的数据通信和资源共享的系统。简单的说就是由各种相互独立的计算机按照一定的协议互相连接起来的一个集合。

1. 计算机网络的发展

计算机网络的发展，经历了由简单到复杂，由低级到高级的过程，划分为三个阶段。

1）面向终端的计算机网络

这是网络发展的最初阶段，其特点是主计算机与终端是主从关系。具体的讲，面向终端的计算机网络是由一台功能强大的计算机和若干台远程终端通过通信线路连接起来的。各个终端共享主机的资源，其本身没有独立性，需要依赖主机工作。终端是指与主机相连的计算机，但仅拥有键盘、显示器等一些必要的输入、输出设备，而没有自己的硬盘，也没有独立的数据处理能力。在这类网络中的主机承担了各个终端的绝大部分的工作负荷，通常把这样的系统称为多用户系统。

2）以通信子网为中心的计算机网络（局域网阶段）

随着计算机技术的快速发展，为了提高计算机网络的通信线路利用率，一种新的交换方式——分组交换技术首先在 1969 年的美国得到采用。该网络通过特定的"接口信息处理机"（IMP，Interface Message Processor）将各地主机相连，各地的终端均与本地的主机连接，IMP 实现网络中主机之间信息的交换、存储与转发。当用户需要访问远程主机时，先经本地主机将信息传送到本地的 IMP，再从 IMP 传送到目的地的 IMP，最后送达目的主机。这样使多台主机动态共用一条线路，大大提高了通信线路的利用率，构成了用户资源子网。用户不仅可以共享通信子网的资源，而且可以共享用户资源子网的硬件和软件资源。1975 年，基于这种思想，美国开发了以太网

（Ethernet）技术，标志着局域网的正式出现。目前，局域网广泛地应用在各个领域。

3）计算机网络互联阶段

这个阶段可以看做是多个不同大小的局域网的层层互联，其最大贡献是解决了计算机网络与互连标准化的问题。1984年，国际标准化组织经多年研究后提出了一个试图使各种不同体系结构的计算机互联的标准框架，即开放系统互联参考模型（Open Systems Interconnection Reference Model，简称 OSI 模型）。这一模型提出了网络互联的任务，指出了方向，促进了网络互联的发展。Internet 互联网是这种网络的最好代表，它的全球化发展使各自独立的计算机在更大的地理范围甚至全球实现计算机资源共享。

今后计算机网络具有以下三个特点：第一是开放式的网络体系结构，使不同软硬件环境、不同网络协议的网可以互连，真正达到资源共享、数据通信和分布处理的目标；第二是向高性能发展，追求高速、高可靠和高安全性，采用多媒体技术，提供文本、声音、图像等综合性服务；第三是计算机网络的智能化，提高了网络的性能和综合的多功能服务，并更加合理地进行网络各种业务的管理，真正以分布和开放的形式向用户提供服务。

2. 计算机网络的分类

按计算机网络覆盖的地理范围可以把各种网络类型划分为局域网、城域网、广域网和互联网（即 Internet）四种；按照网络的拓扑结构来划分，可以分为环型网、树型网、星型网、总线型网等；按照通信传输的介质来划分，可以分为双绞线网、同轴电缆网、光纤网和卫星网等；按照信号频带占用方式来划分，又可以分为窄带网和宽带网。下面简要介绍按照网络覆盖范围进行分类的几种计算机网络。

1）局域网（Local Area Network，LAN）

通常我们常见的"LAN"就是指局域网，这是我们最常见、应用最广的一种网络。现在局域网随着整个计算机网络技术的发展和提高得到充分的应用和普及，几乎每个单位都有自己的局域网，有的甚至家庭中都有自己的小型局域网。很明显，所谓局域网，那就是在局部地区范围内的网络，它所覆盖的地区范围较小。局域网在计算机数量配置上没有太多的限制，少的可以只有两台，多的可达几百台。一般来说在企业局域网中，工作站的数量在几十到两百台次左右。在网络所涉及的地理距离上一般来说可以是几米至 10 公里以内。局域网一般位于一个建筑物或一个单位内，不存在寻径问题，不包括网络层的应用。　这种网络的特点就是：连接范围窄、用户数少、配置容易、连接速率高。

2）城域网（Metropolitan Area Network，MAN）

这种网络一般来说是在一个城市，但不在同一地理小区范围内的计算机互联。这种网络的连接距离可以在 10～100 公里，它采用的是 IEEE802.6 标准。MAN 与 LAN 相比扩展的距离更长，连接的计算机数量更多，在地理范围上可以说是 LAN 网络的延伸。在一个大型城市或都市地区，一个 MAN 网络通常连接着多个 LAN 网。如连接政府机构的 LAN、医院的 LAN、电信的 LAN、公司企业的 LAN 等。由于光纤连接的引入，使 MAN 中高速的 LAN 互连成为可能。

城域网多采用 ATM 技术做骨干网。ATM 是一个用于数据、语音、视频以及多媒体应用程序的高速网络传输方法。ATM 的最大缺点就是成本太高，所以一般只在政府城域网中应用，如邮政、银行、医院等。

3）广域网（Wide Area Network，WAN）

这种网络也称为远程网，所覆盖的范围比城域网（MAN）更广，它一般是在不同城市之间的 LAN 或者 MAN 网络互联，地理范围可从几百公里到几千公里。 因为距离较远，信息衰减比较严重，所以这种网络一般是要租用专线，通过 IMP（接口信息处理）协议和线路连接起来，构成网状结构，解决循径问题。这种城域网因为所连接的用户多，总出口带宽有限，所以用户的终端连接速率一般较低，通常为 9.6Kbps～45Mbps 如：邮电部的 CHINANET，CHINAPAC，和 CHINADDN 网。

4）互联网（Internet）

互联网又因其英文单词"Internet"的谐音，又称为"英特网"。在互联网应用如此发展的今天，它已是我们每天都要打交道的一种网络，无论从地理范围，还是从网络规模来讲它都是最大的一种网络，就是我们常说的"Web"、"WWW"和"万维网"等。从地理范围来说，它可以是全球计算机的互联，这种网络的最大的特点就是不定性，整个网络的计算机每时每刻随着人们网络的接入在不变的变化。互联网信息量大，传播广，无论你身处何地，只要联上互联网你就可以对任何可以联网用户发出你的信函和广告，和其他用户交流，而且还可以实现资源共享。

3.1.2 常用网络介质与设备

传输介质是网络中发送方与接收方之间的物理通路，它对网络数据通信的质量有很大的影响。常用的网络传输介质有双绞线、同轴电缆、光缆（光导纤维）和无线通信（微波、卫星通信）4 种。常见的网络设备有中继器、集线器、交换机、路由器、网关、网桥、调制解调器、网卡等。

1. 中继器

中继器（Repeater）是一种放大模拟信号或数字信号的网络连接设备，通常具有两个端口。它接收传输介质中的信号，将其复制、调整和放大后再发送出去，从而使信号能传输得更远，延长信号传输的距离。中继器不具备检查和纠正错误信号的功能，它只是转发信号。

2. 集线器

集线器（Hub）是构成局域网的最常用的连接设备之一，是一种信号再生转发器，它可以把信号分散到多条线上。集线器是局域网的中央设备，它的每一个端口可以连接一台计算机，局域网中的计算机通过它来交换信息。

集线器的一端有一个接口连接服务器，另一端有几个接口与网络工作站相连。集线器接口的多少决定网络中所连计算机的数目，常见的集线器接口有 8 个、12 个、16 个、32 个等。如果希望连接的计算机数目超过 HUB 的端口数时，可以采用 HUB 或堆叠的方式来扩展。

3. 网关

网关（Gateway）是连接两个不同网络协议、不同体系结构的计算机网络的设备。网关有两种：一种是面向连接的网关，另一种是无连接的网关。

网关可以实现不同网络之间的转换，可以在两个不同类型的网络系统之间进行通信，把协议进行转换，将数据重新分组、包装和转换。

4. 网桥

网桥（Bridge）是网络结点设备，它能将一个较大的局域网分割成多个网段，或者将两个以上的局域网（可以是不同类型的局域网）互连为一个逻辑局域网。网桥的功能就是延长网络跨度，同时提供智能化连接服务，即根据数据包终点地址处于哪一个网段来进行转发和滤除。

5. 交换机

交换机（Switch）又称交换式集线器，是 20 世纪 90 年代出现的新设备，在网络中用于完成与它相连的线路之间的数据单元的交换，是一种基于 MAC（网卡的硬件地址）识别，完成封装、转发数据包功能的网络设备。在局域网中可以用交换机来代替集线器，其数据交换速度比集线器快得多。这是由于集线器不知道目标地址在何处，只能将数据发送到所有的端口，而交换机中会有一张地址表，通过查找表格中的目标地址，把数据直接发送到指定端口。

6. 路由器

路由器（Router）是一种连接多个网络或网段的网络设备，它能将不同网络或网段之间的数据信息进行"翻译"，以使它们能够相互"读"懂对方的数据，实现不同网络或网段间的互联互通，从而构成一个更大的网络。目前，路由器已成为各种骨干网络内部之间、骨干网之间一级骨干网和因特网之间连接的枢纽。校园网一般就是通过路由器连接到因特网上的。

路由器的工作方式与交换机不同，交换机利用物理地址（MAC 地址）来确定转发数据的目的地址，而路由器则是利用网络地址(IP 地址)来确定转发数据的地址。另外路由器具有数据处理、防火墙及网络管理等功能。

7. 调制解调器

调制解调器（Modem）是一种能够使电脑通过电话线同其他电脑进行通信的设备。

因为电脑采用数字信号处理数据，而电话系统则采用模拟信号传输数据。为了能利用电话系统来进行数据通信，必须实现数字信号与模拟式的互换。

8. 网卡

网卡（NIC）也叫"网络适配器"，它是连接计算机与网络的硬件设备。网卡的主要作用是接受网线上传来的数据并把数据转换为计算机可识别和处理的形式。每块网卡都有一个全球唯一的网络节点地址，它是网卡生产厂家在生产时烧入 ROM（只读存储芯片）中的，我们把它叫做 MAC 地址（物理地址），这样网络就能区分出数据是从那台计算机来的，到哪台计算机去。

我们日常使用的网卡按照传输速度可分为 10M 网卡、10 / 100M 自适应网卡以及千兆（1000M）网卡。如果只是作为一般用途，如日常办公等，比较适合使用 10M 网卡和 10 / 100M 自适应网卡两种。如果应用于服务器等产品领域，就要选择千兆级的网卡。

3.2   Internet 基础

3.2.1   Internet 简介

Internet 即国际互联网，由遵循 TCP/IP(Transmission Control Protocol / Internet Protocol）协议的众多网络互联而成，是应用最为广泛的网络，现已覆盖世界绝大多数个国家和地区，拥有 6000 万多个网络，联接主机几亿台，拥有世界上大多数大型图书馆、各个学术文献库等全球资源。

Internet 的产生至今已有 40 多年，经历了从萌芽到成熟的阶段，是目前应用最广泛的计算机网络，已经遍布世界各地，并且还在继续飞速发展。在 20 世纪 60 年代末，处于冷战时期的美国国防部出于战略的考虑，希望建立一个专门用于国防项目研究和军事指挥的计算机网络，其目的是将研究人员和军事人员分散到全国各地，利用计算机进行信息交流和通信联系。

1969 年，由美国国防部高级研究计划局 ARPA（Advanced Research Project Agency）提供资金，开始研究筹建被称为 ARPAnet 的计算机实验网。最初只有 4 个结点参加，他们试验把电脑连入公用电话交换网以实现彼此之间的通信。1972 年，在首届国际计算机通信会议上，首次公开展示了连接 50 所大学和科研机构的 ARPAnet 模型。1975 年夏天，ARPAnet 结束试验阶段，网络控制权交给美国国防部通信局，它在 ARPAnet 基础上组建了美国国防数据网（DDN）。1976 年，ARPAnet 发展到 60 多个结点，连接了 100 多台主机，跨越整个美国大陆，并通过卫星连至夏威夷，触角伸至欧洲，形成了覆盖世界范围的通信网络。1972 年后又开始了 TCP/IP 协议的研究，并于 1983 年正式在 ARPAnet 上启用。在 ARPAnet 中不同种类的计算机可以互连成网实现通信，互不兼容的网络之间也可以实现互连。

1985 年，美国国家科学基金会（NSF）为使全美的科研人员和学生就近连入网络，共享分布在各地的几个大型计算中心的资源数据,开始资助筹建基于 TCP/IP 协议的网络 NSFnet,这是一个三级计算机网络,分为主干网、地区网和校园网。它覆盖了全美主要的大学和研究机构,1988 年以后开始连接到其他国家,并逐步向社会开放。

1990 年以后,随着冷战的结束,美国政府逐渐减少政府对网络的管理,鼓励商业公司进入计算机网络实施管理职能,于是 ARPAnet 由 NSFnet 接管合并,并改名为 Internet。作为全球最大的计算机网,接入 Internet 的单位越来越多,通信量急速增加,为了更快地采用新的网络技术,更新通信设备来适应发展的需要,1995 年起美国政府正式将 Internet 的主干网转交给民间企业经营,并对接入的单位收费。

Internet 的迅猛发展始于 20 世纪 90 年代。由欧洲原子核研究组织 CERN 开发的万维网被广泛使用在 Internet 上,大大方便了广大非网络专业人员对网络的使用,成为 Internet 发展的指数级增长的主要驱动力。今天的 Internet 已经渗透到了各个领域并形成了人类社会独特的网络文化,深刻影响着人类社会的各个方面。

虽然今天的 Internet 已经形成为一个规模庞大的、遍及全球的网络,但仍保持着规范的层次网络结构。在这个层次中,最上面是主干网,位于美国和部分欧洲国家;第二层是各类广域网,作为其他国家和地区的骨干网和主干网接口;第三层则是各类的局域网,作为最终用户的接入层。

我国从 1994 年才获得许可,接入 Internet。现在,我国主要有五个用于接入 Internet 的骨干网:

① 中国公用计算机互联网(CHINANET)由中国电信经营和管理,截至 2004 年 8 月,其出口带宽已达到 39324M,占中国所有骨干网带宽总和的 73%。

② 中国教育与科研网(CERNET)是由国家投资、教育部牵头建设的用于全国高校的计算机网络。

③ 中国科技网(CSTNET)是由中国科学院建设和管理的,用于连接科学院在全国研究院所的计算机网络。

④ 中国金桥信息网(CHINAGBN)由吉通公司负责建设、经营和管理,是国家公用的经济信息通信网。

⑤ 中国联通公用网(UNINET)由联通公司经营。

以上各个骨干网都有自己独立的国际出口与 Internet 相连,连接出口总带宽已达 5 万兆以上,连接的国家有美国、加拿大、澳大利亚、法国、英国、日本、韩国等。

3.2.2 连入 Internet 的方式

1. 公共电话网(PSTN)

公共电话网需要调制解调器和电话线,速度一般最大为 56kbps。这是接入 Internet 最容易实施的方法,投资少,安装调试容易,只需一条电信公司的电话线和一个账号。缺点是传输速度低,线路可靠性差,适合对可靠性要求不高的家庭及办公室。在宽带网还没有发展起来之前,这种方式是最普及的互联网接入方式。

2. 综合业务数字网(ISDN)

建立在电话网基础上的综合业务数字网,在一段时间内国内比较普及。64kbps 的基本接口，使用普通电话线，但需要电信公司提供 ISDN 业务，拨通时间短（3 秒）。此项服务最初的费用比普通电话贵很多，现在价格大幅度下降，有的地方甚至是免初装费。快速的连接以及比较可靠的线路，可以满足中小型企业浏览以及收发电子邮件的需求。几年前国内很多网吧都采用这种方式。

3. ADSL

ADSL 可以在普通的电话线上提供 1.51~8Mbit/s 的下行传输，10~64kbit/s 的上行传输，并且不影响电话的同时使用。由于速度接近宽带速度，可进行视频会议和影视节目传输，非常适合中小企业和家庭上网，目前在我国很多城市应用非常广泛。它有一个致命弱点，就是用户距离电信交换机房的线路距离不能超过 4~6km，这在一定程度上限制了它的应用。

4. DDN 专线

DDN 是数字数据网的简称，它是利用光纤、数字微波或卫星等数字传输通道提供计算机永久或半永久性接入到 Internet 的一种方式。这种接入方式的数据传输速率高，范围从 2.4~10Mbit/s，属于宽带网范畴。由于费用高和专线接入，大多用于网站、大型单位及商务团体。这种线路上网速度快，线路运行可靠，但需要铺设专线且价格相对较高。

5. 卫星接入

目前，国内一些 Internet 服务提供商开展了卫星接入 Internet 的业务，适合偏远地方又需要较高带宽的用户。卫星用户一般需要安装一个小口径终端（VSAT），包括天线和其他接收设备，下行数据的传输速率一般为 1Mbit/s 左右，上行通过 PSTN 或者 ISDN 接入 ISP。

6. 光纤接入

随着经济的高速发展，在我国很多城市都已经兴建高速城域网，主干网速率可达几十 Gbit/s 以上，并且推广宽带接入。随着宽带接入费用的进一步下降，接入宽带的用户已经相当普遍，一般单个用户接入到高速城域所能得到的带宽为 100Kbit/s 到 1Mbit/s 左右，适合单位和家庭宽带上网。

7. 无线接入

由于铺设光纤的费用很高，且地点比较固定，对于需要移动宽带接入的用户，一些城市提供无线接入。用户通过高频天线和无线网卡与无线网络连接，距离在 10km 以内，带宽为 2~11Mbit/ s。这种接入方式速度较快，具有相当的灵活性，非常适合商务人员出差时在机场、车站、酒店等地方使用。

8. Cable Modem 接入

目前，我国有线电视网遍布全国，很多城市提供 Cable Modem 接入 Internet 方式，速率可以达到 10Mbit/s 以上，在上下行通道中具有极好的均衡能力。这种带宽优势使得接入 Internet 的过程可在一瞬间完成，不需要拨号和等待登录，但是 Cable Modem 的工作方式是共享有线电视网的同轴电缆，所以有可能在某个时间段出现速率不够稳定的情况。

3.3 Internet 的基本应用

3.3.1 浏览网页

WWW 网页简称网页，是 Internet 上应用最广泛的一种服务。人们在 Internet 上，有一半以上的时间都是在与各种网页打交道。网页上可以显示文字、图片，还可以播放声音和动画。它是 Internet 上目前最流行的信息发布方式，许多公司、报社、政府部门和个人都在 Internet 上建立自己的 WWW 网页，通过它让全世界了解自己。它是 Internet 上的大型多媒体资料库，它以友好的用户界面、生动翔实的内容，使 Internet 焕然一新。

3.3.2 Internet Explorer 浏览器的使用

Internet 浏览器是用户在网络上使用的一个统一的平台，只要安装了浏览器，就可以在网络上遨游，可以实现浏览网站、网页及 FTP 站点的等功能，也可以在其中进行与网络相关的操作，如上传、下载等。该浏览器是在安装 Windows XP 时一起安装到系统中的，经过不断改进，Internet Explorer 浏览器在 Windows XP 中已经升级到 6.0 版本，是目前功能最为完善、使用最为广泛的网络浏览器。Internet Explorer 6.0 从桌面和开始菜单中都可以启动，它具有标准的 Windows 应用程序外观，即由标题拦、菜单栏、工具栏、地址栏、工作区及状态栏组成。浏览器的工作窗口显示的是与地址栏中的网址相对应的网页，其中一些文字和图片会指向另外的链接（即另一个网页），只需在工作区相应的文字上用鼠标单击，就可以打开所链接的页面。

在 Windows 桌面上，双击 Internet Explorer 图标或者在任务栏上单击 Internet Explorer 图标，打开 Internet Explorer 工作窗口，如图 3-1 所示。Internet Explorer 窗口主要由标题栏、菜单栏、工具栏、地址栏、Web 窗口和状态栏等组成。

标题栏位于 Internet Explorer 工作窗口的顶部，用来显示当前打开的 Web 页面的标题，方便用户了解 Web 页面的主要内容。

菜单栏位于标题栏下面，其中包含了 Internet Explorer 中需要的所有命令。

工具栏位于菜单栏下面，存放着用户在浏览 Web 页时所常用的工具按钮。

地址栏位于工具栏的下方，使用地址栏可查看当前打开的 Web 页面的地址，也可查找其他 Web 页。在地址栏中输入地址后按 Enter 键或者单击"转到"按钮，就可以访问相应的 Web 页。例如，在地址栏中输入 http://www.disney.com，按 Enter 键之后就可访问迪斯尼的主页。用户还可以通过地址栏上的下拉列表框直接选择曾经访问过的 Web 地址，进而访问该 Web 页。

图 3-1 Internet Explorer 的主窗口

　　Web 窗口就是显示网页内容的窗口，它是 Internet Explorer 6 浏览器的主窗口。用户从网上下载的所有内容都将从该窗口显示。

　　状态栏位于 IE 窗口的底部，显示关于当前页面及浏览器的一些状态信息。

　　在用户平时的上网过程中，大多时候都是在使用浏览器浏览网页、访问网站、收发电子邮件，常用的工具便是微软公司的 Internet Explorer 浏览器。另外，也有一部分用户使用的是网景公司的 Netscape 浏览器。下面来介绍一些 Internet Explorer 浏览器的常用技巧。

1. 设置 Internet Explorer 访问的默认主页

　　主页是每次用户打开 Internet Explorer 浏览器时最先访问的 Web 页。如果用户对某一个站点的访问特别频繁，可以将这个站点设置为主页。这样，以后每次启动 Internet Explorer 浏览器时，Internet Explorer 浏览器会首先访问用户设定的主页内容，或者在单击工具栏的"主页"按钮时立即显示。

　　将经常访问的站点设置为主页的操作步骤如下：

　　① 在网上找到要设置为主页的 Web 页。

　　② 在 Internet Explorer 浏览器窗口中，选择"工具"→"Internet 选项"命令，打开"Internet 选项"对话框的"常规"选项卡，如图 3-2 所示。

　　③ 在"主页"选项组中，单击"使用当前页"按钮，即可将该 Web 页设置为主页。

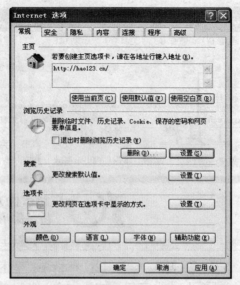

图 3-2　"常规"选项卡

2. 使用收藏夹快速访问网页

当用户在网上发现自己喜欢的 Web 页，可将该 Web 站点添加到收藏夹列表中，这样再对这些站点进行访问就方便快速得多了。单击工具栏上的"收藏"按钮，即可打开收藏夹列表，在列表中选择并单击要访问的 Web 站点，即可打开该页。

将 Web 页添加到收藏夹的操作步骤如下：

① 找到要添加到收藏夹列表的 Web 页，选择"收藏"→"添加到收藏夹"命令，或者单击工具栏上的"收藏"按钮，显示收藏夹列表，如图 3-3 所示。

图 3-3　显示收藏夹列表

② 单击收藏夹列表标题栏上的"添加"按钮，打开 "添加到收藏夹"对话框，如图 3-4 所示。

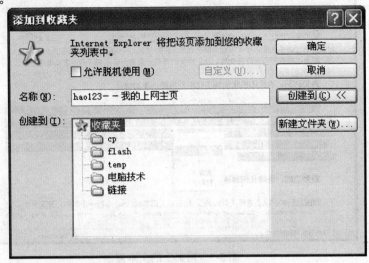

图 3-4 "添加到收藏夹"对话框

③ 在"名称"文本框中显示了当前 Web 页的名称，如果需要可为该页输入一个新名称。

④ 单击"确定"按钮，即可将该 Web 页添加到收藏夹中，在收藏夹列表中将会显示该页的名称。

3.3.3 上传与下载

上传操作一般用户接触较少，主要用在 BBS 论坛、邮件附件粘贴等地方，操作时只需按照网页上的指示，选择本地磁盘上的文件并单击相应的按钮，即可完成上传文件。对于网络管理员来说，上传文件的操作非常频繁，例如文字、图片及各种相关的文件都需要通过上传操作加载到服务器上，以供用户浏览或使用。

下载指将网络上的信息复制到本地的存储设备上，上传是将本地存储设备上的信息传送到网络上。下载和上传是两个相反的过程。下载可分为文本下载、图片下载和文件下载。

1. 文本下载

文本下载指将打开的网页上的文字复制到本地磁盘上的一个文档中，步骤如下：

① 打开一个需要插入下载内容的本地文档，或在本地磁盘建立一个空 Word 文档；

② 打开文本所在网页，用鼠标拖动的方式选择所需文本，对着文本单击右键，选择快捷菜单中的"复制"命令（也可以单击"编辑"→"复制"菜单命令），如图 3-5 所示；

③ 转换到文档窗口，将光标定位到需要插入文本的位置后，单击右键，选择快捷菜单中的"粘贴"，将网页上的文本粘贴到文档中。

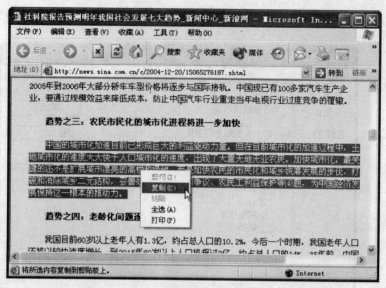

图 3-5　网页上的文本复制

2. 图片下载

图片下载指将网页中显示出来的图片复制到本地磁盘上，方法如下：

① 打开图片所在网页；

② 对着图片单击鼠标右键，弹出快捷菜单，选择"图片另存为"，如图 3-6 所示；

图 3-6　网页上的图片下载

③ 在出现"另存为"对话框后，选择存盘的路径并输入文件名，这样网页上的图片就被下载到本地磁盘上了。

3. 文件下载

文件下载指将以文件形式存放在网页上的图片、声音、视频等格式的文件复制到本地磁盘上，方法如下：

① 打开文件所在的网页，并确定文件在该网页中可以被下载（因为网络上的有些文件是不可下载的）。

② 一般情况下可用鼠标左键单击下载文件处的文字或图形，更多的时候是在下载文件的文字或图形链接处单击鼠标右键，然后在快捷菜单中选择"目标另存为"命令，如图 3-7 所示。

③ 在随后出现的"另保存"对话框中，选择路径并为下载的文件命名，最后单击"确定"按钮，完成文件的下载。

④ 也可以用专门的下载软件下载，如图 3-8 所示。目前流行很多专门的下载工具，如迅雷、网络蚂蚁（NetAnts）、网际快车（FlashGet）等，也可以完成下载工作，且功能强大，下载速度高，支持断线下载，是理想的下载工具。

图 3-7　网页上的文件下载

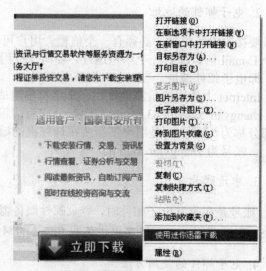

图 3-8　使用专门下载软件下载

3.3.4　电子邮件

1. 电子邮件的工作原理

电子邮件系统遵从客户机/服务器结构：两个程序相互配合，将电子邮件从发信人的计算机上传送到收信人的信箱。当用户发送电子邮件时，发信方的计算机成为一个客户机，该客户机与收信人计算机上的服务程序联系，传送邮件的一个副本，服务器程序将邮件存到收信人的信箱中。Internet 的电子邮件采用 SMTP 协议标准，保证在不同类型计算机之间传送邮件。如图 3-9 所示，是邮件传送示意图。

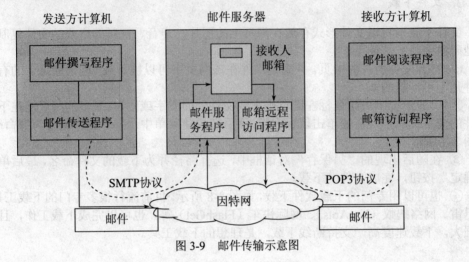

图 3-9　邮件传输示意图

2. 电子邮件的地址

要接收电子邮件，必须有一个信箱。用户可申请一个免费的电子邮箱。网络上的每个 E-mail 信箱都有一个信箱地址，要向一个用户发送 E-mail，必须知道他的信箱地址，即电子邮件地址。

Internet 上使用的信箱地址由一个字符串组成，该字符串被"@"分成两个部分。如：zhangyan_xiao@163.com，前面部分称为信箱地址的前缀，它标识信箱的用户，后面部分称为"后缀"，是用户信箱所在计算机的域名，即标识在域名为 163.com 的计算机上，帐号为 zhangyan_xiao 的一个用户。

3. 申请账号

账号是在收发电子邮件时，登录邮件服务器使用的用户名和密码。用户可以通过向 ISP 申请获得，也可以在提供免费 Email 的网站上申请得到。

4. 电子邮件的使用方法

1）利用网页收发邮件

进入提供免费电子邮箱服务的网站，通过登录，进入邮箱。

① 接收电子邮件。打开电子邮箱，单击"收件箱"按钮，就可以打开收件箱，单击未打开的电子邮件，即可查看新电子邮件。

② 发送电子邮件。发送电子邮件有两种方法，一种是直接编辑，另一种是回复电子邮件。

③ 直接编辑。单击"写信"按钮，即可链接到编辑电子邮件界面。在收件人文本

框中输入对方的电子邮件地址，再编辑信件正文，最后单击"发送"按钮即可。

④ 回复电子邮件。在查看完接收到的电子邮件后，单击"回复"按钮，进入邮件编辑状态，编辑完信件后单击"发送"按钮，即可回复电子邮件。

2）利用电子邮件客户端（以 Outlook Express 为例）收发邮件

首先，邮件的配置方法，设置步骤如下：

① 启动 Outlook Express，单击"工具"→"帐户"菜单命令。

② 弹出"Internet 帐户"对话框，单击"添加"，选择"邮件"，如图 3-10 所示。

③ 弹出"Internet 连接"对话框，如图 3-11 所示。在"显示名"框中输入一个名字，这个名字将在你发送给别人的邮件中作为"发件人"，单击"下一步"按钮。

图 3-10　"Internet 帐户"对话框

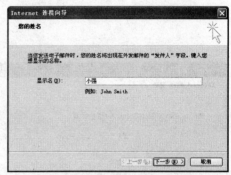

图 3-11　"Internet 连接向导"对话框

④ 在接下来打开的对话框中，输入自己的电子邮件地址，如图 3-12 所示，然后单击"下一步"按钮。这个电子邮件地址是事先在网站中注册好并且能够使用的，以后我们将用这个帐户来处理所对应的电子邮箱中的邮件。

⑤ 在新弹出的对话框中，要求用户配置接收邮件服务器和发送邮件服务器。电子邮件的接收和发送都是通过相应的服务器完成的，Outlook Express 必须知道具体的服务器位置。不同网站的接收和发送邮件服务器是不同的，在相应网站内有关邮件注册的网页中都可以找到这些信息。由于刚才输入的邮件地址"xiaoqiang999@163.com"是"网易"提供的电子信箱，其接收邮件的服务器是 pop3.163.com，发送邮件的服务器是 smtp.163.com。在两个文本框中分别输入上述内容，如图 3-13 所示，单击"下一步"按钮。

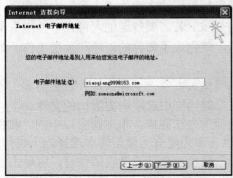

图 3-12　"Internet 连接向导"对话框

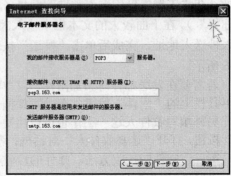

图 3-13　"Internet 连接向导"对话框

⑥ 在随后弹出的对话框中输入帐户名和密码，如图 3-14 所示。帐户名是刚才输入的邮件地址"@"符号前面的部分，密码即打开邮箱所需的登录密码。完成后单击"下一步"，系统会提示用户已经成功地设置了帐户信息，单击"完成"按钮即可。

⑦ 添加完帐户号后又回到"Internet 帐户"对话框，选中一个帐户后单击"属性"按钮，弹出如图 3-15 所示对话框。单击"服务器"选项卡，选中"我的服务器要求身份验证"复选框（主要是为了增加该帐户处理邮件时的网络安全性）。然后单击"确定"返回"Internet 帐户"对话框后，单击"关闭"按钮，最终完成一个帐户的设置。

图 3-14 "Internet 连接向导"对话框

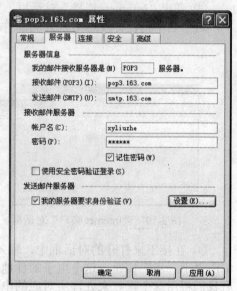

图 3-15 "pop3.163.com 属性"对话框

至此 Outlook Express 建立了一个帐户，它与邮箱地址 xiaoqiang999@163.com 相对应，以后就可以直接使用 Outlook Express 来处理 xiaoqiang999@163.com 的邮件，而不需再打开网站了。

其次，邮件的发送方法。打开 Outlook Express，用鼠标单击工具栏上"创建邮件"按钮，弹出一个标题为"新邮件"的发送邮件窗口。在"收件人"框中输入收件人的地址，在"主题"框中输入邮件的题目（窗口标题栏随之改为"主题"中的文字，如"你好"）。在下面较大的文本框中输入邮件正文，若需要抄送他人可在"抄送"框中输入抄送人地址，完成后单击"发送"按钮，就完成了邮件的创建和发送工作，如图 3-16 所示。

若需要在发送邮件时添加附件，可单击"插入"→"文件附件"菜单命令，或单击工具栏上的"附件"按钮，在"附件插入"对话框中选取所需附加的文件。

另外填写收件人这一工作也可以用更快捷的办法完成，单击图窗口中的"收件人"按钮，打开"选择收件人"对话框，可以在事先建有的通信簿中选择一个收件人。

第三，邮件的接收方法。邮件的接收非常简单，在需要接收邮件时，可单击工具栏上"发送/接收"按钮右侧的下拉列表按钮，选择"接收全部邮件"，如图 3-17 所

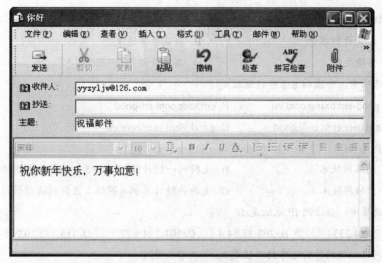

图 3-16 发送邮件窗口

示。当然也可以直接单击"发送/接收"按钮,这时不仅完成接收邮件的功能,而且还将同时发送尚未发送的邮件。

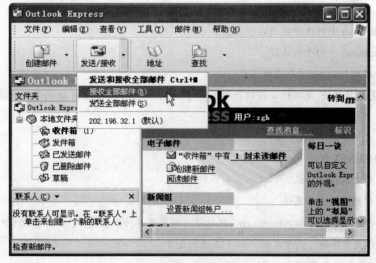

图 3-17 接收邮件

习　题

选择题

1. 根据计算机网络覆盖地理范围的大小,网络可分为广域网和(　　　　)。

　　A. WAN　　　　　　　B. 局域网　　　　　C. Internet　　　　　　D. 城域网

2. 计算机网络最主要的功能在于（　　　　）。

    A. 扩充存储容量　　　　　　　　B. 提高运算速度

    C. 传输文件　　　　　　　　　　D. 共享资源

3. 下面选项中，合法的电子邮件地址是（　　　　）。

    A. good-em.hxing.com.cn　　　　B. em.user.com.cn-good

    C. em.user.com.cn@good　　　　D. good@em.user.com.cn

4. TCP/IP 是一组（　　　　）。

    A. 局域网技术　　　　　　　　　B. 支持同一种计算机（网络）互联的通信协议

    C. 广域网技术　　　　　　　　　D. 支持异种计算机（网络）互联的通信协议

5. 下列选项中，合法的 IP 地址是（　　　　）。

    A. 210.4.233　　　　B. 262.38.64.4　　　　C. 101.3.305.77　　　　D. 115.123.20.245

6. 衡量网络上数据传输速率的单位是 bps，其含义是（　　　　）。

    A. 信号每秒传输多少公里　　　　B. 信号每秒传输多少千公里

    C. 每秒传送多少个二进制位　　　D. 每秒传送多少个数据

7. IP 地址是（　　　　）。

    A. 接入 Internet 的计算机地址编号

    B. Internet 中网络资源的地理位置

    C. Internet 中的子网地址

    D. 接入 Internet 的局域网编号

8. 在浏览器 IE（IE 是微软公司的产品）输入 http://www.yvtc.edu.cn 访问学院网站，其中 http 表示（　　　　）。

    A. 文件传输协议

    B. USENET 新闻

    C. 超文本传输协议

    D. 广域信息服务系统

9. 用 IE 打开 http://www.yvtc.edu.cn，然后将该网页另存为网页文件，如命名为："海天"，这时在所保存的文件夹中保存了两个文件，以下正确的是（　　　　）。

    A. "海天.txt" 和 "海天.files"

    B. "海天.htm" 和 "海天.files"

    C. "海天.htm" 和 "海天.txt"

    D. "海天.htm" 和 "海天.bak"

10. Internet 为人们提供许多服务项目，最常用的是在 Internet 各站点之间漫游，浏览文本、图形和声音等各种信息，这项服务称为（　　　　）。

    A. 电子邮件　　　　　　　　　　B. WWW

    C. 文件传输　　　　　　　　　　D. 网络新闻组

11. 在 Internet 中，统一资源定位器的英文缩写是（　　）。

    A. HTTP   B. URL

    C. WWW   D. HTML

12. 有一网站的 URL 是 http://www.eyz.hss.com，你可以确定（　　）。

    A. 该网站是政府网站

    B. 该网站是教育网站

    C. 该网站是商业网站

    D. 该网站在中国

13. 如果要保存当前网页的所有内容，可以在 IE 中点击"文件"菜单，选择（　　）。

    A. 新建   B. 打开

    C. 另存为   D. 页面设置

14. www.cernet.edu.cn 是 Internet 上一台计算机的（　　）。

    A. IP 地址   B. 主机名

    C. 名称   D. 命令

15. 启动 IE 浏览器后，将自动加载（　　）。

    A. 163 电子邮局的页面   B. 搜狐网站的页面

    C. 网易网站的页面   D. IE 中设定的起始页面

16. 如果你对网页上的信息感兴趣，想保存到本地硬盘，最好进行（　　）操作。

    A. 全选这段信息，然后按右键选"目标另存为"，保存到本地硬盘

    B. 文字、图片分开来复制

    C. 保存这个文件的源代码即

    D. 可选择"文件"菜单中的"另存为"菜单命令，保存为 WEB 页格式

17. 如果在浏览网页时，发现了自己感兴趣的网页，想要把该网页的地址记住，以便以后访问，最好的办法是（　　）。

    A. 用笔把该网页的地址记下来   B. 在心里记住该网页的地址

    C. 把该网页添加到收藏夹   D. 把该网页以文本的形式保存下来

18. 如果在局域网内上网，点击 Internet 选项窗口中的（　　）选项卡，可设置代理服务器的地址。

    A. 安全   B. 连接

    C. 常规   D. 高级

19. 搜索引擎其实也是一个（　　）。

    A. 网站   B. 软件

    C. 服务器   D. 计算机

20. 下列不是搜索引擎主要任务的是（　　）。

    A. 信息搜集   B. 信息处理

    C. 信息传输   D. 信息查询

21. 当你想搜索英语口语方面的 MP3 下载时，使检索结果最准确的关键词是（　　　）。

　　A. 英语口语下载

　　B. 英语口语

　　C. 英语口语 MP3 下载

　　D. 英语口语 MP3

22. 当搜索结果需要同时包含有查询多个关键词的内容时，可以把几个关键词之间用（　　　）。

　　A. 引号"" 相连

　　B. 减号– 相连

　　C. 加号+ 相连

　　D. 布尔符号 OR 相连

23. 接入 Internet 并且支持 FTP 协议的两台计算机，对于它们之间的文件传输，下列说法正确的是（　　　）。

　　A. 只能传输文本文件

　　B. 不能传输图形文件

　　C. 所有文件均能传输

　　D. 只能传输几种类型的文件

24. 在 Internet 中，用于文件传输的协议是（　　　）。

　　A. HTML　　　　　　　　　　　B. SMTP

　　C. FTP　　　　　　　　　　　　D. POP

25. 将数据从本地计算机中拷贝到远程计算机上，称之为（　　　）。

　　A. 粘贴文件　　　　　　　　　　B. 复制文件

　　C. 上传文件　　　　　　　　　　D. 下载文件

26. BBS 是一种（　　　）。

　　A. 广告牌

　　B. 网址

　　C. 在互联网可以提供交流平台的公告板服务

　　D. Internet 的软件

27. telnet 协议的用途是（　　　）。

　　A. 远程登录　　　　　　　　　　B. FTP

　　C. 新闻组　　　　　　　　　　　D. 超文本

28. 下列说法错误的是（　　　）。

　　A. 电子邮件是 Internet 提供的一项最基本的服务

　　B. 电子邮件具有快速、高效、方便、价廉等特点

　　C. 通过电子邮件，可向世界上任何一个角落的网上用户发送信息

　　D. 可发送的多媒体信息只有文字和图像

29. 收发电子邮件通常采用的协议是（　　　　　）和 SMTP。

　　A. TCP/IP　　　　　　　　　　　　B. HTTP

　　C. POP3　　　　　　　　　　　　　D. PPP

30. 陈明要将已完成的数学第一章至第五章的练习共 5 个文件,通过电子邮件,发送给数学老师,下列做法不能实现的是（　　　　　）。

　　A. 将 5 个文件分别作为邮件的附件，一次发送

　　B. 将 5 个文件放入"数学作业"文件夹，再将"数学作业"文件夹作为附件,一次发送出去

　　C. 将 5 个文件压缩打包为一个文件，作为附件发送出去

　　D. 将 5 个文件分别作为 5 个邮件的附件，分别发送出去

第 4 章　Word 2003 的使用

4.1　Word 2003 简介

Word 2003 是 Microsoft 公司在 Word XP 的基础上经改进后推出的 Word 新版本，是 Microsoft Office 2003 套件中重要的组件。它具有丰富的文字处理功能，是当前深受广大用户欢迎的集图、文、表格混排、所见即所得等特点于一身的文字处理软件。

4.1.1　Word 2003 的功能

随着计算机技术的发展，使用计算机对文字信息进行加工处理，早已不再是一种时尚。从 1979 年 MicroPro 公司研制的 WordStar，到 1989 年香港金山电脑公司推出的 WPS（Word Procession System），以及目前在 Windows 环境下使用的各种版本的 Word 和 WPS，在不同时期各领风骚。

1. 文字处理软件的一般功能

作为文字处理软件，一般具有如下主要功能：

① 管理功能，包括文档的建立和打开，以多种格式对文档进行保存，在编辑过程自动保存文档，文档的加密，发生意外情况时对文档的恢复等。

② 编辑功能，包括文档内容的输入和修改，查找和替换，输入时的自动格式套用和检查更正，英文字母的大小写转换等。

③ 排版功能，为页面、段落、文字等提供丰富实用的排版格式。

④ 表格处理，提供表格的建立、编辑、格式设置和数据计算等功能。

⑤ 图形处理，能够插入或建立多种类型的图形，并提供对图形的格式设置、图文混排等功能。

2. Word 2003 的新增功能

Word 2003 的上一个版本是 Word XP，而 Word XP 较 Word 的早期版本，如 Word 97、Word 2000 等，已经有了很大程度上的改进，增加了很多新增功能，这些新增功能主要体现在以下几个方面：

① 任务窗格。Word 中最常用的功能现在被组织到任务窗格中与文档一起显示，如新建文档、剪贴板、样式等任务，原先是以对话框的形式出现的，使用任务窗格后，更加便于用户使用。

② 增强的剪贴板功能。现在的 Office 剪贴板最多可以保存 24 次复制的内容，比 Word 2000 扩充了一倍。在 Word 2000 中，把鼠标移至剪贴板对话框中的图标上，才能看到该项包含的内容，而在最新版的 Word 中，无需移动鼠标，剪贴板上已经显示

了所有保存项目的文字或者图片。

③ 智能标记。智能标记是一组在 Office 应用程序中共享的按钮。当用户执行某些操作后，智能标记按钮会自动出现在文档的特定位置。例如，当进行复制操作时，被复制文字的右下方出现"粘贴选项"按钮，这就是智能标记。智能标记替代了以往需要通过工具栏或对话框才能完成的操作，提高了工作效率。

④ 多项选定功能。早期的 Word 只允许选定连续的文本，改进的选定功能可在文档中同时选择不连续的多个文本。

⑤ 语音输入。如果计算机上配备了麦克风，就可以通过语音输入文字和执行操作。这项功能适用于中文、英文和日语的文字输入。

⑥ 手写输入。支持手写输入以替代键盘，即可以用鼠标或者手写设备来书写文字。Word 自动将输入转换成字符并插入文档。

⑦ 安全性。"文档恢复"功能可以防止因死机、停电等意外事件而丢失数据。用户还可以设置 Word 宏的安全级别，为宏或者文件添加数字签名，以确认文件是否被修改过，防止 Word 宏病毒。

⑧ 增强的网络功能。Word 2003 可将文档保存为 HTML 格式，以便网络用户通过浏览器显示。通过常用工具栏上的"电子邮件"按钮，可以发送正在编辑的文档。

⑨ 增强的可读性。Word 2003 可以根据屏幕的尺寸和分辨率优化显示文档。新增的阅读版式视图也提高了文档可读性。

⑩ 文档的并排比较。当同一个文档经两个以上用户修改后，要查看其中的更改是比较困难的。现在，通过文档的并排比较，可以同时滚动两篇文档，以区分其中的差异。

4.1.2 Word 2003 的启动和退出

1. Word 2003 的启动

无论是创建新文档，还是修改（编辑）保存在磁盘上的已有文档，都要先启动 Word。启动 Word 2003 的常用方法如下：

① 常规启动。单击"开始"按钮，选择"所有程序"→"Microsoft Office"→"Microsoft Office Word 2003"。

② 快捷启动。如果在桌面上创建了 Word 2003 的快捷方式，双击快捷方式图标。

③ 双击已经创建的 Word 文档图标，启动 Word 2003 并打开文档。

2. Word 2003 的退出

如果完成了文档的编辑，或者由于其他原因需要退出 Word 时，可以采用以下方法：

① 单击"文件"→"退出"菜单命令。

② 单击标题栏上的"关闭"按钮。

③ 单击标题栏上的控制菜单图标，在打开的菜单中选择"关闭"。

④ 双击标题栏上的控制菜单图标。

⑤ 按键盘组合键 Alt+F4。

3. 注意事项

退出 Word 2003 与关闭其他 Windows 窗口的方法是类似的。在退出 Word 2003 时，如果系统提示是否保存对文档的修改，请按实际情况处理。

4.1.3 Word 2003 的窗口界面

Word 2003 的主窗口一般包括标题栏、菜单栏、工具栏、标尺、文本编辑区、滚动条和状态栏等，如图 4-1 所示。

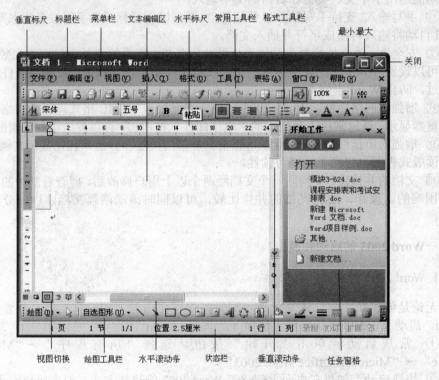

图 4-1 Word 2003 的主窗口

1. 标题栏

标题栏位于窗口的最上方，标题栏位于窗口的顶部，显示了当前文档的名字。从左到右依次为控制菜单图标、文档名（首次进入 Word 2003 时，默认打开的文档名为"文档1"）、最小化按钮、最大化按钮（或还原按钮）以及关闭按钮。

2. 菜单栏

菜单栏包含"文件"、"编辑"、"视图"、"插入"、"格式"、"工具"、"表格"、"窗口"和"帮助"9 个菜单标题，可以根据不同的分类来选择相应的操作。要选择菜单中的某个命令选项，可使用鼠标，也可用键盘操作（例如按 Alt+F 激活"文件"菜单）。

菜单中包含了 Word 2003 的大部分操作功能。另有一些操作，可以单击"工具"→"自定义"菜单命令，在"命令"选项卡中获取。

3. 工具栏

Word 2003 将一些常用的命令和功能（如新建文件、打开文件等）以图标或按钮的形式集中在一起，形成了工具栏。工具栏位于菜单栏的下面。Word 2003 窗口默认打开的有"常用"工具栏和"格式"工具栏。Word 2003 提供的工具栏有很多，用户若要打开和关闭其他工具栏，单击"视图"→"工具栏"菜单命令，可以打开或关闭工具栏。例如，需要打开"绘图"工具栏时，单击"视图"→"工具栏"，在子菜单中选中"绘图"即可。用鼠标右键单击菜单栏或工具栏的任意位置，在弹出的快捷菜单中可以更加方便地打开或关闭 Word 工具栏。用户可以根据需要或使用习惯重新设置工具栏。在 Word 2003 的工具栏上有一个"工具栏选项"按钮，通过它可以方便地添加、删除按钮。选择"工具"菜单中的"自定义"，也可以设置工具栏，还可以新建自己的工具栏。

4. 文档编辑区

文档编辑区用来输入文字、插入图表、查看和编辑文档。其中有一个闪烁的光标，称为插入点，用来标识字符输入的位置。

5. 标尺

标尺分为水平标尺和垂直标尺两种。水平标尺位于文档编辑区的上方，显示段落、表格的单元格或其他对象在水平方向的缩进方式、尺寸和边距。垂直标尺在文档编辑区的左侧，显示页面或其他对象在垂直方向的位置、尺寸和边距。

用鼠标拖动标尺上的滑块或标记可以快速改变文档或对象的布局。

单击"视图"→"标尺"菜单命令，可以同时打开或者关闭水平标尺和垂直标尺。

单击"工具"→"选项"菜单命令，打开"选项"对话框，在"视图"选项卡中可以打开或关闭垂直标尺（仅限于页面视图）。

6. 滚动条

滚动条也分为水平滚动条和垂直滚动条两种，分别位于文档编辑区的下方与右侧。通过滚动条可以浏览到文档的所有内容。

7. 任务窗格

安装 Word 2003 后第一次进入 Word 时，文档编辑区右边有一个面板，上面有许多常用的任务选项，这就是"任务窗格"。任务窗格的内容或选项会根据你所进行的操作而改变。例如，当单击"文件"→"新建"菜单命令时，出现的是"新建文档"任务窗格，而执行"插入剪贴画"操作时，将自动更换为"剪贴画"任务窗格。如图

4-2（a）、（b）所示。单击"视图"→"任务窗格" 菜单命令，可以打开或关闭任务窗格。但此方法只能打开上一次使用的任务窗格，如需打开其他任务窗格，可单击任务窗格右上角的下拉列表按钮。如图 4-2 `(c) 所示。

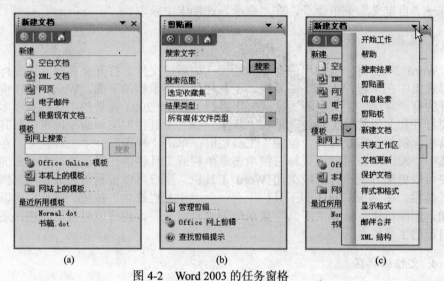

图 4-2　Word 2003 的任务窗格

8. 状态栏

状态栏位于 Word 窗口的最下方，显示文档及当前操作的有关信息，如光标位置、当前页码、总页数、节以及对文档的输入操作是改写还是插入等。

4.2　文档的基本操作

文档的基本操作包括如何创建文档和保存文档，打开和关闭文档，如何在文档中进行文本的输入、修改、删除、复制、移动等。这是 Word 中最基本的一类操作。

4.2.1　文档的建立和保存

1. 文档的建立

建立一个 Word 文档可以使用以下方法：
① 启动 Word 2003，Word 将自动创建一个文件名为"文档 1"的新文档。
② 单击工具栏上的"新建空白文档"按钮 ，建立一个空白文档。
③ 单击"文件"→"新建"菜单命令，在"新建文档"任务窗格中选择需要建立的文档类型，如空白文档、XML 文档、网页等。
④ 打开"我的电脑"或"资源管理器"，在需要建立 Word 文档的窗口空白处右击鼠标，弹出快捷菜单，单击"新建"→"Microsoft Word 文档"菜单命令。

2. 新文档的保存

第一次保存文档时，选择"文件"菜单中的"保存"或者"另存为"命令，具有相同的作用。保存一个新文档的步骤如下：

① 单击"文件"→"保存"菜单命令，或单击工具栏上的"保存"按钮 ，打开"另存为"对话框，如图 4-3 所示。

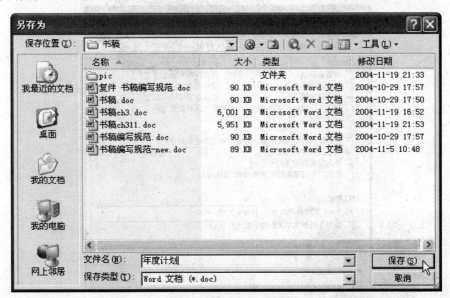

图 4-3 "另存为"对话框

② 在"保存位置"下拉列表框中选择保存文档的驱动器或文件夹。在"另存为"对话框中，单击左侧路径快捷区列表中的图标，可立刻进入相应的文件夹。

③ 在"文件名"框中输入文档的文件名，例如"年度计划"。

④ 在"保存类型"下拉列表框中选择文档的保存类型，默认为"Word 文档"类型。

⑤ 单击"保存"按钮。

3. 文档的再次保存

对于已经保存过的文档，若更新了其中的内容而需要再次保存时，单击工具栏上的"保存"按钮 即可。

如果需要为文档另外取名保存，或者需要将文档保存到其他的驱动器或文件夹，或者需要更改文档的保存类型，则应单击"文件"→"另存为"菜单命令，打开"另存为"对话框，选择保存位置、文件名和保存类型，并单击"保存"。

4. 文档的自动保存

Word 2003 可以自动保存正在编辑的文档，以免因断电或计算机出现意外情况造成文档的丢失，但不能使用文档的自动保存功能来替代常规的保存操作。设置步骤如下：

① 单击【工具】→【选项】，打开"选项"对话框，如图 4-4 所示。

② 单击"保存"选项卡，选中"自动保存时间间隔"复选框。

③ 在"分钟"数字框中输入自动保存文档的时间间隔，例如 10 分钟。

④ 单击"确定"按钮。

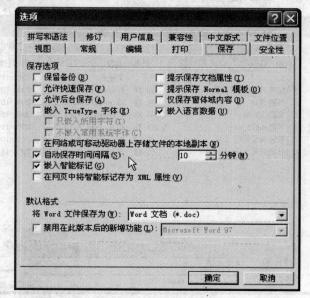

图 4-4 "选项"对话框

在输入和编辑文档的过程中随时保存文件是非常重要的，应及时将正在编辑的文档存盘，以免因停电或其他原因造成不必要的损失。

Word 2003 以及其他 Office 2003 家族程序，引入了全新的安全技术。如果程序遇到错误或停止响应，下一次打开程序时，将自动显示"文档恢复"任务窗格，并列出程序停止响应时所恢复的所有文件。通过"文档恢复"任务窗格，可打开文件、查看所做的修复，并对已恢复的版本进行比较，以获取文档的最佳版本。

4.2.2 文档的打开和关闭

1. 文档的打开

打开一个 Word 文档常用的方法有以下三种。

① 单击工具栏上的"打开"按钮，显示"打开"对话框，在"查找范围"列表框中，选择要打开文档所在的位置，在"文件名"列表框中选择文件名，或直接在"文件名"文本框中输入需要打开文档的路径及文件名，单击"打开"按钮。也可以从对话框左边的图标中设置要打开文档的位置。单击"视图"列表按钮，在打开的列表中可以选择不同的文档显示方式，以便快速找到所需的文档。如图 4-5 所示。

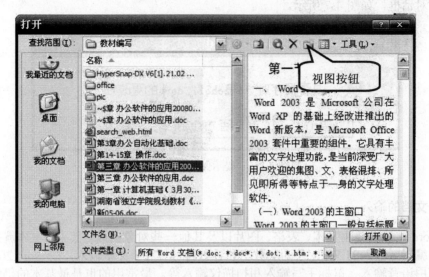

图 4-5 "打开"对话框

② 单击"文件"菜单，在 Word 最近所用的文件列表中选择所要打开的文档，如图 4-6 所示。如果"文件"菜单中没有列出最近使用的文档，可单击"工具"→"选项"菜单命令，单击"常规"选项卡，选中"列出最近所用文件"复选框。

图 4-6 "文件"菜单

③ 打开"资源管理器"，找到需要打开的 Word 文档，双击文档图标。

2. 文档的关闭

当完成了文档的编辑，或者暂时不再编辑时，应先保存文档，再执行关闭命令。关闭文档时，只需单击"文件"→"关闭"菜单命令，或单击菜单栏右端的"关闭窗口"按钮▣。

如果文档尚未保存，或者上次保存后又作了新的修改，关闭文档时将显示"提示保存"对话框，如图 4-7 所示。

图 4-7 "提示保存"对话框

4.2.3 文档的输入

Word 文档主要由文本、表格、图片以及其他一些对象组成。其中，文本就是用户在文档编辑区输入的汉字、字母、数字和各种符号。对于文本输入，在 Word 2003 中，也可使用语音输入、鼠标手写输入和扫描仪输入等。最常用的也是最基本的仍然是键盘输入。

1. 键盘输入

文本输入总是从插入点（文档编辑区中闪烁的竖条光标）开始的。如果在文档编辑区没有找到插入点，一种可能是当前窗口没有被激活，另一种可能是使用滚动条移动文档后，插入点不在当前页面。此时，只须移动并单击鼠标，插入点将重新定位到鼠标单击的位置。

Word 2003 的"即点即输"功能，允许在文档的空白区域中快速插入文字、图形、表格等对象。例如，需要在信函的下方署名时，只需将鼠标指针移动到所需位置，双击并键入单位名称或姓名。"即点即输"适用于页面视图或 Web 版式视图。单击"工具"→"选项"菜单选项，可在"编辑"选项卡中启用或关闭"即点即输"功能。

1）文字输入

文字的输入主要包括中、英文输入。可以在语言栏上选择输入法，或者使用键盘切换。在默认状态下，按 Ctrl+Space（空格键）进行中、英文切换，按 Ctrl+Shift 切换不同的输入法。在输入中、英文时，还须注意两种不同文字下标点符号的正确使用。

大部分中文输入法要求输入汉字时，键盘处于小写状态。使用 Caps Lock 键可以在字母的大、小写之间切换。

当输入文字到达文档编辑区的右边界时，不要使用回车键换行，Word 会自动进行换行处理，只有在结束一段文本的输入时，才需要按下回车键。

2）符号输入

除了键盘上的常用符号，当需要插入一些特殊的符号时，可以使用以下方法。

① 使用中文输入法提供的软键盘。图 4-8 为"微软拼音输入法"中的"标点符号"软键盘。

② 使用 Word 2003 工具栏中的"符号栏"，如图 4-9 所示。

图 4-8 "标点符号"软键盘

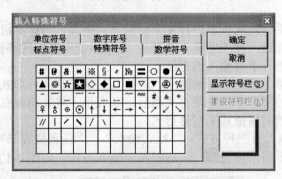

图 4-9 "符号栏"工具栏

③ 在"插入"菜单中，选择"符号"、"特殊符号"或者"数字"菜单项，打开
对应的对话框，选择并插入特殊符号。例如，单击"插入"→"特殊符号"菜单命令，
打开"插入特殊符号"对话框，选择所需的符号后，单击"确定"。如图 4-10 所示。

图 4-10 "插入特殊符号"对话框

2. 语音输入

语音输入就是用人的口述代替键盘输入文字，或向计算机发出控制命令。随着计
算机技术的发展，语音输入已经进入实用阶段。Office 2003 配置的语音识别系统，可
以将文字听写到任何 Office 程序中，还可以用声音选择菜单和工具栏，设置字体和段
落的格式等。

为了提高语音系统的识别率，在正式启用前需要进行语音系统的识别训练。将输
入法切换到"微软拼音输入法"，打开语言栏，如图 4-11 所示。单击上面的"语音工
具"按钮，在快捷菜单中选择"训练"，向导会帮助你训练计算机识别自己的讲话
方式，包括口音、语调、语速等，便于提高语音识别的准确性。

图 4-11 "微软拼音输入法"语言栏

Office 2003 的语音输入有"听写"和"声音命令"两种模式。单击语言栏上的
"麦克风"按钮，通过"听写模式"按钮和"声音命令模式"按钮，可以在两

种模式之间切换，如图 4-12 所示。

图 4-12　切换"听写"和"声音命令"模式

切换到"听写"模式后，语言栏上显示"听写模式"，就可以向计算机口述文字了。输入的文字从文档中的插入点开始，讲话时会在屏幕上看到一个蓝条，意味着计算机正在处理声音。当语音被识别之后，文字就会替代蓝条并出现在屏幕上。

使用"声音命令"模式，可以执行菜单或工具栏命令。例如，口述"文件"，"保存"，将打开"文件"菜单并执行其中的"保存"命令。选定文字后口述"加粗"，将加粗被选文本，再次口述"加粗"，则取消加粗。

由于语音识别受许多条件的限制，例如环境是否安静，使用者的发音水平等，加上微软语音识别系统本身功能方面的某些不足，其实用性不是很强。

3．手写输入

可以通过使用手写输入设备进行文字的输入。例如，与计算机辅助设计（CAD）软件一起使用的图形输入板或笔输入板设备，还可以使用鼠标代替键盘进行手写输入。本书介绍利用鼠标进行手写输入的方法。

使用鼠标在屏幕上进行书写的文字，转换后的字符有两种形式。一种形式就像通过键盘输入的文字，字符插入到现有文档后，其大小、格式与现有文字相同。另一种形式将文字插入文档时保留其手写体形式。

Office 的手写输入有三种方式："框式输入"、"任意位置书写"和"绘图板"。单击语言栏上的"手写"按钮![按钮]，可选择所需输入方式，如图 4-13 所示。

图 4-13　选择手写输入方式

选择"框式输入"，打开输入板，按下鼠标在左边的框中书写文字，中间的查找框会显示一些相似的文字，单击可将文字插入到文档中。如图 4-14 所示。

如果书写比较规范，在输入过程中不需要人工挑选，可单击输入板右边的"查找"按钮![按钮]，取消中间的查找框，如图 4-15 所示。此时，左边和中间的两个框都可以用来

图 4-14　"框式输入"方式一

进行手写输入。利用这两个框轮流输入文字，可以省却写完一个字后等待系统识别的

时间。再次单击"查找"按钮，恢复输入板上的查找框。

图 4-15   "框式输入"方式二

当选择不需要在查找框中挑选文字的输入方式时，单击输入板上的"手写体"按钮，输入的文字为手写体形式。还可以对这些手写体文字进行格式设置，如加粗、添加下划线、改变颜色、设置底纹等。如图 4-16 显示了输入"邮电"一词并进行各种修饰的实际效果。

邮电   **邮电**   邮电   邮电   邮电

图 4-16   设置手写体文字的格式

"任意位置书写"允许使用鼠标在屏幕上的任意位置手写文字，也可以选择印刷体和手写体两种形式的文字输入。"绘图板"则将书写的文字作为图形插入到文档中。这两种方式不再赘述。

4.2.4   文档的编辑

文档的编辑是指对一个已经建立并已打开的文档进行修改和调整。文本编辑包括插入、删除、复制、移动、撤消、重复、查找、替换等。

1. 定位插入点

在编辑文本时，必须进行插入点的定位，有时也称为移动光标，以确定在何处进行输入、修改和删除等操作。

1）使用键盘定位

使用键盘进行插入点定位有如下几个基本键位：

① 左、右箭头键：左移或右移一个字符。

② 上、下箭头键：上移或下移一行。

③ PageUp、PageDown：上移或下移一屏（指文档窗口中的一屏）。

④ Home、End：移至行首或行尾。

Word 还提供了一些组合键，用于特殊情况的或大范围的光标移动，但由于需要额外的记忆，故一般更习惯于使用鼠标来进行以上操作。

2）使用鼠标定位

使用鼠标在垂直、水平滚动条上单击，可以控制文档窗口的滚动（文本则向相反方向滚动）。滚动之后，还须在需要编辑文本的位置单击鼠标，才能将插入点定位到此。

单击垂直滚动按钮，窗口上、下滚动一行；单击垂直滚动条中的空白处，窗口上、下滚动一屏；拖动垂直滚动滑块，可以随心所欲地滚动文档窗口。

水平滚动条的操作与此相仿。

此外，还可以单击垂直滚动条下方的"选择浏览对象"按钮 ，可选择"按图形浏览"、"按表格浏览"、"按标题浏览"等，如图 4-17 所示。默认情况下，Word"按页浏览"，单击按钮 ⬆ 或 ⬇ 时，可使文本滚动到"前一页"或"下一页"。

图 4-17　选择浏览对象

3）使用菜单定位

对于篇幅较大的文档，使用滚动条仍然不够方便快捷。Word 提供了能够快速、准确定位文档的方法。单击"编辑"→"定位"菜单命令，打开"查找与替换"对话框，如图 4-18 所示。

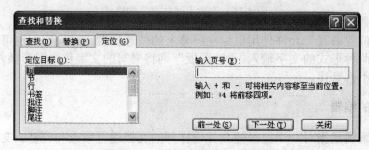

图 4-18　"查找与替换"对话框

可以在"定位目标"列表框中选择定位目标，如页、节、行、表格、图形、对象等。在"输入××"框中键入该项目的名称或编号，例如，在"输入页号"框中输入"15"，表示要定位到第 15 页。此时，对话框中的"下一处"按钮变为"定位"按钮，单击即可定位到所选目标。

2. 选定文本

在对文档中的指定内容进行移动、复制和删除等操作时，首先要选定操作对象。这里介绍选定文本的几种主要方法，其他对象的选定可参考后面的有关章节。

1）用鼠标拖动选定文本

在要选定文本的起始位置按下鼠标，拖动至被选文本的末尾，释放鼠标即可选定被拖过的文本。用这种方法可以选定任意数量的文字，如一个字符、多个字符、一行、多行，或者整个文档。

2）用鼠标在选择区选定文本

"选择区"位于文档窗口的左侧。向左移动鼠标，当指针的形状由 I 变为 ⟋ 时，即进入了选择区。鼠标在选择区的基本操作如下：

① 单击：选定鼠标指向的一行文字。

② 双击：选定鼠标指向的一段文字。

③ 三击：选定整个文档。

④ 拖动：选定多行文字。

3）与控制键配合选定文本

使用鼠标或者键盘时，配合控制键可以选定一些特定的文本，方法如下：

① 选定矩形块：按住 Alt 键，按下鼠标从矩形块的左上角拖动到右下角。

② 选定单词或词组：在要选定的英文单词或汉语词组处双击鼠标。

③ 选定一个句子：按住 Ctrl 键，然后在该句的任何位置单击鼠标。

④ 选定大段文本：首先单击选定内容的起始处，然后到选定内容的结尾处按住 Shift 键的同时单击鼠标。

4）用键盘选定文本

在实际操作中，使用键盘选定文本也非常方便，尤其在打字时，可以免除在鼠标和键盘之间的往返操作。虽然使用键盘选定文本的组合键很多，但大部分因需要额外记忆而失去了实际操作的意义。有实用价值的有以下方法：

① 按住 Shift 键，按箭头键→向右选定文本，按箭头键←向左选定文本，按↑、↓箭头键则向上或向下选定文本。

② 按住 Shift 键，按 PageUp 或 PageDown，可以向上或向下一屏一屏地选定文本。

③ 按 Ctrl+A，选定整个文档。

④ Word 2003 允许选定不连续的多个文本。只需在选定第一个文本后，按住 Ctrl 键并用鼠标选取其他文本。

3. 文本的插入、删除、移动和复制

1）文本的插入

将光标移到想插入字符的位置，选定插入点，然后输入字符。

2）文本的删除

删除少量字符时，可将插入点定位到需要删除文本处，按 Delete 键可删除插入点后面的字符，按 Backspace 键删除插入点前面的字符。

删除较多文本时，先选定所要删除的文本，再按 Delete 键，可提高删除文本的效率。

删除文本还可以通过"剪切"来实现（须先选定文本），与使用 Delete 键删除文本不同的是，被"剪切"的文本将被存放到系统的"剪贴板"。方法如下：

① 用鼠标单击"常用"工具栏上的"剪切"按钮 ✄ 。

② 用鼠标单击"编辑"→"剪切"。

③ 用鼠标右键单击选定文本，在打开的快捷菜单中选择"剪切"命令。

④ 按 Ctrl+X 组合键。

3）文本的移动

在 Word 2003 中移动文本有两种方法。

方法一：使用剪贴板。首先对选定文本执行"剪切"操作（所选文本被存入剪贴板），然后将插入点移动到目标位置，再执行"粘贴"命令，即可完成文本的移动。

可以用以下方法执行"粘贴"：

① 用鼠标单击"常用"工具栏上的"粘贴"按钮🖼。

② 用鼠标单击"编辑"→"粘贴"菜单命令。

③ 用鼠标右击选定文本，在快捷菜单中选择"粘贴"命令。

④ 按 Ctrl+V 组合键。

方法二：使用鼠标。选定文本后按住鼠标拖动到目标位置，释放鼠标即可。

4）文本的复制

在 Word 中复制文本也有两种方法：

方法一：使用剪贴板。选定需要复制的文本后，先执行"复制"操作（所选文本复制到剪贴板），再将插入点移动到目标位置，执行"粘贴"命令，即可完成文本的复制。"粘贴"操作并不影响剪贴板中的内容，因此可以无限次地"粘贴"。

执行"复制"操作的方法如下（须先选定文本）：

① 用鼠标单击"常用"工具栏上的"复制"按钮🖼。

② 用鼠标单击【编辑】→【复制】。

③ 用鼠标右击选定文本，在快捷菜单中选择"复制"命令。

④ 按 Ctrl+C 组合键。

方法二：使用鼠标。按住 Ctrl 键的同时，用鼠标拖动所选文本到目标位置。

在 Word 2003 中，执行"粘贴"命令后，被复制或者移动的文本下方边角处会出现一个"粘贴选项按钮"🖼。如图 4-19（a），其中的"基础"两个字是粘贴过来的。单击此按钮，可以在快捷菜单中选择需要采用的粘贴格式，如图 4-19（b）所示。单击"工具"→"选项"菜单命令，在"编辑"选项卡中，可启用或关闭"显示粘贴选项按钮"。

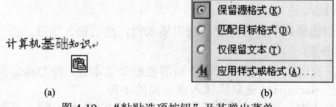

(a)　　　　　　　　　　　　　　(b)

图 4-19　"粘贴选项按钮"及其弹出菜单

4. 使用 Office 剪贴板

与早期 Word 版本不同的是，在 Word 2003 中，单击"编辑"→"Office 剪贴板"菜单命令，屏幕上将显示"剪贴板"任务窗格，如图 4-20（a）所示。

向 Office 剪贴板中复制项目的操作，仍然是使用"剪切"和"复制"命令完成的。执行这两个命令时，Word 会同时把所复制项目添加到 Windows 系统剪贴板和 Office 剪贴板中。当复制新项目时，系统剪贴板中将用新复制项目覆盖原有项目，而 Office 剪贴板则是在保留原有项目的基础上，添加新复制的项目。需要注意的是，Office 剪贴板最多只能存放 24 个项目，当复制第 25 个项目时，第一个复制的项目将会被删除。

在 Office 剪贴板中，单击一个项目，可将该项目粘贴到文档的插入点位置。单击项目右边的下拉列表按钮，选择"粘贴"，也可以粘贴所选项目，需要删除项目时，单击需要删除项目右边的下拉列表按钮，选择"删除"即可，如图 4-20（b）所示。

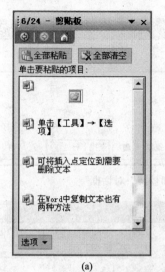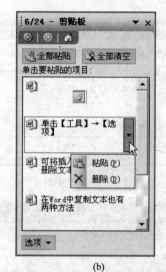

(a)　　　　　　　　　　　(b)

图 4-20　"剪贴板"任务窗格及其操作

5．撤消和恢复

Word 2003 记录了用户在文档编辑过程中所作的操作。单击工具栏上"撤销"按钮，可撤消上一次操作。若要撤消多次操作，单击按钮右侧的下拉列表按钮，可在列表中查看和选择想要撤销的操作。

用户可以恢复被撤销的操作。单击工具栏上"恢复"按钮，可恢复最近一次的撤销操作；单击按钮右侧的下拉列表按钮，则可查看和选择想要恢复的多次撤销操作。使用键盘快捷键执行撤销或恢复操作更加简便。撤销操作为 Ctrl+Z，恢复为 Ctrl+Y。

6．查找和替换

在文档编辑过程中，如果想要查找某一个关键字，或者想把某些词汇转换成另外的内容，当文章较长时，使用 Word 内置的查找和替换功能，能够很方便地实现查找和置换功能，从而避免了在文档中进行繁琐的人工操作。

1）查找

用鼠标单击"编辑"→"查找"菜单命令，打开"查找和替换"对话框。在"查找内容"框中输入需要查找的内容，单击"查找下一处"按钮，光标将定位并突出显示查找到的内容。再次单击"查找下一处"按钮，可在文档的其余位置进行查找。如图 4-21 所示。

如果文档中不存在需要查找的内容，系统将提示"Word 已完成对文档的搜索，未找到搜索项"。

在"查找和替换"对话框中,选中"突出显示所有在该范围找到的项目"复选框,可一次选中指定内容的所有实例,以便在文档中浏览和修改。例如,当需要查找"替换"两个字,并选中该复选框时,文档中所有的"替换"均以反相方式突出显示,如图 4-22 所示。

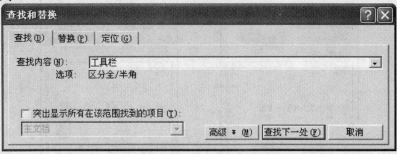

图 4-21 "查找和替换"对话框

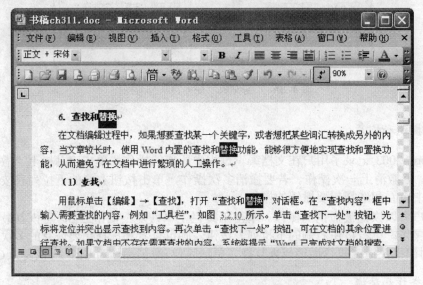

图 4-22 突出显示查找内容后的文档

单击"查找和替换"对话框中的"高级"按钮,将包含更多的选项,例如搜索范围,是否区分大小写,是否使用通配符等,还能查找一些特殊字符,如段落标记、制表符、分栏符等。

2)替换

用鼠标单击"编辑"→"替换",打开"查找和替换"对话框,在"查找内容"框内输入要搜索的文字,例如"zg",在"替换为"框内输入替换文字,例如"中华人民共和国",如图 4-23 所示。单击"查找下一处",当 Word 找到需要替换的内容"zg"时,这部分文字将被突出显示。此时,如果单击"替换"按钮,"zg"将被替换为"中华人民共和国";如果单击"查找下一处"按钮,则跳过"zg"并继续搜索符合条件的内容。

在进行"替换"操作时，单击"全部替换"按钮，则自动完成搜索范围内所有满足条件的内容的替换。按 Esc 键可取消正在进行的搜索。

Word 2003 的查找和替换功能不仅可以查找替换文本内容，而且还可以查找替换文档中字体、段落、样式、特殊字符等许多内容。例如通过替换格式操作，可以将文档中所有的黑体三号字变为宋体小二号字，可以将所有的"标题 2"替换成"标题 1"

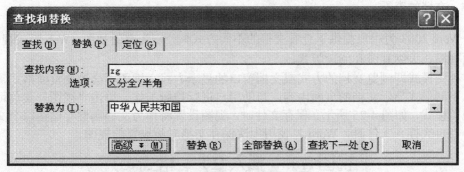

图 4-23 "查找和替换"对话框

等。以"标题 2"替换成"标题 1"为例，光标定位在"查找内容"框，单击"格式"按钮后选择"样式"，在打开的"样式"对话框中选择"标题 2"，然后将光标定位在"替换为"框中，单击"格式"按钮后选择"样式"，在打开的"样式"对话框中选择"标题 1"，再单击"全部替换"按钮。如图 4-24 所示。

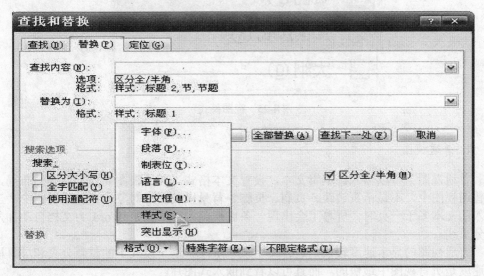

图 4-24 高级查找与替换

7. 拼写检查

Word 提供的自动检查拼写与语法的功能，可以提高文本输入的正确性。单击"工具"→"选项"菜单命令,在"选项"对话框中单击"拼写和语法"选项卡,选中"键入时检查拼写"、"键入时检查语法"，Word 在键入的同时将自动进行拼写检查。

在文档中，红色波形下划线表示可能的拼写问题，绿色波形下划线表示可能的语法问题。用鼠标右击标有上述下划线的字符，可在快捷菜单中选择修改所需的命令，或者在列出的备选字词中挑选正确的文字。

4.2.5 文档的查看

Word 2003 为用户提供了查看文档的不同方式，分别为普通视图、Web 版式视图、页面视图、大纲视图和阅读版式。

视图模式即浏览文档的方式或文档窗口的显示方式。视图不会改变页面格式，但能以不同形式显示文档的页面内容，帮助用户进行排版工作。单击"视图"菜单可选择视图模式，如图 4-25 所示。保存文件时，视图设置将作为文档属性存储在每个文件中。当再次打开文件时，Word 将使用上次保存文档时所设置的视图。

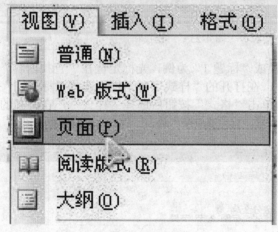

图 4-25　视图模式

1. 普通视图

普通视图下可以输入、编辑文本，设置文本格式。普通视图简化了页面的布局，在普通视图中，不显示页边距、页眉、页脚、背景以及图形对象。在普通视图中，当录入的文本多于一页时，屏幕上会出现一条虚线，实际上它是 Word 为文档自动加入的分页线。

普通视图的显示速度较快，适合文字录入阶段。这个模式下的重新分页和屏幕刷新速度是所有视图中最快的。而且可以看到嵌入式图片。

2. Web 版式视图

采用了优化的版式布局，使得 Web 阅读更容易。正文显示得更大，并且折行以适应窗口，而不显示为实际打印的形式。在该模式下编辑的文档，可以比较准确地模拟它在网页浏览中实现的效果。

3. 页面视图

页面视图显示的是文档打印的实际效果，能显示页眉、页脚、图形、图片、文本框等对象的正确位置。在页面视图下，可以很方便地进行插入图片、文本框，为文档添加页眉、页脚等操作。页面视图模拟一页真实的纸张来反映文档的版式，还能起到预览文档的作用。这是使用最多的一种视图方式。在页面视图下，文档中的分页符、段落标记等以实际效果显示。可以单击"工具"→"选项"→"视图"，在"格式标记"一栏选择显示或隐藏非打印字符，如空格、制表符、段落标记等。

4. 大纲视图

大纲视图方式适用于审阅、处理文档的结构，可把文档组织成多层次的标题、子标题和文本。当要编排的文档较长，而且具有多级标题和层次结构时，可用大纲视图编排文档。

在大纲视图中，通过折叠文档，可以只查看某级标题，或者展开文档以查看到所有标题以至正文。还可以通过拖动标题来移动、复制和重新组织文本。

大纲视图中不显示页边距、页眉和页脚、图片和背景等。

5. 文档结构图和缩略图

文档结构图用来显示文档标题的大纲，位于文档窗口左侧的纵向窗格中。单击"视图"→"文档结构图"菜单命令，可以显示或隐藏文档结构图。单击文档结构图中的标题，Word 就会自动跳转到文档中的相应位置，从而实现在文档中的快速移动。

缩略图是文档中每一页的示意图，也显示在文档左侧的一个独立的窗格中。缩略图提供每个页面的直观印象，单击缩略图可跳转到对应的页面。单击"视图"→"缩略图" 菜单命令，可以打开或关闭缩略图窗格。

6. 阅读版式

阅读版式视图使得在计算机上阅读文档变得更加舒适。在这种模式下，Word 删除了窗口中多余的工具栏，并能根据显示器的分辨率自动缩放文本以获得最佳的可读性。在阅读版式视图下，Word 会自动打开"审阅"工具栏，可以方便地对文档进行修订，添加批注。对于经自己或他人修改后的文档，还可以选择"接受所作修订"或"拒绝所作修订"。

单击"常用"工具栏上的"阅读"按钮 阅读(R)，切换到阅读版式视图。单击"阅读版式"工具栏上的"关闭"按钮 关闭(C)，返回原先的视图模式。

4.3 排版和打印

输入文档后，为了使文档整齐、美观或为了有效地节省页面，还需对文档进行必要的排版。文档排版主要分为对字符格式的排版、对段落的排版和对页面的排版三种。

4.3.1 字符的格式化

字符格式化包括改变字符的字体、字号、颜色，以及设置粗体、斜体、下划线等修饰效果。进行字符格式设置前，必须先选定所要排版的文本，否则格式设置只能对插入点后面新输入的文本起作用。

1. 使用"格式"工具栏

可以使用"格式"工具栏中的按钮快速地改变字符的格式，格式工具栏如图4-26所示，具体操作详见表4-1。

图 4-26　格式工具栏

表 4-1　使用"格式"工具栏改变字符格式的操作方法

格式设置	操作方法
改变字体	单击"字体"列表框 宋体 ▾，在下拉列表中选择所需字体的名称
改变字号	单击"字号"列表框 小五 ▾，在下拉列表中选择所需字号或磅值
添加/取消下划线	单击"下划线"按钮 U ▾，在下拉列表中选择所需下划线，或使用快捷键 Ctrl +U 选择默认下划线
设置/取消加粗格式	单击"加粗"按钮 B，或使用快捷键 Ctrl +B
设置/取消倾斜格式	单击"倾斜"按钮 I，或使用快捷键 Ctrl +I
改变字体颜色	单击"字体颜色"按钮 A ▾，在下拉列表中选择所需字体颜色
突出显示文字	单击"突出显示" ab✏ 按钮，待鼠标指针变成 ✏ 形状后，用鼠标拖动需要突出显示的文字。可在下拉列表中选择突出显示的颜色

2. 使用字体对话框

用鼠标单击"格式"→"字体"，打开"字体"对话框，如图4-27，可以选择更多的字体设置选项。例如，在"字体"选项卡中，除了设置中文字体，还可以选择西文字体；可以将文字设置为上标或下标；设置文字的阴影、空心等特殊效果；在文字下方添加着重号等。在"预览"框中，可以立即看到所有设置的效果。

在"字符间距"选项卡中，可以增加或减少字符之间的距离，在水平方向拉伸或压缩文本，基于水平方向提升或降低文本等。

单击"文字效果"选项卡，可以使静态的字符产生动态的效果，使之更加醒目。但这种效果只适用于电子阅读，打印时是无法将动态的效果表示出来的。

利用"常用"工具栏上的格式刷，可以复制文字的格式。复制时，首先选定作为样板的文字，单击"格式刷"按钮 ✍，鼠标指针改变为 ♨，找到需要改变文字格式的文本起始位置，按下鼠标并拖动到结尾处，释放鼠标后，所有拖过的文字与样板文字

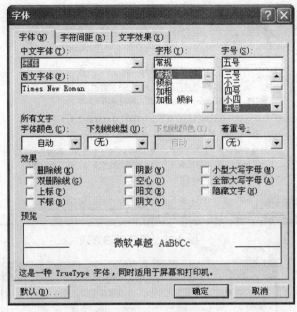

图 4-27　"字体"对话框

具有相同的格式。

4.3.2　段落的格式化

段落格式化包括段落的缩进方式、对齐方式、行距，以及段落之间的间距等。在进行段落设置时，可以设置缺省的度量单位。Word 将缺省度量单位用于对话框中输入的数值以及标尺。设置时，单击"工具"→"选项"，打开"选项"对话框，在"常规"选项卡上选中"使用字符单位"复选框。Word 将把度量单位更改为一个字符的宽度。

1. 段落缩进

段落缩进包括首行缩进、悬挂缩进（除第一行外，其他各行都缩进）、段落的整体缩进（分为左缩进和右缩进），需注意的是，不要将段落的左、右缩进与设置页面的左右页边距相混淆。页边距设置确定正文的宽度，即确定文本与纸张边界之间的距离。而段落的左、右缩进是指定文本与页边距之间的距离。如图 4-28 所示。

设置段落缩进时，首先选定需要更改的段落，单击"格式"→"段落"，打开"段落"对话框，单击"缩进和间距"选项卡，在"缩进"栏目中可以设置段落的左缩进、右缩进。在"特殊格式"列表框中，选择"首行缩进"或"悬挂缩进"后，可进一步指定缩进的"度量值"。如图 4-29 所示。

利用水平标尺上的缩进标记，可以快速设置段落的缩进方式及其缩进量。设置时，先将插入点移动到需要设置的段落（任意位置），如需同时设置多个段落，则应选定这些段落，然后用鼠标拖动相应的缩进标记，释放鼠标即可完成段落的缩进。如图 4-30

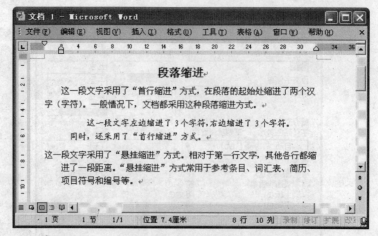

图 4-28　段落缩进方式

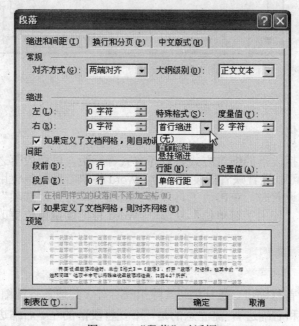

图 4-29　"段落"对话框

所示。

　　另外利用工具栏上的格式刷，同样可以复制段落的格式。

图 4-30　水平标尺及缩进标记

2. 对齐方式

常用的对齐方式包括：两端对齐、居中、右对齐和分散对齐。打开"段落"对话框，选择"缩进和间距"选项卡，可以在"对齐方式"列表框中设置段落的对齐方式。

使用"格式"工具栏中的"对齐"按钮组，可以快速地设置文本的对齐方式。如图 4-31 所示。

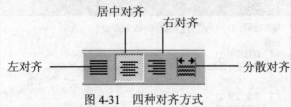

图 4-31　四种对齐方式

设置时，先将插入点放到需要设置的段落，或者选定需要设置的一个或多个段落，单击对应的工具按钮即可。

3. 行距

行距表示行与行之间的垂直间距。在默认情况下，Word 采用单倍行距。设置行距时，所选行距将影响到选定段落或包含插入点的段落中的所有文本行。

若要设置行距，首先选定需要更改行距的段落，然后打开"段落"对话框，单击"缩进和间距"选项卡，在"行距"列表框中选择所需选项。如果选择了"最小值"、"固定值"或"多倍行距"，还应该设置相应的"设置值"。行距列表框中的选项及作用如表 4-2 所示。

表 4-2　"行距"列表框中的选项及作用

选项	作用
单倍行距	行距为该行最大字体的高度加上一点额外的间距，额外间距值取决于所用的字体
1.5 倍行距	行距为单倍行距的 1.5 倍
2 倍行距	每一行的行距为单倍行距的 2 倍
最小值	Word 自动设置行距为能容纳本行中最大字体或图形的最小值
固定值	行距采用固定值，不需 Word 进行调整
多倍行距	允许行距以指定的百分比增大或缩小。例如，将行距设置为 1.2 倍，则行距增加 20%，而将行距设置为 0.8 倍，则行距缩小 20%
设置值	输入文本行之间的垂直间距。该选项只有在"行距"框中选择了"最小值"、"固定值"或"多倍行距"时才有效

4. 段落间距

段落间距常用来设置标题与正文之间的间隔距离，或者设置一段特殊文本与上下段落之间的距离。选定需要改变段落间距的段落，单击"格式"→"段落"菜单命令，打开"段落"对话框，在"缩进和间距"选项卡的"间距"一栏中，输入"段前"、

"段后"所需的间距值，即可调节段落的前后间距。

5. 段落的分页控制

用鼠标单击【格式】→【段落】，打开"段落"对话框，选择"换行和分页"选项卡，可以设置各种分页控制，如图4-32所示。有关选项的说明见表4-3。

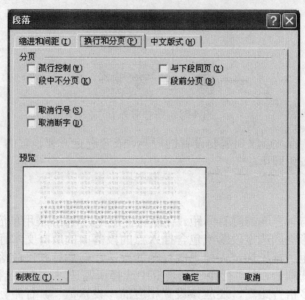

图4-32　"换行和分页"选项卡

表4-3　"换行和分页"中的选项说明

选项	说明
孤行控制	用于不希望段落的最后一行出现在页首，或段的第一行出现在页尾
段中不分页	用于控制某段不希望分页
与下段同页	用于控制某段需与下段同页。例如，对于文章标题应设立此项
段前分页	用于控制某段必须重新开始一页

4.3.3　制表符和制表位

段落排版可以设置整段文本的对齐方式，但有时可能需要在一行内使用不同的对齐方式。使用制表符可以实现这一效果。

1. 用水平标尺设置制表位

Word 2003 提供了5种制表符，它们分别是左对齐制表符、居中式制表符、右对齐制表符、小数点对齐式制表符和竖线对齐式制表符。

设置时单击水平标尺左端的制表符按钮，直到出现所需的制表符。然后，单击水平标尺上需要插入制表位的位置，制表符即出现在标尺上。需要时可用同样的方法在水平标尺设置其他制表位。例如，在水平标尺上从左到右设置左对齐、居中、小数点对齐和右对齐 4 个制表位，如图 4-33 所示。

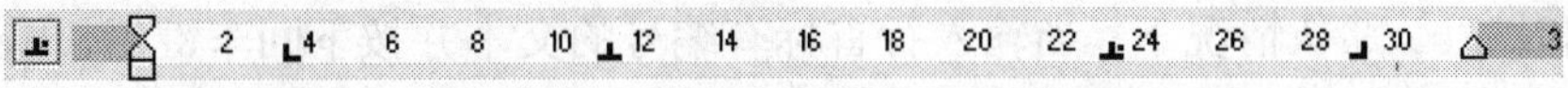

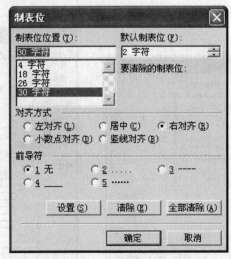

图 4-33　在水平标尺上设置制表位

制表位设置完成后，每输入一项内容（数字或文字），须用 Tab 键将光标移动到下一制表位，再输入下一项内容。一行输入结束时，按回车键，新的一行将自动获得上一行的制表位设置。如果要改变制表位的位置，在水平标尺上左右拖动制表符即可。如果要取消某个制表位，只需用鼠标将其向下拖离水平标尺。

2. 用菜单设置制表位

单击"格式"→"制表位"菜单命令，打开"制表位"对话框，可以精确设置制表位的位置，如图 4-34 所示。

① 在"制表位位置"框中输入制表位的位置，例如"4 字符"；
② 在"对齐方式"栏选择制表符的类型，例如"左对齐"；
③ 在"前导符"栏选择在该制表位 Word 自动插入的前导符，例如"1 无"；
④ 单击"设置"，完成一个制表位的设置；
⑤ 需要设置其他制表位时，重复以上步骤；
⑥ 单击"确定"。

图 4-34　"制表位"对话框

3. 利用"即点即输"插入制表符

单击文档空白处，当鼠标指针左右或者下方出现对齐符号，如左对齐、居中、右对齐时，双击即可设置相应的制表位。

4.3.4 编号和项目符号

为了清晰地表示文档中的要点、方法步骤等层次结构，可以采用 Word 提供的项目符号和编号。默认情况下，当输入行首标有编号的文本并按下回车键后，Word 将为新的段落自动套用编号，从排版的角度看，自动编号不利于文档的整体格式处理。单击"工具"→"自动更正选项"菜单命令，在"键入时自动套用格式"选项卡中，可以选择键入时是否应用编号和项目符号列表。

1. 使用编号

单击"格式"工具栏上的"编号"按钮，在光标所在行的行首会自动出现编号"1."（或其他编号），输入文字后按回车键，在下一段将自动出现编号"2."。继续输入，编号将按段落依次累进。如果删除了自动编号文本中的一段，则其余编号会自动重新排列。

选定需要加入编号的文本，单击"编号"按钮，选定的所有段落将按顺序自动添加编号。再次单击"编号"按钮，取消自动编号。

可以根据需要选择不同的编号样式，如数字、罗马数字、字母等。单击"格式"→"项目符号和编号"菜单命令，打开"项目符号和编号"对话框，单击"编号"选项卡，如图 4-35 所示。单击"自定义"按钮，打开"自定义编号列表"对话框，还可以设置起始编号、编号格式、编号位置等，如图 4-36 所示。

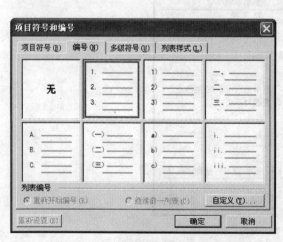

图 4-35 "项目符号和编号"对话框

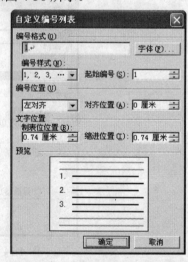

图 4-36 "自定义编号列表"对话框

2. 使用项目符号

设置项目符号与设置编号的方法类似，单击工具栏上的"项目符号"按钮，可以添加或者删除项目符号。单击"格式"→"项目符号和编号"菜单命令，打开"项目符号和编号"对话框，在"项目符号"选项卡中，同样可以设置项目符号所用的字符、图片和缩进位置等。

4.3.5　页面格式编辑和打印

1. 分节

在文档排版中有时会遇到一些特殊的需要。例如，某些页面需要横排，某些页面则需要竖排，或者不同的章节需要不同的页眉或页脚。这时就需要为文档分节。所谓"节"是指文档中样式相对独立的部分，各节可以单独设置所需的文档布局、页码、页眉和页脚，以及纸张大小等。在 Word 的状态栏中可以查看当前的节号。在文档中设置分节就是插入分节符的操作，步骤如下：

① 将插入点置于需要插入分节符的地方；

② 单击"插入"→"分隔符"菜单命令，打开"分隔符"对话框，如图 4-37 所示；

③ 在"分节符类型"栏中选择分节位置，即选择新的一节的起始点；

④ 单击"确定"。

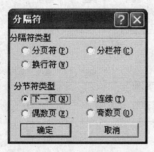

图 4-37　"分隔符"对话框

在"分节符类型"一栏中，有 4 个选项，有关说明参见表 4-4。

表 4-4　"分节符类型"中的选项说明

选项	说明
下一页	插入分节符并分页，从下一页顶端开始新的一节
连续	从插入点开始新的一节
偶数页	从插入点后面的第一个偶数页开始新的一节
奇数页	从插入点后面的第一个奇数页开始新的一节

2. 分页

当输入文字、插入图形或表格等对象超过一页时，Word 会插入一个自动分页符，若要在指定位置强制分页符，可插入手动分页符。

需要手动分页时，在"分隔符"对话框中选择"分页符"，单击"确定"，即可在插入点位置实现强制分页。

3. 分栏

切换到页面视图，选定需要分栏的文本，或者将插入点置于分栏的起始位置。用鼠标单击"格式"→"分栏"，打开"分栏"对话框，如图 4-38 所示。可在"预设"栏中选择分栏的方式，如一栏（不分栏）、两栏、三栏或者分为不等宽的两栏。如果不满意"预设"栏中的设置，可以通过"栏数"、"宽度"和"间距"数字框，自定义分栏方式。在完成分栏设置，单击"确定"按钮之前，一定要注意分栏的应用方式。单击"应用于"下拉列表框，可选择应用于"整篇文章"、"本节"或"插入点之后"。

选中"分隔线"复选框，可在栏与栏之间添加一条竖线。

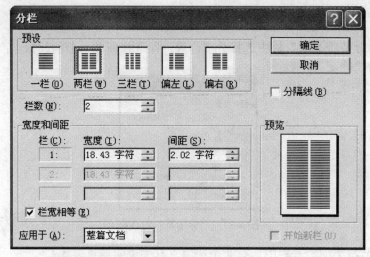

图 4-38 "分栏"对话框

如果要使同一个文档的不同部分使用不同的栏数，必须先将文档分为不同的节，并在"分栏"对话框的"应用于"列表框中选择"本节"。也可先将插入点置于开始分栏处，并在"应用于"列表框中选择"插入点之后"，Word 将自动插入分节符，以使新的分栏不会影响到前面文档的布局。

4. 页眉和页脚

1）创建页眉和页脚

只有在页面视图下才能看到页眉和页脚，所以，也只有在页面视图下才能进行页眉和页脚的设置。不过，无论当前处于哪种视图模式，只要选择了有关页眉、页脚的命令，Word 就会自动切换到页面视图上来。单击"视图"→"页眉和页脚"菜单命令，这时正文变为灰色而不可操作，屏幕上显示页眉区，同时自动打开"页眉和页脚"工具栏。可以像处理正文文档一样，利用菜单命令、工具栏按钮等在页眉编辑区进行各种文字处理操作，包括录入、字符排版、段落排版等。例如，在页眉区输入"计算机文化基础"，如图 4-39 所示。

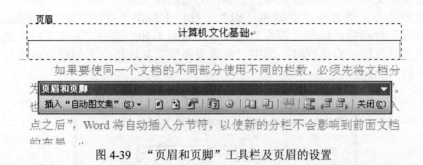

图 4-39 "页眉和页脚"工具栏及页眉的设置

要创建页脚，单击"页眉和页脚"工具栏上的"在页眉和页脚间切换"按钮，文档的插入点自动移至页脚区，用设置页眉相同的方法进行页脚的创建。

"页眉和页脚"工具栏上从左到右各个按钮的名称和作用如表 4-5 所示。

表 4-5 "页眉和页脚"工具栏按钮名称和作用

按　钮	名　称	说　明
	插入页码	插入自动更新的页码
	插入页数	插入页数
	设置页码格式	可设置起始页码，页码的数字格式，是否包含章节号等
	插入日期	插入自动更新的日期
	插入时间	插入自动更新的时间
	页面设置	可设置纸张、页边距、版式和文档网格
	显示/隐藏文档文字	显示或隐藏正文
	链接到前一个	与前一节的页眉或页脚的设置相同。当文档中只有一节或插入点位于第一节时，此按钮不起作用
	在页眉与页脚间切换	在设置页眉与设置页脚之间进行切换
	显示前一项	转到前一页的页眉或页脚
	显示后一项	转到下一页的页眉或页脚
关闭(C)	关闭页眉和页脚	结束页眉和页脚的设置，关闭工具栏，回到正文状态

在页眉或页脚中输入的文字或图形将自动居中对齐。有时需要采用其他对齐方式，可单击"格式"工具栏上的"两端对齐"按钮，或"右对齐"按钮。如果页眉或页脚中包含多种对齐方式，例如，既包含左对齐项又包含右对齐项，可先将页眉或页脚左对齐，输入左对齐项后，按 Tab 键，输入居中部分的文字后，再按 Tab 键，待插入点居右后，最后输入右对齐项。

2）修改页眉和页脚

单击"视图"→"页眉和页脚"，可修改页眉或页脚，也可以直接用鼠标双击已有的页眉或页脚，进入页眉区或页脚区，进行新的设置或修改。

3）创建不同的页眉和页脚

如果要在文档的首页或奇偶页显示不同的页眉或页脚，可单击"文件"→"页面设置"菜单命令，或者在"页眉和页脚"工具栏上单击"页面设置"按钮，打开"页面设置"对话框。单击"版式"选项卡，如图4-40，选中"首页不同"复选框，可单独设置首页的页眉或页脚；选中"奇偶页不同"复选框，可创建奇数页与偶数页不同的页眉或页脚。

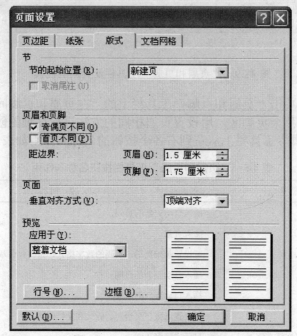

图4-40　"页面设置"对话框

要在页眉或页脚的奇偶页之间切换，只需单击"页眉和页脚"工具栏上的"显示前一项"按钮或"显示下一项"按钮。

如果要在文档的不同部分显示不同的页眉和页脚，如为不同的章节设置不同的页眉或页脚，应先将文档分为若干节，然后在设置页眉页脚时，当切换到不同的节时，关闭工具栏上的"链接到前一个"按钮。

5. 页面设置

在对文档进行打印之前，还应进行页面的相关设置。用鼠标单击"文件"→"页面设置"菜单命令，打开"页面设置"对话框，如图4-41所示。

1）设置纸张大小

在"页面设置"对话框中单击"纸张"选项卡，如图4-41（a），在"纸张大小"

列表框中可选择某种大小的纸张，如 A4、B5、16K，或者修改"宽度"和"高度"，以使用自定义大小的纸张。

如要修改文档中某一部分的纸张大小，可以在选定文字后，打开"页面设置"对话框，在"应用于"列表框中选择"所选文字"。Word 将在设置了新纸张大小的文本前后自动插入分节符。如果文档已经分节，可以将插入点置于某节的任意位置或选定多节，然后在修改纸张大小时选择"应用于"列表框中的"本节"。

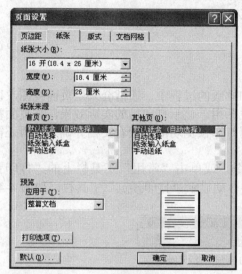
(a) "纸张"选项卡

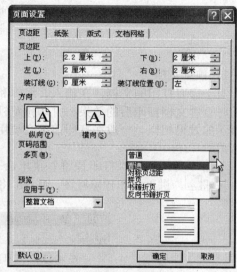
(b) "页边距"选项卡

图 4-41　"页面设置"对话框

2）修改页边距

在"页面设置"对话框中选择"页边距"选项卡，如图 4-41（b）所示，可指定文本与页面上、下、左、右的页边距值，装订线的位置和距离。若要修改文档中某一部分的页边距，应在"应用于"列表框中选择"所选文字"选项。如果文档已经分节，需要单独设置该节的页边距时，则应在"应用于"列表框中选择"本节"。

单击"方向"栏中的"纵向"或"横向"按钮，可以改变页的方向。如果要修改文档中某一部分的页面方向，同样应在选定页面后再修改设置。

3）设置文档网格

打开"页面设置"对话框，单击"文档网格"选项卡，可在其中设置每页的行数，每行的字符数等。

同样的纸张大小，同样的字体字号，行距同样为"单倍行距"，有时打印或显示出来的行间距不一样，原因就是设置了不同的每页行数。

4）插入页码

绝大部分文档都需要按页编码，单击"插入"→"页码"菜单命令，弹出"页码"对话框，在"位置"列表中选择页码在页面中的位置，在"对齐方式"列表中选择页面的对齐方式，单击"确定"按钮。如图 4-42 所示。

图 4-42 "页码"对话框

6. 打印

1）预览文档

对于需要打印的文档，在输入、编辑和排版的过程中，通常会采用页面视图，以便随时查看文档打印后的效果。打印预览视图用于显示打印后的实际效果，与页面视图显示的效果相似。一般在打印前都会调用打印预览功能，查看文档并确定是否还需要修改。

单击"文件"→"打印预览"菜单命令，或单击"常用"工具栏上的"打印预览"按钮，进入打印预览视图，Word 将自动显示"打印预览"工具栏，如图 4-43 所示。

图 4-43 "打印预览"工具栏

进入预览视图后，鼠标指向文档时指针变为，单击可将页面的显示比例放大至100%，同时鼠标指针改为，此时，若单击文档，则恢复原来的显示比例。

在打印预览视图中也可以修改或编辑文本。操作时可先以适当的比例显示文档页面，然后单击"放大镜"按钮，当鼠标指针由放大镜形状变成 I 形状时，即可开始修改文档。修改完毕后，再次单击"放大镜"按钮，恢复原显示比例。

如果打印一篇文档时在最后一页只有少量的文字，可以在打印预览状态下单击"缩小字体填充"按钮，以减少输出页数。该功能特别适用于只有很少页数的文档，如信件或备忘录，Word 会通过减小字号来减少文档的打印页数。

2）打印文档

完成文档的排版，经预览并确认无误后，单击"常用"工具栏上的"打印"按钮，可立即开始打印。单击"文件"→"打印"，打开"打印"对话框，则可进行打印方式的设置。如图 4-44 所示。

在"页面范围"栏中可以指定文档的打印部分，如"全部"、"当前页"和"所选内容"等。若选择"页码范围"选项，还应键入页码或页码范围，分以下几种情况：

① 单页：键入页码，例如，需要打印第 4 页，键入"4"即可；

② 非连续页：多个页码之间以逗号相隔，如键入"2,4,9"，打印第 2、4、9 页；

③ 连续页：起始页码和终止页码之间以连字符相连，如键入"2-10"，打印第 2～10 页，要打印第 1、第 3～6 页和第 8 页，则应键入"1,3-6,8"；

④ 整节：键入"s 节号"，例如，键入"s3"，打印第 3 节；

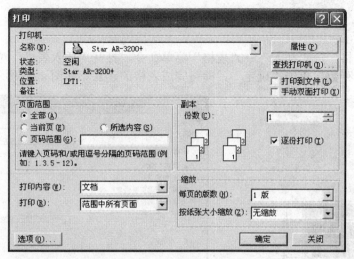

图 4-44 "打印"对话框

⑤ 多节：节号之间以逗号相隔，连续的节号之间以连字符相连，如键入"s3,s5"，打印第 3 节和第 5 节；

⑥ 一节内的连续页：键入"p 页码 s 节号"，例如，要打印第 3 节的第 5 页到第 7 页，可键入"p5s3-p7s3"；

⑦ 跨越多节的连续页：键入起始页码和终止页码以及节号，并以连字符分隔，如"p7s2-p3s5"表示从第 2 节第 7 页至第 5 节第 3 页。

在"打印"对话框中，还可以选择打印机（连接多台打印机时），设置文档打印的份数，调整文档中字体和图片的大小以适应所选纸张的尺寸等。完成设置后，单击"确定"按钮，即可根据设置开始打印。

4.4 表格的编辑处理

在日常工作和生活中，人们常采用表格的形式，将一些数据分门别类地表现出来，使得结构严谨、效果直观、信息量大。Word 2003 具有较强的表格制作、修改和处理数据的功能。

4.4.1 表格的建立

Word 2003 为创建表格提供了多种方法，可以快捷方便地建立一个表格。

1. 使用工具栏

使用"常用"工具栏上的"插入表格"按钮，可以快捷地创建一个简单表格。将插入点移动到需要创建表格的位置，单击"插入表格"按钮，拖动鼠标，当屏幕上显示所需的行、列数，例如 3 行 4 列时，释放鼠标，即可插入所需表格，如图 4-45 所示。

2. 使用菜单

单击"表格"→"插入"→"表格"菜单命令，打开"插入表格"对话框，键入表格的行数、列数，单击"确定"，即可完成表格的建立。如图 4-46 所示。

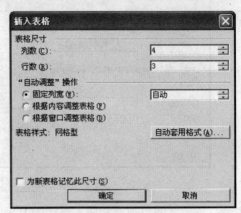

图 4-45 拖动"插入表格"按钮   图 4-46 "插入表格"对话框

可以选择表格的列宽为固定值，或者随表格内容或文档窗口自动调整列宽。如果设置为固定值，则可在右侧显示"自动"的数字框中用鼠标调整或直接键入列宽。如果下次创建的表格与本次相同，则可选中"为新表格记忆此尺寸"。

3. 绘制表格

使用"绘制表格"工具，可以如同用笔一样任意绘制较为复杂的表格。

单击"表格"→"绘制表格"，打开"表格和边框"工具栏，如图 4-47 所示。这时鼠标已变成铅笔形状。拖动鼠标，随着光标的移动，屏幕上出现一个虚线组成的矩形，这就是表格的边框，拖动到需要的位置，松开鼠标，表格的边框就形成了。

在表格中再次单击并拖动鼠标，就可以绘制表格的行和列，或者在某个单元格中绘制斜线。

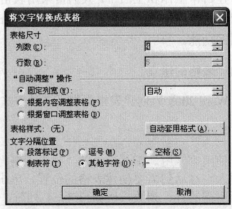

图 4-47 "表格和边框"工具栏   图 4-48 "将文字转换成表格"对话框

如果已经打开了"表格和边框"工具栏，单击"绘制表格"按钮 ，鼠标变成铅笔形状，也可直接在文档中绘制表格。再次单击"绘制表格"按钮，则取消鼠标的绘制功能。如果要擦除表格中的框线，可单击"擦除"按钮 ，并在要擦除的表格线上拖动。

4. 将文本转换成表格

Word 提供了将现有文本转换成表格的功能，步骤如下：
① 在文本中要转换为表格列的位置处插入分隔符，如逗号、空格等；
② 选定需要转换的文本，单击"表格"→"转换"→"文本转换成表格"菜单命令，打开"将文字转换成表格"对话框，如图 4-48 所示；
③ 在对话框中设置选项，完成后单击"确定"。

需要时也可将表格转换为文本。单击"表格"→"转换"→"表格转换成文本"，打开对话框完成设置并转换。

4.4.2 表格的编辑

1. 输入表格内容

创建表格后，就可以在其中输入内容了。在表格中输入文本或插入图片的方法与在正文中的操作方式相同，但可以不按顺序、随意地从任何一个单元格开始输入，只需先将鼠标定位到那个单元格中。

定位单元格的方法有两种，使用鼠标或者使用键盘。

使用鼠标时，单击表格中的任意一个单元格，即可开始输入内容。

Word 定义了一些用于表格定位的按键方法，但有些组合键由于需要额外记忆往往很少有人使用，最常用的还是键盘上的上、下、左、右 4 个方向键：→←↑↓。此外，按 Tab 键可移至后一单元格，当位于一行的最后一个单元格时，则移至下一行的第一个单元格。按 Shift+Tab 组合键，可移至前一单元格。快捷键名称及其功能如表 4-6 所示。

表 4-6   快捷键名称及其功能

快捷键	功能
Tab	选定下一个单元格
Shift + Tab	选定上一个单元格
←→↑↓	将插入点移到与箭头方向相邻的单元格
Alt + Home	将插入点移到当前行的第一个单元格
Alt + End	将插入点移到当前行的最后一个单元格
Alt + PgUp	将插入点移到当前列的第一个单元格
Alt + PgDn	将插入点移到当前列的最后一个单元格

2. 选定表格对象

选定表格中的单元格、行、列，乃至整个表格，可以使用鼠标，或通过菜单操作实现。

菜单选定：将插入点置于表格中，单击"表格"→"选择"菜单命令，Word 在子菜单中提供了 4 个选项：表格、列、行、单元格，可选择其中的一项，以选定所需的表格对象。

鼠标选定：用鼠标拖动的方法可以更方便地选定表格中的单元格、行或列，但还有特殊的选定方法。

① 选择一个单元格：将鼠标指针移到该单元格左边的选定栏，单击鼠标左键，如图 4-49（c）所示。

② 选择表格中一行：将鼠标指针移到该行左的边选定栏，单击鼠标左键，如图 4-49（a）所示。

③ 选择表格中一列：将鼠标指针移到该列上方的选定栏，单击鼠标左键，如图 4-49（b）所示。

④ 选择多个单元格、或多行、或多列：按住鼠标左键拖动或先选定开始的单元格，再按住 Shift 键并选定结束的单元格。在选择区拖动鼠标，可选定相邻的多行或多列。选定一行或一列后，按住 Ctrl 键，然后在其他行、列的选择区单击鼠标，可同时选定不相邻的多行或多列。

⑤ 选定表格：鼠标指针移到表格中，表格的左上角将出现表格移动手柄⊞，单击该图标。

（a）选定一行　　　　　　　（b）选定一列　　　　　　　（c）选定单元格

图 4-49　使用鼠标在选择区选定表格对象

3. 增删表格对象

1）插入表格对象

先将插入点置于需要插入行、列或单元格的位置，单击"表格"→"插入"菜单命令，在"插入"子菜单中列出了可以插入的选项，如图 4-50 所示，单击相应的选项即可得到所需对象。如果需要一次插入多行或者多列，可先选定与之相等的行、列数，再按上述方法操作。

Word 提供了嵌套表格的功能，即允许在表格中插入表格。操作时只需在"插入"子菜单中选择"表格"即可。嵌套表格的效果如图 4-51 所示。

图 4-50　"插入"子菜单

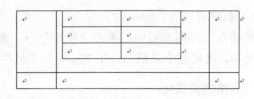

图 4-51　嵌套表格的效果

2）删除表格对象

先将插入点定位到要删除的表格、行、列或单元格中，或者选定要删除的行、列（一般为多行多列），单击"表格"→"删除"菜单命令，可在"删除"子菜单中选择相应的操作，如图 4-52 所示。

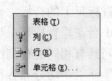

图 4-52　"删除"子菜单

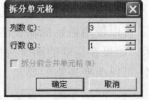

图 4-53　"拆分单元格"对话框

4. 拆分与合并

1）拆分单元格

要将表格中的一个单元格拆分成多个单元格，首先选定需要拆分的单元格，然后单击"表格"→"拆分单元格"，或者右击鼠标，在快捷菜单上选择"拆分单元格"，打开"拆分单元格"对话框，如图 4-53 所示，选择需要拆分的行数和列数，单击"确定"按钮即可。也可使用"表格和边框"工具栏中的"绘制表格"按钮 ，在单元格中划线，以拆分单元格。同样，使用"擦除"按钮 ，擦除单元格之间的表格框线，也可达到合并单元格的目的。

2）合并单元格

Word 能将表格中相邻的单元格合并为一个单元格。例如，要将一行中的若干单元格合并成横跨若干列的标题，可在选定这些单元格后，单击"表格"→"合并单元格"菜单命令，或者单击鼠标右键，在快捷菜单上选择"合并单元格"。

3）拆分表格

要将一个表格拆分成两个表格，首先将插入点置于下一个表格的首行，然后单击"表格"→"拆分表格"，即可将表格分成上、下两个表格。

需要在表格前插入文本时，可单击表格第一行，然后单击"表格"→"拆分表格"，即可在表格前增加一个空文本行（非表格行）。

4）合并表格

合并表格的方法很简单，只需将两个表格之间的空行删除即可。

5）删除表格

将插入点移到表格中，单击"表格"→"删除"→"表格"菜单命令，即可删除整个表格。选定整个表格后，在"常用"工具栏上单击"剪切"按钮，也可删除表格。

4.4.3 表格的格式化

表格的格式设置包括表格外观和表格内容两部分的格式化。如表格的边框和底纹、对齐方式、行高、列宽，以及表格中文本的字体、字号、缩进与对齐方式等。

1. 设置行高、列宽

1）鼠标拖动设置

如果没有指定行高，表格中各行的高度将取决于该行中单元格的内容以及段落文本前后的间距。可以使用鼠标拖动表格的行边框或垂直标尺上的行标志来改变行高，如图 4-54 所示。如果在拖动的同时按住 Alt 键，Word 会在垂直标尺上显示行高的数值。用类似方法可以改变表格的列宽。要使某些行、列具有相同的行高或列宽，可首先选定这些行或列，然后单击"表格"→"自动调整"→"平均分布各行"或"平均分布各列"菜单命令。

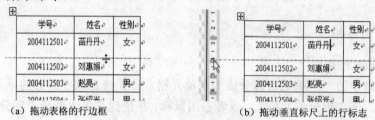

（a）拖动表格的行边框　　　　　　（b）拖动垂直标尺上的行标志

图 4-54　鼠标拖动改变表格行高

2）菜单设置

单击"表格"→"表格属性"菜单命令，打开"表格属性"对话框，如图 4-55 所示，可以按数值大小精确设置行高、列宽和单元格的宽度。

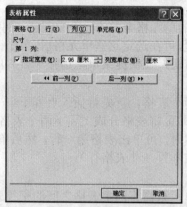

图 4-55　"表格属性"对话框

2. 设置对齐方式

1）表格对齐方式

Word 2003 允许表格和文字混排。无文字环绕时，文字出现在表格的上下方，选择文字环绕可使文字排布在表格的四周。

单击"表格"→"表格属性"菜单命令，打开"表格属性"对话框，在"表格"选项卡中，可以设置表格的对齐方式和文字环绕方式。如图 4-56 所示。

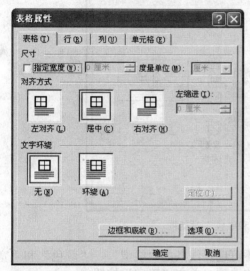 

（a）居中无文字环绕　　　　　　　　（b）左对齐文字环绕

图 4-56　"表格属性"对话框

2）单元格对齐方式

单元格内文本的对齐方式与正文类似，也有两端对齐、居中、右对齐等。选定需要设置的单元格后，单击"格式"工具栏上的对齐按钮，即可快速地进行设置。

单击"表格和边框"工具栏上的"单元格对齐方式"按钮，如图 4-57，在下拉列表框中可以选择更多对齐方式。

图 4-57　"表格和边框"工具栏

3. 设置边框、底纹

边框和底纹不但可以应用于表格，还可以应用于文字。在文本中设置边框与底纹的方式与在表格或单元格中的设置方式相同。

1）设置边框

首先选中需要设置边框或底纹的单元格，如果对整个表格进行设置，则需选中表格或将插入点置于表格中。然后单击"格式"→"边框和底纹"，打开"边框和底纹"对话框，如图 4-58 所示。

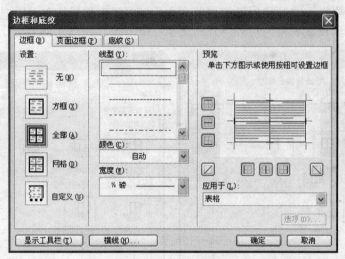

图 4-58　"边框和底纹"对话框

在"边框"选项卡中，可设置边框，还可选择线条的"线型"、"颜色"和"宽度"等，在"应用于"列表框中选择正确的选项，单击"确定"按钮。

2）设置底纹

单击"底纹"选项卡，可根据需要选择表格的底色，也可以选择"无填充颜色"以取消先前所设的表格底色。还可以选择底部的图案以及图案的颜色等。

3）使用"表格和边框"工具栏设置边框和底纹

在"线型"、"粗细"和"边框颜色"三个列表框中选择边框格式，鼠标自动变为铅笔形状，即可在原有边框上绘制新的边框。利用"底纹颜色"列表框，可快速设置表格或单元格的底纹颜色。

4. 表格自动套用格式

Word 2003 预定义了 42 种表格格式，只要套用一下这些格式就可以满足要求，自动套用表格格式的操作过程如下：

单击"表格"→"表格自动套用格式"菜单命令，打开"表格自动套用格式"对话框。单击"表格样式"列表框中的项目，可在"预览"下查看所选样式的实际效果。

若对所选样式中的某一部分感到不满意，可在"将特殊格式应用于"栏下选择或取消某一项目，例如，可取消"标题行"对所选样式的应用，如图 4-59 所示。

单击"表格自动套用格式"对话框中的"修改"按钮，可对所选表格样式进行个性化设置。单击"默认"按钮，可将样式设置保存为文档中表格的的默认风格。

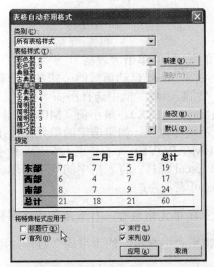

图 4-59　"表格自动套用格式"对话框

4.4.4　表格的数据处理

Word 具有对表格内的数据进行简单处理的功能，包括排序、计算和生成图表等。

1. 排序

用鼠标单击"表格"→"排序"菜单命令，打开"排序"对话框，可根据需要选择关键字、排序类型和排序方式。选择"有标题行"时，关键字由系统从表格的第一行中自动提取；"无标题行"时，则以"列 1"、"列 2"等表示。排序类型可根据关键字的类型或排列要求，选择笔划、数字、日期或拼音，排序方式为升序或降序，如图 4-60 所示。可根据多个条件进行排序，依次确定关键字、排序类型和排序方式即可。

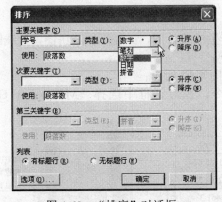

图 4-60　"排序"对话框

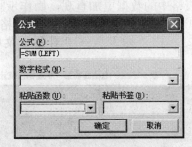

图 4-61　"公式"对话框

将插入点置于表格中需要排序的列中，打开"表格和边框"工具栏，单击"升序排序"按钮，或"降序排序"按钮，可实现单列数据的快速排序。

2. 计算

单击要放置计算结果的单元格，单击"表格"→"公式"菜单命令，打开"公式"对话框，如图 4-61 所示。如果 Word 自动填写的公式并非所需，应从"公式"框中将其删除（保留等号），并在"粘贴函数"框中选择所需函数。统计函数包括求和（SUM）、平均值（AVERAGE）、最大值（MAX）、最小值（MIN）、计数（COUNT）等。

函数括号中的参数表示统计范围。如果选定的单元格位于某列数值的底端，Word 在公式框中填入" =SUM(ABOVE) "；如果位于某行数值的右端，则填写 "=SUM(LEFT)"。可以像 Excel 那样，将表格中的列用字母 A、B、C……表示，行用 1、2、3 表示，则表格区域可表示为：

左上角单元格名称：右下角单元格名称

例如，计算表 4-7 中销售"电视机"的"平均"数量，可使用公式：

= AVERAGE(LEFT) 或者 = AVERAGE(B2:D2)

表 4-7 电器商场第一季度销售统计表

名称	一月	二月	三月	平均
电视机	972	1240	1045	1085.67
收音机	2235	2170	1899	2101.33
组合音响	546	356	482	461.33
合计	3753	3766	3426	3648.33

要对一行或一列数值快速求和，可使用"表格和边框"工具栏中的"自动求和"按钮 Σ 。

3. 生成图表

Word 可以将表格中的数据或部分数据生成统计图，如柱形图、饼图、折线图等，使得表格中的数据更加直观，操作步骤如下：
① 选定表格中需要作图的单元格，如图 4-62 所示；
② 单击"插入"→"对象"菜单命令，在对话框中选择"Microsoft Graph

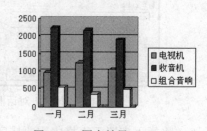

图 4-62 选取表格区域   图 4-63 图表效果

图表"；

③ 可在其后显示的"数据表"窗口以及工具栏上对图表进行各种设置；

④ 完成后关闭"数据表"窗口，或者单击文档的任意位置。

完成后的图表效果如图 4-63 所示。

4.5 图形的编辑处理

Word 2003 提供了多种对象，包括图片、图像、艺术文字和文本框等。Word
还提供了绘图工具，可直接在文档中绘制流程图、方框图等，用户可方便地对这些
对象进行插入、删除、修改。Word 2003 这种强大的图文混排功能使得其生成的文
档更加美观、生动。

4.5.1 图形的插入

本节介绍自选图形、剪贴画、图片和艺术字的插入方法。文本框和公式由于有其
特殊的作用，将在 4.5.4 节和 4.5.5 节单独介绍，但作为一种特殊的图形，其格式设置
和图文混排的方式与其他图形大体相同。

1. 插入自选图形

单击"视图"→"工具栏"→"绘图"，打开"绘图"工具栏，此工具栏默认时
显示在屏幕底部。选取工具栏上的按钮，可以绘制直线、箭头、矩形、椭圆等图形，
还可以在文档中插入文本框、艺术字、剪贴画和图片，如图 4-64 所示。

图 4-64 "绘图"工具栏

绘制各种图形的方法大体相同，下面以绘制"矩形"为例。

单击"矩形"按钮□，屏幕上出现一个"绘图画布"，上面显示文字"在此处创
建图形"。在画布上拖动鼠标，当所需图形大小合适后，松开鼠标按键，即完成图形
的绘制。

Word 2003 提供的"绘图画布"相当于一个图形容器，可以将若干图形放置于同
一个画布中，要移动图形，改变其大小都是直接针对画布操作。这样，就不会像 Word
的早期版本那样，操作图形对象时常常会影响到周围文本的排列。如图 4-65 显示了将
若干不同类型的图形对象置于同一画布时的效果。如果不习惯画布，想恢复 Word 早期
版本的绘制图形方式，单击"工具"→"选项"菜单命令，单击"常规"选项卡，清
除"插入'自选图形'时自动创建绘图画布"复选框即可。也可在出现画布时按 Esc
键，取消画布并按无画布方式绘制图形。

单击"绘图"工具栏上的"自选图形"，可以从中选择更多的预设图形，如图 4-66
所示。绘制"自选图形"的方法与绘制线条、矩形等基本图形的方法完全相同。

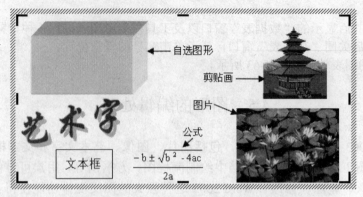

图 4-65　将不同类型的图形放入同一画布

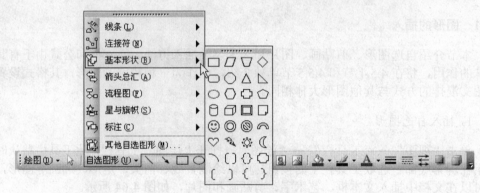

图 4-66　选取"自选图形"

2. 插入剪贴画

Word 提供了大量的剪贴画，可用来装饰文档。

单击"插入"→"图片"→"剪贴画"菜单命令，或单击"绘图"工具栏上的"插入剪贴画"按钮，Word 自动打开"剪贴画"任务窗格，通常显示在文档的右侧，如图 4-67 所示。单击"搜索"按钮，可以查找到符合"搜索范围"和"结果类型"的所有文件，并以缩略图的方式显示在列表框中。单击缩略图，可将所选图片插入到文档中。

将鼠标移至缩略图上，可以看到该图的关键字、宽、高、文件格式和大小等属性。单击图右边的下拉列表按钮，弹出如图 4-68 所示的菜单。选择"插入"，将图片直接插入文档。选择"复制"，返回文档后，将光标移动到需要插入图片位置，执行"粘贴"命令，可将图片插入到光标所在处。

单击"剪贴画"任务窗格中"管理剪辑"按钮，打开"剪辑管理器"，如图 4-69 所示。在"收藏集列表"中，不但存放着 Office 内置的剪贴画，还包含着用户机器中的图片文件（在"我的收藏集"中）。"Office 收藏集"按照图片所属类别排列，而用户机器中的图片则按文件所在路径排列。通过设置和分类，可以使插入媒体文件变得更加得心应手。

图 4-67 "剪贴画"任务窗格　　　　图 4-68 使用菜单插入图片

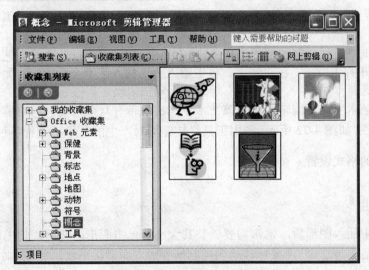

图 4-69 "剪辑管理器"窗口

3. 插入图片文件

剪贴画是 Office 提供的一种特殊格式的图片文件。如果要插入的图片来自其他途径，如使用 Windows "附件"中的"画图"程序绘制的图片，或使用数码相机摄制的照片，可单击"插入"→"图片"→"来自文件"菜单命令，或单击"绘图"工具栏上的"插入图片"按钮 ，打开"插入图片"对话框，接下来的操作与打开一个 Word

文档类似。在对话框中选择图片文件后，单击"插入"按钮即可。

4. 插入艺术字

单击"绘图"工具栏上的"插入艺术字"按钮 ，或者单击"插入"→"图片"→"艺术字"菜单命令，打开"艺术字库"对话框，如图 4-70 所示。

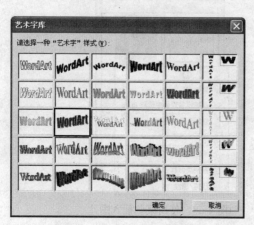

图 4-70 "艺术字库"对话框

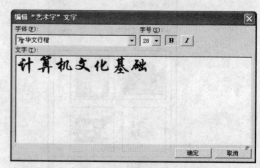

图 4-71 "编辑'艺术字'文字"对话框

图 4-72 "艺术字"工具栏

在对话框中选择所需的艺术字样式，单击"确定"按钮，打开"编辑艺术字文字"对话框，如图 4-71 所示。在"文字"框中输入所需插入艺术字的内容，如"计算机文化基础"，选择"字体"、"字号"等选项，单击"确定"按钮。

若要对艺术字进行编辑，单击该艺术字，出现带有八个句柄，同时屏幕显示"艺术字"工具栏，如图 4-72 所示。利用工具栏按钮可对产生的艺术字进行各种编辑操作。

4.5.2 图形的格式设置

1. 缩放图形

在文档中插入图形后，常常需要调整其大小。单击图形，其四周将出现 8 个控制柄（直线或箭头为 2 个），鼠标移动到控制柄变成双向箭头形状，如图 4-73 所示。此时，拖动鼠标就可以随意调整图形的大小。拖动图形四角的控制柄，可以在调整大小时保持其纵横比，以免在缩放时造成图形的失真。由于图形"环绕方式"的不同，这些控制柄有时是空心小圆圈，有时是黑色小矩形。有关图形"环绕方式"的内容参见本书 4.5.3 节。

需要按尺寸精确设置图形大小时，可利用"设置××格式"对话框，其中的"××"，根据所选对象的不同，可以是"图片"、"自选图形"、"艺术字"、"文本框"等。下面以图片为例进行说明。

图 4-73　拖动控制柄

　　鼠标右击图片，在快捷菜单中选择"设置图片格式"，打开"设置图片格式"对话框，如图 4-74 所示。要按尺寸缩放图片，可在"尺寸和旋转"栏下，精确设置图片的"高度"和"宽度"值；要按比例操作时，则应在"缩放"栏下按百分比进行修改。

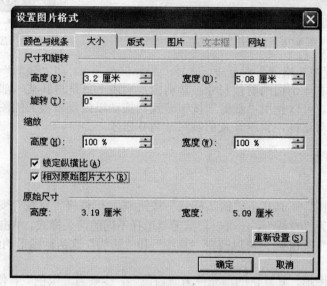

图 4-74　"设置图片格式"对话框

　　通常，在缩放图片时不希望因改变长宽比例而造成图像失真，则应选中"锁定纵横比"复选框。选中此项后，只需修改"高度"或"宽度"两者之一的缩放比例。

2. 旋转图形

　　使用鼠标选定图形，如果其上方出现一个绿色的小圆圈，称之为旋转钮，拖动可在 360° 范围内任意旋转图形，如图 4-75 所示。使用"设置图片格式"对话框可以按角度旋转图形。

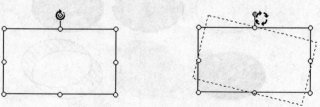

图 4-75　拖动旋转钮

3. 裁剪图片

只有图片和剪贴画才能被"裁剪"，Word 不提供对自选图形、艺术字等图形的裁剪功能。

用鼠标选定图片时，通常会自动出现"图片"工具栏，如图 4-76 所示。单击工具栏上的"裁剪"按钮 ，拖动图片四周的控制点，即可裁剪图片，如图 4-77 所示。

图 4-76 "图片"工具栏 图 4-77 裁剪图片

打开"设置图片格式"对话框，选择"图片"选项卡，在"裁剪"栏中可设置图片上、下、左、右 4 个边的剪裁尺寸。裁剪图片实质上只是将其某一部分隐藏起来，而并未真正裁去。可以使用"裁剪"按钮 反向拖动以恢复被裁去的图片，或打开"设置图片格式"对话框，重新设置剪裁尺寸为 0 厘米。

4. 修饰图形

1）线型

使用"绘图"工具栏上"箭头样式"按钮，可以将"直线"变成"箭头"，或将"箭头"改为"直线"，还可以根据需要选择不同的箭头样式。单击"线型"按钮和"虚线线型"按钮，可以改变"直线"和"箭头"这两种图形的线型和线条粗细。

2）颜色

对于自选图形，其默认的填充色为"白色"，线条为"黑色"，使用"绘图"工具栏上的"填充颜色" 和"线条颜色" ，可以将图形变得绚丽多彩。填充颜色时，不但可以填充单色、双色，还可以辅以纹理和图案，或将一张图片填入所选图形。

3）阴影效果或三维效果

需要为图形设置阴影效果或三维效果时，可在选定图形后单击"阴影样式"按钮，或者"三维效果样式"按钮。

如图 4-78 所示，显示了同一个图形（椭圆）经修饰后的各种效果，包括采用不同的线条、不同的填充色和填充效果，以及阴影和三维的设置等。

图 4-78 图形的各种修饰效果

Word 自带的图形对象，包括自选图形、艺术字、文本框都可以用以上方式进行修饰。剪贴画和公式也具有其中的一部分修饰功能，例如填充颜色。

对于剪贴画和图片，还可以使用"图片"工具栏上的按钮改变"亮度"和"对比度"，以及制作具有水印效果的图片等。

5. 设置图片格式

图片格式包括颜色和线条、图片大小、版式等。设置图片的格式可利用"图片"工具栏，也可通过鼠标指向图片时单击右键，弹出快捷菜单如图 4-79 所示，选择该菜单的"设置图片格式"选项，弹出对话框，如图 4-80 所示。

① 图片控制。选择"图片"选项卡，如图 4-80 所示，可裁剪图片、控制图像色彩。

② 颜色和线条。选择"颜色和线条"选项卡，如图 4-81 所示，可设置图片的填充色和艺术字的边框线条颜色与类型。

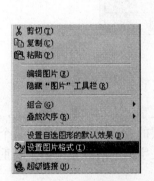

图 4-79　快捷菜单

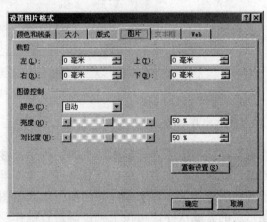

图 4-80　"设置图片格式"对话框

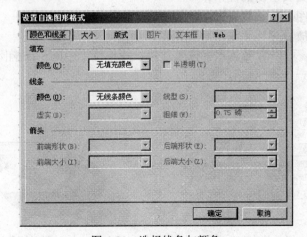

图 4-81　选择线条与颜色

4.5.3 图文混排

1. 图片的环绕方式

选择"版式"选项卡，如图 4-82 所示，可设置图片的环绕方式和水平对齐方式，使正文文字环绕图片排列，相互衬托，文档将更加生动、漂亮。

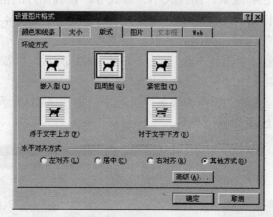

图 4-82　图片环绕方式

2. 叠放次序

每次在文档中创建或插入图形时，图形都被置于文字上方单独的透明层上，这样文档就可能成为含有多个层的堆栈。通过改变堆栈中层的叠放次序可以指定某个图形位于其他图形的上面或下面。使用层可以改变图形和文字的相对位置。如果要重新安排图形层的叠放次序，可按下列步骤进行操作：

① 选定要改变其层次的图形；

② 单击"绘图"工具栏上的"绘图"按钮；

③ 选择"叠放次序"子菜单中的选项，如图 4-83 所示。

在图 4-84 中，可以看出艺术字位于顶层，矩形位于中间，而椭圆位于底层。

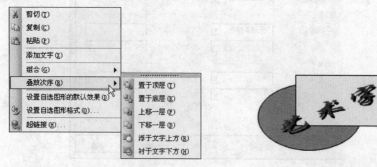

图 4-83　"叠放次序"菜单　　　　　图 4-84　图形的叠放次序

4.5.4　文本框的编辑

文本框的功能自 Word 2000 开始就有了较大的改善，并取代了 Word 早期版本中的图文框。作为一个"容器"，文本框可以容纳文字、图形、表格等多种对象。通过在文档中移动文本框，可以将文字、图形、表格等放置到所需位置，需要时可使正文环绕在其四周。

1. 插入文本框

用鼠标单击"插入"→"文本框"菜单命令，在子菜单中选择"横排"或"竖排"，然后在文档中需要插入文本框的地方单击鼠标，插入一个默认大小的文本框；或者按下并拖动鼠标，在文档中画出一个文本框；也可以单击"绘图"工具栏上的两个文本框按钮 或 ，以插入"横排"或"竖排"的文本框。

如果不需要将文本框放置在画布中，可在出现"绘图画布"时按 Esc 键，以取消画布。

2. 编辑文本框

单击文本框，当其中出现插入点后，就可以像编辑文档一样，在其中输入文字、建立表格和插入各种图形对象，其操作方法基本相同。

可以利用剪贴板将文档中的文字、图片等移动或复制到文本框，也可以先选定需要转入文本框的文字或图片（嵌入型），单击"插入"→"文本框"菜单命令，选择"横排"或"竖排"，Word 将创建一个文本框，并将选定内容装入文本框。

图 4-85 显示了将文字、剪贴画、自选图形和表格等置于文本框中的效果。

图 4-85　文本框示例

3. 设置文本框

Word 可以像处理其他任何图形对象那样，设置文本框的大小、颜色、线条以及文字环绕方式等。设置时必须先选定文本框。通常，单击文本框是将插入点移动到文本框，以便在其中进行各种编辑操作。选定文本框时，须移动鼠标至文本框的边框处，当指针变成十字形状时，再单击鼠标，此时文本框中不出现闪烁的光标。

选中文本框后，单击"格式"→"文本框" 菜单命令，或右击鼠标打开"设置文本框"对话框，可以改变文本框的颜色与线条、大小、版式（环绕方式）等，如图 4-86所示。

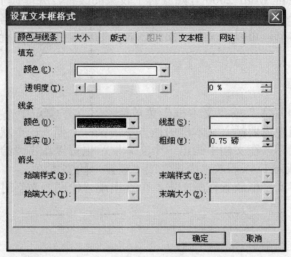

图 4-86　"设置文本框格式"对话框

也可以直接使用"绘图"工具栏上的按钮，像设置自选图形那样对文本框进行各种修饰，如改变填充颜色，设置阴影和三维效果等。利用鼠标，可以方便地改变文本框的大小，或将文本框拖动到文档的其他位置。

4.5.5　公式编辑器

使用 Word 提供"Microsoft 公式 3.0"，可以很方便地插入和编辑数学公式，方法如下：

移动插入点到需要插入公式的位置，单击"插入"→"对象"菜单命令，打开"对象"对话框，在"新建"选项卡中选择"Microsoft 公式 3.0"，如图 4-87 所示。

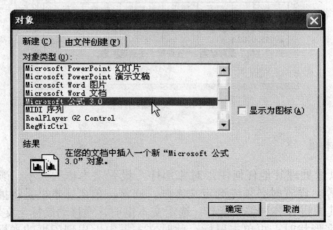

图 4-87　"对象"对话框

打开"公式编辑器"窗口，窗口包含公式编辑器特有的菜单、工具栏和"公式框"，如图 4-88 所示。

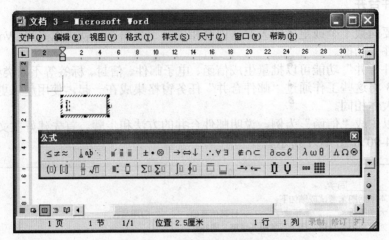

图 4-88　"公式编辑器"窗口

"公式"工具栏分为上、下两栏，上面为符号工具栏，下面为模板工具栏。符号工具栏提供了 150 多个数学符号，模板工具栏内含分式、积分、求和等符号的模板或框架。单击工具栏上的按钮，在列表选取所需符号或模板，可建立各种公式，如图 4-89 所示。输入完毕，单击"公式框"外面的任意位置返回文档窗口。

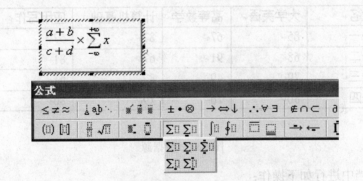

图 4-89　编辑公式示例

如果要修改已建立的公式，用鼠标选定公式，双击可重新打开"公式编辑器"窗口。

默认情况下，Word 将公式作为嵌入型对象插入文档。根据需要，可以将公式改为其他环绕方式。

4.6　其他实用功能

Word 2003 包含的功能及其丰富，本节介绍的几项实用功能，可有效地提高日常工作的效率。

4.6.1 邮件合并

当需要向数十个或更多的人发送内容相同的一封信时，就可以采用 Word 提供的“邮件合并”功能。

“邮件合并”功能可以批量生成信函、电子邮件、信封、标签等不同类型的文档。Word 2003 将这些工作通过“邮件合并”任务窗格集成在一起，使用起来更加方便，其方法也大体相同。

下面以生成“信函”为例，说明邮件合并的方法和步骤。首先建好主文档和数据源，如图 4-90 和图 4-91 所示。

2011 年上学期成绩单

________同学：

本学期期末考试成绩如下：

大学英语　　　，高等数学　　　，计算机基础　　　，应用写作　　　。

如有不及格科目，请于下学期开学第二周补考。

教 务 处

2011 年 6 月 25 日

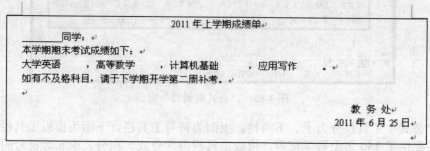

图 4-90　主文档

姓名	大学英语	高等数学	计算机基础	应用写作
张一	85	67	87	57
张二	68	91	67	81
张三	79	49	82	61
张四	80	76	79	80

图 4-91　数据源

在主文档中进行如下操作：

① 单击“工具”→“信函与邮件”→“邮件合并”菜单命令，打开“邮件合并”任务窗格，如图 4-92（a）所示，选择文档类型为“信函”，单击“下一步：正在启动文档”；

② 在图 4-92（b）中，选择“使用当前文档”，表示用当前文档创建信函，单击“下一步：选取收件人”；

③ 选择“使用现有列表”，单击“浏览…”，如图 4-92（c）所示，选择数据源；

④ 在“邮件合并收件人”对话框中选择收件人，单击“确定”，如图 4-93 所示；

⑤ 打开“邮件合并”工具栏，如图 4-94 所示。单击“插入域”按钮，选择将各项目插入到对应的位置中，再单击“合并到新文档”按钮；

⑥ 可以看到，已将姓名和各科成绩对应填入成绩单中，如图 4-95 所示。

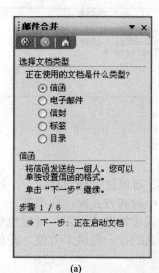
(a)

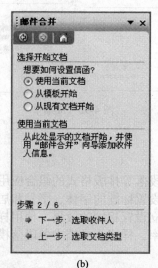
(b)

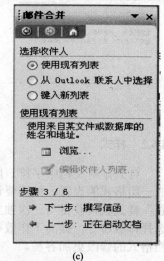
(c)

图 4-92 "邮件合并"任务窗格

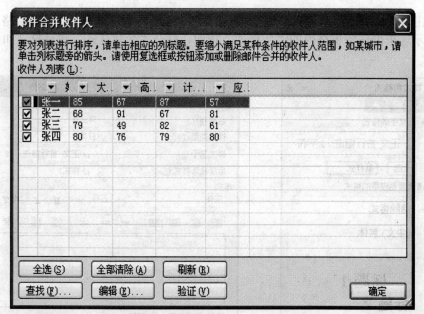

图 4-93 "邮件合并收件人"对话框

图 4-94 "邮件合并"工具栏

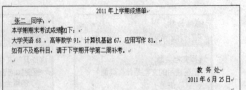

图 4-95　成绩单

4.6.2　样式

样式是对文档中字符、段落等排版格式的组合应用。可以通过使用样式，一次完成一组格式的设置。如需要设置标题的字体、字号和居中对齐方式时，应用某一"标题"样式就可获得与三次独立设置相同的效果。使用样式进行格式设置，可避免单个选择排版命令，提高工作效率。样式为文档中各段落模式的统一提供了方便，并使文档格式的修改更加容易。

1. 新建样式

单击"格式"→"样式和格式"菜单命令，打开"样式和格式"任务窗格，如图 4-96 所示。单击任务窗格内的"新样式"按钮，打开"新建样式"对话框，如图 4-97 所示。

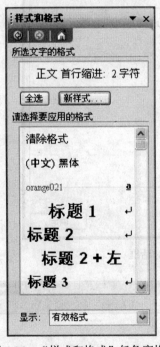
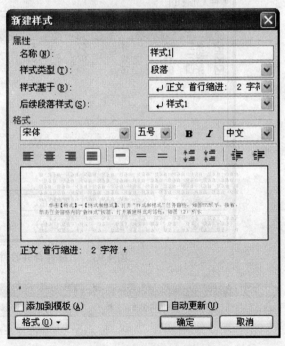

图 4-96　"样式和格式"任务窗格　　　　图 4-97　"新建样式"对话框

在"名称"框中键入新建样式的名称，在"样式类型"列表框可选择"段落"、"字符"和"表格"三种样式类型。如果要使新建样式基于已有样式，可在"样式基于"列表框中选择原有的样式名称。"后续段落样式"则用来选择在文档中键入回车键后，下一段落的样式。

在"格式"栏下，可以设置所选样式的字体、字号和对齐方式等。单击"格式"按钮，可以进行更多的设置。

根据需要进行设置后，单击"确定"按钮。新建的样式名称将出现在"样式和格式"任务窗格的应用格式列表框中。在"格式"工具栏上的"样式"列表框中也将出现新建的样式名称。

2. 修改样式

如果对已有样式不太满意，可以进行修改。打开"样式和格式"任务窗格，鼠标指向"请选择要应用的格式"列表框中需要修改的样式，名称右侧会出现一个下拉列表按钮，单击并选择其中的"修改"命令，打开"修改样式"对话框。修改的过程与新建样式几乎一样。

修改好后，单击"确定"按钮。回到文档后，可以发现所有基于该样式的文本已经自动应用了修改后的样式。

3. 应用样式

应用样式可以通过"样式和格式"任务窗格，或者使用"格式"工具栏上的"样式"列表框。首先选定需要应用样式的文本，或者将插入点置于需要应用样式的段落中，然后在上述任务窗格或者列表框中单击要应用的样式的名称即可。使用"常用"工具栏上的"格式刷" ，其实就是对选定样式的快速复制。

4.6.3 模板

模板是建立 Word 文档的基础，它决定了文档的基本结构和设置，如菜单、页面设置、字体、特殊格式和样式等。

1. 创建模板

单击"文件"→"新建"菜单命令，打开"新建文档"任务窗格，选择"本机上的模板"，打开"模板"对话框，在"新建"栏中选中"模板"单选钮。如果要从头建立一个模板，可在"常用"选项卡上选择"空白文档"，还可以在 Word 已有模板的基础上，经修改后创建新的模板，如图 4-98 所示，选择"信函和传真"中的"个人传真"模板。

保存模板时，Word 会自动选择一个名为"Templates"的文件夹。保存在这个文件夹中的模板文件会出现在"模板"对话框的"常用"选项卡中。可以使用现有文档创建模板，只要在保存时打开"另存为"对话框，并选择"保存类型"为"文档模板"即可。由于保存在其他位置的模板不会出现在"模板"对话框中，所以，一般不要更改保存位置。

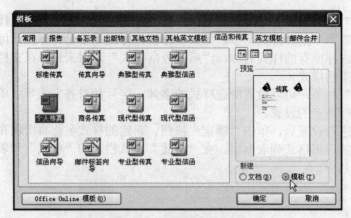

图 4-98　"模板"对话框

2. 应用模板

Word 的默认模板文件为 Normal.dot。如果单击"常用"工具栏的"新建空白文档"按钮，Word 将会自动将 Normal.dot 作为新文档的模板，并建立一个空白文档。如果要建立基于其他类型模板的文档，可单击"文件"→"新建" 菜单命令，打开"新建文档"任务窗格，然后单击"本机上的模板"，打开"模板"对话框，再从各选项卡中找到所需的"模板"。同时，不要忘了在"新建"栏中选中的应该是"文档"单选钮。

4.6.4　创建目录

如果文档的内容很长并含有多级标题，可以使用 Word 的编制目录功能，在文档中创建目录。下面介绍的是利用样式创建目录的步骤：
① 单击要插入目录的位置；

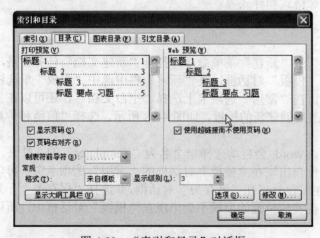

图 4-99　"索引和目录"对话框

② 单击"插入"→"引用"→"索引和目录"菜单命令,打开"索引和目录"对话框,选择"目录"选项卡,如图4-99所示;

③ 选择"显示页码"、"页码右对齐"、"制表符前导符"等项设置;

④ 单击"选项"按钮,可设置每种标题样式所代表的级别,单击"修改"按钮,可设置插入到文档中的各级目录的文本和段落格式;

⑤ 完成后单击"确定"。

习　题

一、填空题

1. Word 2003 是基于_____操作系统环境下的一个应用软件。

2. Word 标题栏右上角的三个按钮 ![按钮] 分别表示_____、_____和_____。

3. 在 Word 2003 编辑状态下,利用_____可快速、直接地调整文档的左右边界。

4. 要设置文档的行间距,应打开"格式"菜单中的_____对话框;要设置文档的字符间距,应打开"格式"菜单中的_____对话框。

5. Word 文档文件的扩展名是_____。

6. 如果想要将用户创建的模板出现在"新建"对话框的模板选项栏内,必须将该模板保存在文件夹中。

7. 在 Word 2003 窗口下,单击_____按钮可取消最后一次执行的命令效果。

8. 在 Word 2003 文档编辑中,可直接键入日期和时间,但使用_____命令插入日期和时间更为方便、灵活。

9. 按_____键,可设置段落右对齐。

10. 在 Word 2003 中,要复制整个屏幕窗口内容需按_____键。

二、选择题

1. 中文 Word 2003 编辑软件的运行环境是(　　)。

    A. DOS　　　　　B. UCDOS　　　　　C. WPS　　　　　D. Windows

2. Word 2003 文档文件的扩展名是(　　)。

    A. TXT　　　　　B. WPS　　　　　C. DOS　　　　　D. BMP

3. Word 2003 文档中,每个段落都有自己的段落标记,段落标记的位置是(　　)。

    A. 段落的首部　　　　　　　　　　B. 段落的结尾处

    C. 段落的中间位置　　　　　　　　D. 段落中,但用户找不到的位置

4. 在 Word 2003 编辑状态下,单击工具栏上的(　　)按钮,可将文档中所选中的文本移到"剪贴板"上。

    A. 复制　　　　　B. 删除　　　　　C. 粘贴　　　　　D. 剪切

5. 在 Word 2003 的编辑状态下文档中有一行被选择，当按 Delete（Del）键后，（　　）。

    A. 删除了插入点所在的行   B. 删除了插入点及其之前的所有内容

    C. 删除了所选择的一行   D. 删除了所选择的行及其后的所有内容

6. 在 Word 2003 文档编辑中，按（　　）键删除插入点前的字符。

    A. Del   B. Backspace   C. Ctrl+Del   D. Ctrl+Backspace

7. 执行"编辑"菜单中的（　　）命令，可恢复刚删除的文本。

    A. 取消   B. 消除   C. 复制   D. 粘贴

8. 在 Word 2003 编辑状态下，可以同时显示水平标尺和垂直标尺的视图方式是（　　）。

    A. 普通方式   B. 大纲方式

    C. 页面方式   D. 全屏显示方式

9. 在 Word 2003 编辑状态下，执行"文件"菜单中的"保存"命令后，（　　）。

    A. 将当前文档存盘后返回编辑状态

    B. 可以将当前文档存储在已有的任意文件夹内

    C. 可以先建立一个新文件夹，再将文档存储在该文件夹内

    D. 将所有已打开的文档存盘后返回编辑状态

10. 在 Word 2003 编辑状态下，实现汉字输入方式和英文输入方式相互切换的组合键是（　　）。

    A. Ctrl+空格键   B. Alt+Ctrl   C. Shift+空格键   D. Alt+空格键

11. 在 Word 2003 中，如果想把一个文档以另外一个名字保存在另外一个磁盘上，则可选择"文件"菜单的（　　）命令。

    A. 保存   B. 新建   C. 打开   D. 另存为

12. 在 Word 2003 "打印"对话框中"页码范围"5-10，15，20 表示打印的是（　　）。

    A. 第 5 页，第 10 页，第 15 页，第 20 页

    B. 第 5 页至第 10 页，第 15 页至第 20 页

    C. 第 5 页至第 10 页，第 15 页、第 20 页

13. 若要编辑页眉、页脚，可以单击（　　）菜单选择页眉和页脚命令。

    A. 工具   B. 编辑   C. 视图   D. 格式

14. 如果文档中的内容在一页没满的情况下需强行换到下一页，（　　）。

    A. 可以插入分页符   B. 不可以强制分页

    C. 可以插入一新页码   D. 可以连续按回车直到下一页

15. 在 Word 编辑状态下，"文件"菜单底部所显示的文件名是（　　）。

    A. 已经打开的文件名   B. 正在打印的文件名

    C. 存在文档文件夹的文件名   D. 最近被 Word 处理的文件名

16. "编辑"菜单中的"复制"命令的功能是将选定的文本或图形（　　）。

    A. 复制到剪贴板   B. 由剪贴板复制到插入点

    C. 移到插入点位置   D. 复制到另一个文件的插入点位置

三、思考题

1. Word 2003 的窗口和对话框有何区别？

2. Word 编辑状态下，"编辑"菜单中的"复制"和"剪切"命令有何异同？

3. "文件"菜单中的"页面设置"命令和"格式"菜单中的"段落"命令功能上有何不同？

4. 什么是"模板"和"样式"？两者有何不同？

第 5 章　Excel 2003 的使用

5.1　Excel 2003 简介

5.1.1　Excel 2003 的功能和特点

Excel 2003 是 Microsoft 公司推出 Microsoft Office2003 的主要组件之一，是一款优秀的电子表格处理软件。它集电子数据表、图表、数据库等多种功能于一体，广泛应用于行政办公、财务管理、统计、金融和贸易等众多领域。

Excel 2003 在继承以前版本优点的基础上，增加了一些新的功能。不仅可以完成各种表格的数据计算处理和图表的设计，进行复杂数据表的统计分析，还加强了与Internet 的结合，导入远程数据，查看分析 Web 页数据，随时寻求网上帮助，具有更强的安全性和个人信息保护功能。

5.1.2　Excel 2003 的启动和退出

1. Excel 2003 的启动

启动 Excel 2003 最基本的方法是，单击"开始"→"所有程序"→"Microsoft Office"→"Microsoft Office Excel 2003"菜单命令，也可以双击桌面 Microsoft Office Excel 2003 图标，启动 Excel 2003。

2. Excel 2003 的退出

在 Excel 2003 工作窗口，单击"文件"→"退出"菜单命令，或者直接点击窗口右上角的关闭按钮，也可以退出 Excel 2003。

5.1.3　Excel 2003 的工作界面和基本概念

Excel 2003 的启动后，屏幕将出现 Excel 2003 的工作界面，如图 5-1 所示。

Excel 2003 的工作界面包括标题栏、菜单栏、工具栏、名称框、编辑栏、任务窗格、状态栏和工作簿窗口等。下面主要介绍工作簿窗口、工作表、名称框和编辑栏、任务窗格。

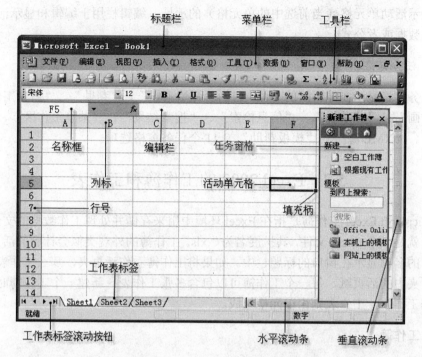

图 5-1　Excel 2003 的工作界面

1. 工作簿窗口

工作簿窗口位于 Excel 2003 窗口的中央区域，是 Excel 的工作窗口，主要是表格区。表格区是由行、列组成的表格——当前工作表。每个工作簿包含多个工作表，这样就可以在单个工作簿文件中管理各种类型表格以及不同的相关信息。

2. 工作表

工作表是一个由若干行和列组成的表格。表格区的左边是工作表的行号，用数字"1，2，3，…"表示；表格区的上边是工作表的列号，用字母"A，B，C，…"表示。每个行列交叉处的小格称为"单元格"，并用列号和行号作为单元格的地址，例如，左上角第一个单元格的地址为"A1"。一个工作表最多可包含 65536 行 256 列，即 65536×256 个单元格，窗口中所能看到的只是其中极小的一部分，可以通过水平和垂直滚动条实现表格区的上下左右移动。

3. 名称框和编辑栏

名称框和编辑栏位于工作簿窗口的上方。名称框用来定义单元格或者单元格区域的名称，还可以根据名称查找单元格或者单元格区域。如果没有定义名称，则在名称框中显示活动单元格（当前选中的单元格）的地址。编辑栏用于编辑和显示活动单元格中的数据或者公式。

4. 任务窗格

任务窗格显示在编辑区的右侧，包括"开始工作"、"帮助"、"新建工作簿"、"剪贴画"、"剪贴板"、"信息检索"、"搜索结果"、"共享工作区"、"文档更新"、"XML 源"、"模板帮助"等 11 个任务窗格选项。

5.2　Excel 2003 的工作簿和工作表

Microsoft Excel 工作簿是指在 Excel 环境中用来存储并处理工作数据的文件。一个工作簿就是一个 Excel 文件，其扩展名为".xls。工作簿的外观类似会计用的活页账簿，工作簿的名称显示在窗口的标题栏中。如果将工作簿看作活页夹，那么工作表就好像是活页夹中的活页纸，每一个工作簿可以包含多张工作表，新建一个工作簿时默认包含 3 张工作表，工作表则由单元格组成。

5.2.1　工作簿

对工作簿的操作主要包括新建、保存、打开、关闭、保护以及共享工作簿文件等。

1. 新建工作簿

① 鼠标单击"文件"→"新建"菜单命令，弹出"新建工作簿"任务窗格，如图 5-2 所示。

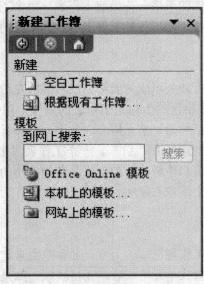

图 5-2　"新建工作簿"任务窗格

② 在任务窗格中单击"新建"区域的"空白工作簿"选项。也可根据需要创建基于模板的工作簿，在任务窗格"模板"区域选择"本机上的模板"，弹出如图 5-3 所示的"模板"对话框，在"电子方案表格"选项卡中选择所需模板。

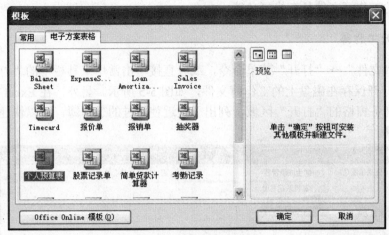

图 5-3　"模板"对话框

也可以直接用鼠标单击"常用"工具栏的"新建"按钮□来创建一个基于默认模板的新工作簿。

启动 Excel 2003 时，会自动建立新的空白文档，默认名称为"Book1"，该工作簿默认有 3 张工作表 sheet1、sheet2、sheet3。

2. 保存工作簿

在工作簿的数据输入和编辑完成后，需要将其保存在磁盘上。单击"文件"→"保存"菜单命令，或者直接单击常用工具栏中的"保存"按钮□，弹出如图 5-4 所示的

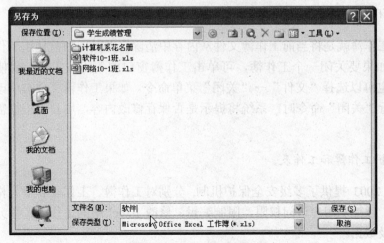

图 5-4　"另存为"对话框

"另存为"对话框，可将正在编辑的工作簿存盘。默认的保存类型是 Excel 工作簿文件（扩展名.xls）。

Excel 2003 与 Word 2003 一样，能够定期保存正在编辑的工作簿文件，同时对于强制终止的工作簿文件具有修复功能。

3. 打开工作簿

单击"文件"→"打开"菜单命令，或者直接单击常用工具栏中的"打开"按钮，可以打开保存在磁盘上的工作簿文件，如图 5-5 所示。另外，在 Excel 2003 "开始工作"任务窗格的"打开"区域，列出了最近使用过的工作簿，可以快速地打开已有的工作簿。

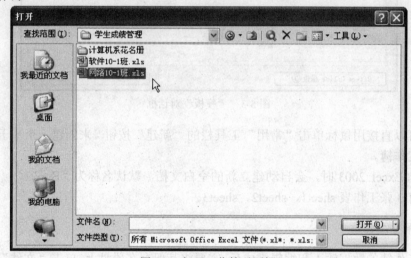

图 5-5　打开工作簿对话框

4. 关闭工作簿

关闭工作簿就是将当前工作簿文件从内存中清除，并关闭当前使用工作簿的工作簿窗口。如果要关闭一个工作簿，可单击工作簿窗口的关闭按钮×，或使用快捷键 Ctrl+F4，也可以选择"文件"→"关闭"菜单命令。如果工作簿文件被修改而又未保存，当执行"关闭"命令时，系统将提示是否保存修改内容，用户可根据需要做出相应的选择。

5. 保护工作簿和工作表

Excel 2003 提供了多级安全保护机制，分别对工作簿、工作表和单元格中的数据进行保护，以控制用户访问权限，限制编辑、修改 Excel 中的工作表、单元格、结构等元素以及数据。

1）设置权限

为工作簿设置密码，这样就可以使工作簿不被未经授权的用户查看或编辑。单击"工具"→"选项"菜单命令，单击"安全性"选项卡，可以分别设置"打开权限密码"和"修改权限密码"两个不同的密码，如图5-6（a）所示。组成密码的字符不能超过15个，由英文字母、数字、空格以及其他符号组成。

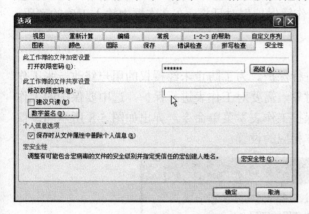

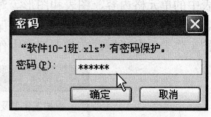

（a）设置工作簿打开、修改密码   （b）打开工作簿输入密码对话框

图5-6   为工作簿设置密码

设置"打开权限密码"后，用户打开工作簿之前需要输入密码，如图5-6（b）所示。设置"修改权限密码"后，用户可以查看工作簿，但是如果对工作簿进行了修改，则在保存之前必须输入密码。

2）工作簿保护

工作簿保护即对整个工作簿的保护。对工作簿进行保护，可以防止他人对其中的工作表进行插入、删除、移动、更名、隐藏及取消隐藏等操作，还可以防止他人改变工作簿窗口的大小、位置以及布局等。

打开将要保护的工作簿，单击"工具"→"保护"→"保护工作簿"菜单命令，在"保护工作簿"对话框中可进行相应的设置，如图5-7所示。

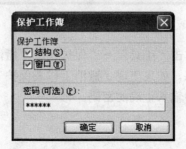

图5-7   "保护工作簿"对话框

在该对话框中，选择"结构"复选框，可以保护工作簿的结构，避免工作表的删

除、复制、移动、重命名、隐藏和取消隐藏，也不允许插入新的工作表。选择"窗口"复选框，可以保护工作簿窗口为当前形式，窗口不能随意地移动、改变大小、拆分、隐藏或关闭等。当保护工作簿后，窗口控制按钮变为隐藏状态，许多菜单命令变为灰色（不可执行状态）。

撤消工作簿的保护：单击"工具"→"保护"→"撤消工作簿保护"菜单命令。如果设置了密码，将会出现"撤消工作簿保护"对话框，在文本框中输入正确的密码，单击"确定"按钮，方能解除保护。

3）工作表保护

工作表保护即只对一张工作表进行保护。为了防止未经授权的用户修改一张工作表中的单元格内容、图表和图形等对象，需要对工作表进行保护。选中要保护的工作表，单击"工具"→"保护"→"保护工作表"菜单命令，弹出如图 5-8 所示的"保护工作表"对话框，在该对话框中作相应的设置。

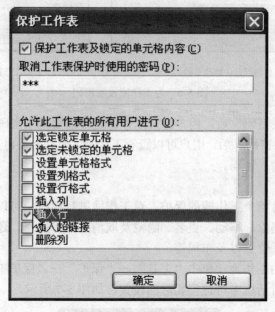

图 5-8 "保护工作表"对话框

撤消工作表的保护：单击"工具"→"保护"→"撤消工作表保护"菜单命令，可以撤消工作表的保护状态。如果出现"撤消工作表保护"对话框，说明该保护状态已经加密，必须在文本框中输入正确的密码。

6. 共享工作簿

若有多个用户同时使用同一个工作簿的情况，如同时进行数据的输入、公式的编辑以及修改格式等操作，就必须将该工作簿设成共享工作簿。具体操作步骤如下：

① 单击"工具"→"共享工作簿"菜单命令，弹出如图 5-9 所示的"共享工作簿"对话框；

② 单击"编辑"选项卡，选中"允许多用户同时编辑，同时允许工作簿合并"复选框；

③ 若该工作簿未保存过，单击"确定"按钮后，弹出"另存为"对话框，选择该工作簿的保存位置。

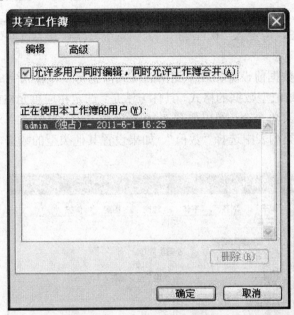

图 5-9 "共享工作簿"对话框

④ 图 5-9 的"正在使用本工作簿的用户"列表框中，列出了所有共享该工作簿的用户名称。如果不允许某个用户对该工作簿进行操作，可以单击"删除"按钮取消其共享资格。

5.2.2 数据输入和编辑

1. 数据的输入

Excel 可以在单元格中直接输入数据，也可以在编辑栏中输入。

① 在单元格中直接输入。选定单元格，选定的单元格即成为活动单元格，输入数据，完成后按 Enter 键，或者用鼠标或键盘上的方向键离开当前单元格。

② 在编辑栏中输入。选定单元格后将光标定位在编辑栏中，输入数据后，单击编辑栏上的"输入"按钮 ✓，确定输入有效；单击"取消"按钮 ✗，则表示输入无效。

Excel 2003 提供了十几种数据类型，在此主要介绍几种常见数据类型的输入，即数值型、文本型、日期时间型和逻辑型数据的输入。

1）数值型数据

Excel 2003 中的数字可以是阿拉伯数字 0、1、…、9，也可包括+、−、（ ）、/、$、%、E、e 等数学符号或货币符号，不同符号代表特定的含义，有不同的输入方法，需要遵循不同的输入规则。数值型数据包含多种格式，如百分比、科学计数法以及货币格式等。输入负数时，必须在数字前加一个负号"−"，或用"（）"把数字括起来。例如，输入"−25"和"（25）"都在单元格中得到−25。输入分数时，应先输入"0"和一个空格，如输入 11/23，应键入"0 11/23"，否则系统将默认其为日期型数据，单元格则显示"11 月 23 日"。

既可以在输入数据前设置相应单元格的格式，也可以在输入完成数据后再设置单元格的格式。设置数值型数据的格式，具体方法是：选定相应单元格或区域，单击"格式"→"单元格"菜单命令，弹出如图 5-10 所示的"单元格格式"对话框，单击"数字"选项卡，在分类列表中选择"数值"，如果设置其他类型的数据，则可从中选择所需的数字格式。

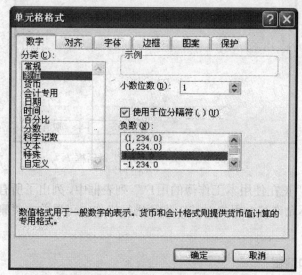

图 5-10 "单元格格式"对话框

在默认情况下，输入的数字在单元格中右对齐。如果要改变对齐方式，可在"单元格格式"对话框中选择"对齐"选项卡，从中选择所需的对齐方式。

2）文本型数据

文本包含汉字、英文字母、数字、空格以及其他符号。在默认状态下，文本型数据在单元格中自动左对齐。

对于一些特殊形式的数据，若需要作为文本来处理，可以在输入之前利用"单元格格式"对话框将相应单元格设置为文本型，或者先输入一个单引号"'"，再输入这些特殊文本。

① 由数字组成的文本，例如，'00526001。

② 带等号的文本，例如，'=18*22。

③ 日期时间型文本，例如，'11/23。

④ 两个表示逻辑值的文本"True"和"False"。

若在一个单元格输入的文字过多，超过了单元格的宽度，必须采用加大列宽方式，或者设置该单元格的对齐方式"缩小字体以填充"或者"自动换行"等方式，才能显示全部内容。

3）日期时间型数据

Excel 2003 能够识别大部分以常用表示法输入的日期和时间格式。在默认状态下，输入的日期时间型数据在单元格中右对齐。

输入日期，可使用 YYYY/MM/DD 格式，例如，2010/10/01；或者使用 YYYY-MM-DD，例如 2010-10-01。

输入时间，小时、分、秒之间用冒号分开。一般默认为上午时间，例如，5:10:10，会在编辑栏中显示 5:10:10 AM。若输入的是下午时间，再在时间后面加一空格，然后输入"PM"，例如，5:10:10 PM；还可以采用 24 小时制表示时间，即把下午的小时时间加 12，例如，17:10:10。若要在一个单元格中同时输入日期和时间，只需将日期和时间用空格分开，例如，2004/12/25 5:10:10 PM。若在单元格中插入当前日期，可以按 Ctrl+；组合键；在单元格中插入当前时间，可以按 Ctrl+Shift+：组合键。

Excel 2003 提供了多种表示日期和时间的格式，单击"格式"→"单元格"，在"单元格格式"对话框中的"数字"选项卡，选择"日期"或"时间"，即可选择所需格式。

4）逻辑型数据

逻辑型数据只有两个值，TRUE（真）和 FALSE（假）。在单元格中无论输入大写或小写或混合大小写的上述两个单词，最后显示结果均为大写。默认状态下，输入的逻辑型数据在单元格中居中对齐。

以上四种数据类型的输入效果如图 5-11 所示。

四种类型数据的输入效果			
数值型	文本型	日期时间型	逻辑型
160	Computer	11-23	TRUE
210.75	①②∑π	2010-11-23	FALSE
-5	计算机 应用	2010年11月23日	
80%	000201102001	星期二 2010年11月23日	
1.34E+11	=15*26	2010-11-23 12:00 AM	
11/23		23-Nov-10	

图 5-11　数据输入效果图

2. 设置单元格数据的有效性

为了提高用户输入数据的准确率，从而设置数据的有效性。数据有效性是指向单元格中输入数据的范围。如果输入的数据在有效的范围之内，相应单元格才会接收该数据，否则系统会发出错误警告。

1）设置有效性条件

有效性条件用来控制输入数据的类型以及有效范围，具体操作步骤如下：

① 选定需要设置有效性条件的单元格或单元格区域；

② 单击"数据"→"有效性"，弹出如图 5-11 所示的"数据有效性"对话框；

③单击"设置"选项卡，在"允许"下拉列表框中选择允许输入的数据类型，如整数、小数、日期、时间、序列和文本等；

④ 在"数据"下拉列表框中选择所需的操作符，如介于、未介于、等于、不等于、大于、小于等。如果是序列类型的数据应指定序列的来源；

⑤ 单击"确定"按钮。

例如，在创建"学生成绩表"时，要求各门课程的成绩为 0～100 之间的整数，数据有效性设置如图 5-12 所示。

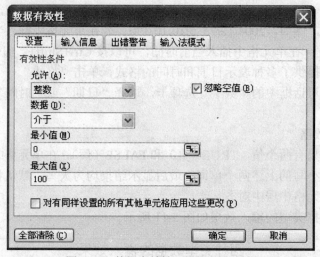

图 5-12　数据有效性"设置"选项卡

2）设置输入提示信息

输入提示信息，用来提示用户在输入时要求输入数据的类型和范围。

单击"数据"→"有效性"菜单命令，在"输入信息"选项卡中，选中"选定单元格时显示输入信息"复选框，在"标题"和"输入信息"两个文本框中输入需要显示的信息。

例如，在"学生成绩表"中，设置课程成绩的输入提示信息如图 5-13 所示。

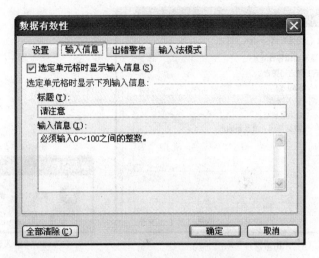

图 5-13　"输入信息"选项卡

执行完上述操作，当鼠标指向设定条件的单元格时，会出现如图 5-14 所示的提示信息。

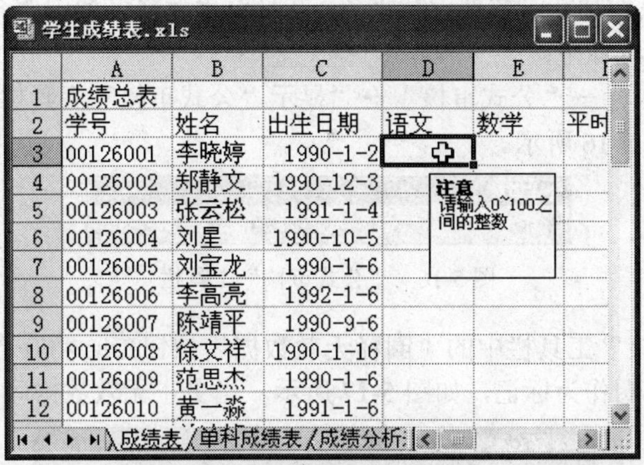

图 5-14　显示输入提示信息

3）设置出错警告

当输入的数据不符合有效性条件所设置的范围时候时，可以自动发出错误警告，并控制用户的响应方式。单击"数据"→"有效性"，在"出错警告"选项卡中，选中"输入无效数据时显示出错警告"复选框。在"标题"文本框中输入提示标题，在"错误信息"文本框中输入出错时的警告内容。在"样式"下拉列表框中指定所需的相应方式，有三个选项：停止、警告、信息。

在图 5-13 的"学生成绩表"中，为课程成绩设置如图 5-15（a）所示的出错警告后，当输入了有效范围以外的数据时，将弹出如图 5-15（b）所示对话框。

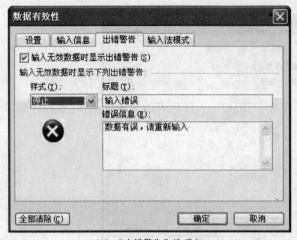

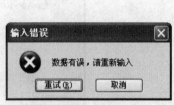

（a）"出错警告"选项卡 （b）"输入错误"窗口

图 5-15

4）无效数据审核

在工作表中对选定单元格区域进行了"数据有效性"设置以后，可以利用 Excel 2003 提供的"审核"功能对数据进行审核，并且对单元格区域中所有的无效数据进行标记。具体操作步骤如下：

① 选择"工具"→"公式审核"→"显示"公式审核"工具栏"，弹出"公式审核"工具栏，如图 5-16 所示。

图 5-16 "公式审核"工具栏

② 单击"审核"工具栏中的"圈释无效数据"按钮 ，将在含有无效数据的单元格上显示一个圆圈作为标记，如图 5-17 所示，当更正无效数据后，圆圈随即消失。

	A	B	C	D	E
1	成绩总表				
2	学号	姓名	出生日期	语文	数学
3	00126001	李晓婷	1990-1-2	75	65
4	00126002	郑静文	1990-12-3	81	80
5	00126003	张云松	1991-1-4	-10	60
6	00126004	刘星	1990-10-5	98	101
7	00126005	刘宝龙	1990-1-6	76	85
8	00126006	李高亮	1992-1-6	84	95
9	00126007	陈靖平	1990-9-6	92	99
10	00126008	徐文祥	1990-1-16	84	73
11	00126009	范思杰	1990-1-6	68	98
12	00126010	黄一淼	1991-1-6	69	120

图 5-17 圈释无效数据

5.2.3 数据的填充

Excel 2003 提供的自动填充功能，可以用来输入重复数据，或者自动填充某一类型的数据序列，包括数值序列、数字和文本的组合序列以及日期和时间序列等。

1. 填充方法

有两种方法可以实现数据的自动填充：使用填充柄和使用菜单命令。

1）使用填充柄

在起始单元格中输入数据，鼠标指向单元格方框右下角的填充柄，当指针变为"+"形状时，按住鼠标左键并拖动到达目标位置后释放鼠标，数据被填充到拖过的区域。如果在拖动鼠标的同时按住 Ctrl 键，不同的数据类型会产生不同的效果。

2）使用菜单命令

在起始单元格中输入数据，选定要填充的区域，然后单击"编辑"→"填充"菜单命令，在弹出的菜单中根据情况选择填充方向或者按序列填充，如图 5-18 所示。

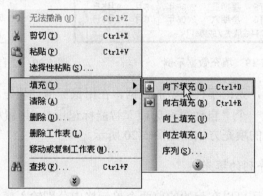

图 5-18 "填充"子菜单

2. 数据的填充

1）数字型数据的填充

在起始单元格中输入数据，用鼠标拖动填充柄，可以将数据复制到该区域。

如果在拖动填充柄的同时按住 Ctrl 键，系统默认产生一个步长为 1 的等差序列。例如，在起始单元格中输入 10，则在后面的单元格自动填充 11，12，13，…。

2）文本型数据的填充

文本型数据的填充分为两种情况：

① 不具有增、减序可能的数据，如"教师"、"学生"等，直接用鼠标拖动填充柄，可以实现数据的复制。

② 由文本和数字组合而成的具有增、减序可能的数据，如"学生 1"，"星期

一"，"1998 年"等。在鼠标拖动填充柄的同时按住 Ctrl 键，可以实现数据的复制；直接拖动鼠标的填充柄，则实现数据序列的填充。

3）日期时间型数据的填充

对于日期和时间型数据，用鼠标拖动填充柄，可以实现数据序列的填充；在鼠标拖动填充柄的同时按住 Ctrl 键，则实现数据的复制。在默认情况下，日期序列前后两项之间的差值为 1 天，时间序列为 1 个小时。

4）数据填充示例

各种类型数据的填充示例如图 5-19 所示。

	A	B	C	D	E	F	G
1			数据填充示例				
2	数字	文本型		星期	年份	月份	日期
3	15	计算机	教育1	星期一	2001年	1月	9月1日
4	15	计算机	教育2	星期二	2002年	2月	9月2日
5	15	计算机	教育3	星期三	2003年	3月	9月3日
6	15	计算机	教育4	星期四	2004年	4月	9月4日
7	15	计算机	教育5	星期五	2005年	5月	9月5日
8	15	计算机	教育6	星期六	2006年	6月	9月6日

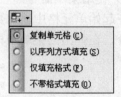

图 5-19　填充数据示例　　　　图 5-20　"自动填充选项"智能标记

在 Excel 2003 中，无论哪种类型的数据，在用鼠标拖动填充柄填充数据后，填充数据的右下方会出现一个"自动填充选项"智能标记，用鼠标单击该标记，可从下拉列表中选择所需的填充方式，如图 5-20 所示。

3．等差或等比序列的填充

填充等差序列，还可以在起始的前两个单元格中分别输入序列的前两个数据，选中这两个单元格作为当前单元格区域后，拖动区域右下角的填充柄，Excel 会按照这两个数的差值自动产生一个等差序列。

等差或等比序列的填充，还可以利用菜单命令来实现，操作步骤如下：

① 在起始单元格中输入序列的第一个数据，选择包括该单元格在内的要填充的单元格区域；

② 单击"编辑"→"填充"→"序列"菜单命令，弹出"序列"对话框，如图 5-21 所示；

③ 根据需要，在"序列产生在"区域选择"行"或者"列"，在"类型"区域选择"等差序列"或者"等比序列"，在"步长值"文本框中输入序列的差值或者比值，在起始单元格输入序列的第一个数据后，若没有选择单元格区域，则必须在"序列"对话框中输入"终止值"；

④ 单击"确定"按钮。

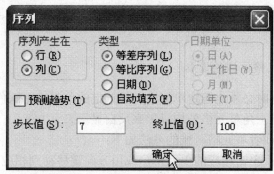

图 5-21　填充"序列"对话框

4. 自定义填充序列

如果经常要使用一个序列，而这个序列又不是系统自带的可扩展序列，可以把该序列自定义为自动填充序列。通过工作表中现有的数据序列或者以临时输入的方式均可以创建自定义序列。自定义填充序列的操作步骤如下：

① 若已经输入了将要作为填充序列的数据清单，则选中该单元格区域；

② 单击"工具"→"选项"菜单命令，弹出"选项"对话框，单击"自定义序列"选项卡，如图 5-22 所示；

③ 若要使用选定的数据序列，单击"导入"按钮。若要输入新的序列，选择"自定义序列"列表框中的"新序列"，在"输入序列"列表框中，输入新的序列。每输完一项按 Enter 键，整个序列输入完毕后，单击"添加"按钮；

④ 单击"确定"按钮。

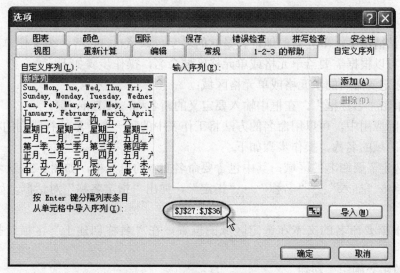

图 5-22　"自定义序列"选项卡

5.2.4 单元格与区域的编辑和处理

1. 单元格与单元格区域的选取

在对单元格操作时必须先选定单元格，被选定的单元格由深色粗框线框起，被选定的单元格区域除左上角单元格外均以黑底反白显示。

① 选定单元格或者单元格区域的方法如下：

② 单个单元格：单击相应的单元格，或用方向键移动到相应的单元格。

③ 单元格区域：单击该区域的第一个单元格，用鼠标拖动直至选定最后一个单元格。

④ 不相邻的单元格或单元格区域：先选定第一个单元格或单元格区域，按住 Ctrl 键再选定其他的单元格或单元格区域。

⑤ 较大的单元格区域：单击该区域的第一个单元格，按住 Shift 键再单击最后一个单元格。

⑥ 整行或整列：单击行号或列标。

⑦ 相邻的行或列：沿行号或列标拖动鼠标，或者先选定第一行或第一列，按住 Shift 键再单击最后一行或列。

⑧ 不相邻的行或列：先选定第一行或第一列，然后按住 Ctrl 键选定其他的行或列。

⑨ 工作表中所有单元格：用鼠标单击工作表左上角行号和列标的交汇点，或者按 Ctrl+A 快捷键。

2. 单元格的命名

在默认情况下，单元格的地址就是它的名字，如 A1、F6 等。为了使单元格更容易记忆，可以根据需要给单元格或单元格区域命名，操作步骤如下：

① 选定要命名的单元格或单元格区域；

② 单击"名称框"，在框中输入要定义的新名称，按 Enter 键。

在实际应用中，可以用命名的方法将工作表中的每一个单独的行或列的标题指定为单元格区域的名称，操作步骤如下：

① 选定需要命名的区域，其中包含要命名文本的单元格，如图 5-23 所示；

② 单击"插入"→"名称"→"指定"，弹出"指定名称"对话框，如图 5-24 所示；

③ 根据要命名的文本在选定区域的位置，在"名称创建于"区域选择某一复选框；

④ 单击"确定"按钮。

图 5-23 中选定区域首行的列标题"学号"和"姓名"，将分别作为 A 列和 B 列

	A	B	C
1	学号	姓名	
2	00126001	李晓婷	
3	00126002	郑静文	
4	00126003	张云松	
5	00126004	刘星	
6			

图 5-23　为单元格命名示例

图 5-24　"指定名称"窗口

的名称。当单击"名称框"右边的下拉列表按钮时，将显示出该工作表中已经定义的所有名称。

3. 单元格数据的复制或移动

1）使用剪贴板

类似 Word 中的操作，使用剪贴板可以复制或者移动单元格中的数据，步骤如下：

① 选定要进行复制或移动的单元格或单元格区域。

② 选择"复制"将数据复制到剪贴板上，或者选择"剪切"将数据移动到剪贴板上。

③ 选定要粘贴到的单元格，或单元格区域左上角的单元格。

④ 执行"粘贴"命令，取出剪贴板中的内容到所需位置。在粘贴数据时，必须选择与复制数据单元格区域相同大小的单元格区域或者只选中一个单元格，否则系统会出现提示性警告。

在复制或者剪切过程中，选定的单元格或单元格区域被一个黑色虚框包围，可以按 Esc 键取消选定框。

2）使用鼠标拖动

在同一个工作表中，可以使用鼠标拖动的方法，将选定单元格区域中的数据从一个位置移动到另一个位置，操作方法如下：

① 选定要移动的单元格或单元格区域；

② 将鼠标移动到选定区域的边缘，当指针变成十字形状时，按住左键拖动到目标位置，然后释放鼠标，如图 5-25 所示。

要在同一个工作表中复制数据，只需在拖动鼠标的同时按住 Ctrl 键，此时鼠标指针变成 状，表示当前进行的是复制操作。

3）使用插入方式

若想将单元格中的数据复制或者移动到其他单元格，而又不想覆盖原来单元格中的数据，可以使用 Excel 2003 提供的插入方式。在执行完"复制"或者"剪切"命令，选择了目标单元格或单元格区域后，只需单击"插入"→"复制单元格"／"剪切单元格"，然后在弹出的"插入粘贴"对话框中进行相应的选择，以确定活动单元格的移动方向，如图 5-26，即可将单元格中的数据以插入的方式复制或移动到目标位置。

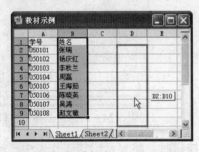

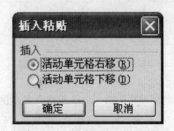

图 5-25　移动单元格区域中的数据　　　　图 5-26　"插入粘贴"对话框

4）使用选择性粘贴

Excel 提供的选择性粘贴功能可以对单元格的特定内容进行有选择的复制。在执行完"复制"命令，选择了目标区域的左上角单元格后，单击"编辑"→"选择性粘贴"，在弹出的"选择性粘贴"对话框中选择所需的选项，如图 5-27 所示。

使用选择性粘贴可以复制数值、格式、公式，还可以实现加、减、乘、除等运算。

5）单元格内部分内容的编辑

① 单元格部分内容的移动和复制。在相应单元格双击鼠标左键，进入编辑状态，选择所要编辑的单元格中的部分内容；对于移动操作，可以单击工具栏中的剪切按钮，对于复制操作可以单击工具栏中的复制按钮；双击所要粘贴的单元格，并将光标定位到新的位置，单击工具栏中的粘贴按钮；按 Enter 键完成操作。

② 删除单元格内的部分内容。选择所要编辑的单元格内部分内容，按 Delete 键，即可完成操作。

6）单元格内容的删除

选择所要删除内容的单元格；单击"编辑"→"清除"菜单命令，在子菜单中选择相应项，如图 5-28 所示。

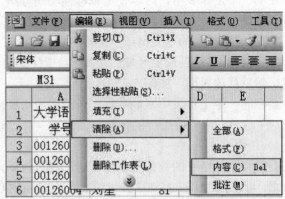

图 5-27　"选择性粘贴"对话框　　　　图 5-28　编辑-清除子菜单

清除全部即清除内容、格式和批注在内的所有内容；其他都只是清除某一项内容。按 Del 键直接删除单元格内容。

5.2.5 工作表的编辑

一个工作簿可包含多个工作表，在每个工作表中都能对数据进行编辑、统计和分析等操作。工作簿窗口下面有若干个工作表标签，标明每一个工作表的名称。创建一个新工作簿时，Excel 默认包括 3 个工作表，名称为"Sheet1"、"Sheet2"、"Sheet3"。单击"工具"→"选项"菜单命令，打开"选项"对话框，在"常规"选项卡中，可以设置"新工作簿内的工作表数"。当新建一个工作簿时，新工作簿中包含的工作表数量随之变化。

1. 选定工作表

工作簿中正在操作的工作表称为活动工作表，在工作表标签上其名称以白底黑字、单下划线显示。可以在工作簿中选定一个或者多个工作表。

单个工作表：单击工作表标签。

多个连续的工作表：按住 Shift 键，依次单击第一个和最后一个工作表标签。

多个不连续的工作表：按住 Ctrl 键，依次单击需要选择的工作表标签。

工作簿中的所有工作表：鼠标右键单击工作表标签，在弹出的快捷菜单中选择"选定全部工作表"。

若在当前工作簿中选定了多个工作表，Excel 会在所有选定的工作表中重复活动工作表中的操作。

2. 插入新工作表

鼠标单击"插入"→"工作表"菜单命令，或者右击工作表标签，在弹出的快捷菜单中选择"插入"，可在当前工作表的前面插入一个新工作表。插入的工作表名由 Excel 自动命名，默认情况下依次为 Sheet4、Sheet5、Sheet6、…。在每一个工作簿中最多可以插入 255 个工作表，但在实际操作中工作表的数量取决于可用内存。

3. 删除工作表

选取要删除的工作表（一个或多个），用鼠标单击"编辑"→"删除工作表"菜单命令，或者右击工作表标签，在弹出的快捷菜单中选择"删除"。

如果删除的工作表中包含数据，将出现图 5-29 所示的警告信息。若确定删除，则删除的工作表将不能够再恢复。

4. 重命名工作表

Excel 默认工作表的名称为 Sheet1、Sheet2、Sheet3、…，显然这种方式不便于管

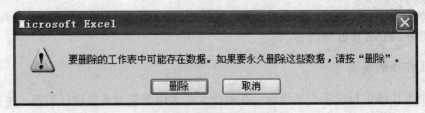

图 5-29　删除工作表的提示

理工作表。因此，有必要为工作表重新命名，使其可以反映工作表的内容，同时又便于记忆。

选中要重命名的工作表，单击"格式"→"工作表"→"重命名"，或者用鼠标右击需要重命名的工作表标签，在快捷菜单中选择"重命名"。

5. 移动、复制工作表

如果要在当前工作簿中移动工作表，可以沿工作表标签行拖动选定的工作表标签。如果要在当前工作簿中复制工作表，只需在按住 Ctrl 键的同时拖动工作表标签。

移动或者复制工作表，既可以在同一个工作簿中，也可以在不同的工作簿之间。复制工作表只需在"移动或复制工作表"对话框中选中"建立副本"复选框。移动工作表的操作步骤如下：

① 打开不同的工作簿；

② 选定要移动的工作表，单击鼠标右键，在快捷菜单中选择"移动或复制工作表"，打开"移动或复制工作表"对话框，如图 5-30 所示；

图 5-30　移动或复制工作表

③ 在"工作簿"下拉列表框中选择工作表要移至的目标工作簿，在"下列选定工

作表之前"列表框中选择工作表要移至的位置;

④ 单击"确定"按钮。

6. 拆分窗格

在编辑工作表时,当工作表的行数和列数较多,以致当前窗口中无法完全显示时,可以对工作表进行拆分,通过"横向"或"纵向"的分割线将当前工作表窗格拆分为若干个独立的窗格,这样就可以通过水平或垂直滚动条来查看工作表的不同部分。

拆分工作表有两种方法:

① 使用拆分框。在水平滚动条的右端和垂直滚动条的上端分别有两个拆分框:垂直拆分框┃和水平拆分框▄,用鼠标拖动它们可以实现窗格的垂直拆分和水平拆分。

② 使用菜单命令。选定某个单元格作为分割点,单击"窗口"→"拆分"菜单命令,Excel 将以所选单元格的左上角为交点,将工作表拆分为 4 个独立的窗格,如图5-31 所示。

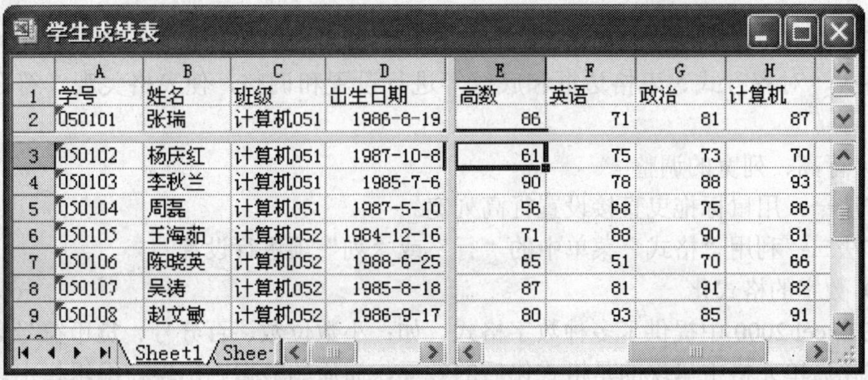

图 5-31 拆分工作表示例

拆分窗格后,"窗口"菜单中的"拆分"命令变为"取消拆分",选择该命令可取消窗格拆分。

7. 冻结窗格

冻结工作表窗格,可在滚动工作表时始终保持行、列标志,操作步骤如下:

① 选中某一个单元格为当前活动单元格;

② 单击"窗口"→"冻结窗格"菜单命令,Excel 将以活动单元格的左上角为交点,将工作表拆分为四个窗格,如图5-32 所示。

由此可见,冻结工作表也是将工作表窗口拆分成若干个窗格,但是最上面和最左面窗格中的所有单元格将被冻结,通常情况下用来冻结行标题和列标题。冻结窗格后,"窗口"菜单中的"冻结窗格"命令变为"取消冻结窗格",选择该命令可取消窗格的冻结。

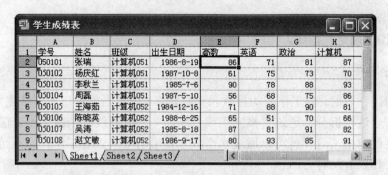

图 5-32　冻结工作表示例

5.2.6　工作表的格式设置和打印

1．工作表的格式设置

表格在打印之前，一般都需要进行格式化，即对表格的行高、列宽、数字格式、字体格式、对齐方式、表格边框和底纹等进行设置和调整，使表格美观，符合格式要求。

1）行高、列宽的调整

方法一：用鼠标拖曳直接设置行高列宽。

方法二：利用"格式"菜单中的"行"或"列"项进行设置。

2）数字的格式化

在 Excel 2000 中提供了多种数字格式。如：小数位数、百分号、货币符号等。数字格式化后单元格中呈现的是格式化后的效果，而原始数据则出现在编辑栏中。

（1）用工具栏中的数字格式化按钮（如图 5-33 所示）来格式化数字。

图 5-33　数字格式化按钮位置

① 单击包含数字的单元格；

② 分别单击格式工具栏上的按钮：货币样式钮、百分比样式钮、千位分割样式钮、增加小数位数钮、减少小数位数钮等。

（2）用菜单方法格式化数字（可参照在 5.2.2 中介绍）。

（3）取消数字的格式。

① 单击"编辑"→"清除"菜单命令；

② 在打开的子菜单中，选择"格式"命令即可取消数字的格式。

3）字体的格式化与对齐方式设置

字体格式化与对齐方式的操作与 Word 相似，可参照 Word 进行设置，"格式工具栏"中的字体格式化和对齐方式工具如图 5-34 所示。

图 5-34　格式化工具栏中的字体格式化和对齐方式工具

用菜单设置对齐方式的方法。

① 选择所要格式化的单元格；

② 单击"格式"→"单元格"菜单命令，弹出"单元格格式"对话框，在对话框中单击"对齐"选项卡，如图 5-35 所示；

③ 根据需要选择"水平对齐"方式，"垂直对齐"方式，"文本控制"及"方向"等项目；

④ 单击"确定"按钮完成操作。

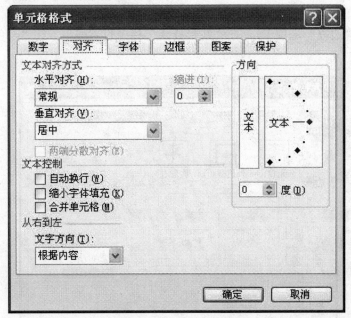

图 5-35　"对齐"选项卡

4）边框与底纹的设置

采用边框与底纹设置可改变表格局部和整体的格线和底纹形式。

（1）用工具栏按钮的方法设置边框与底纹。

图 5-36 为"格式"工具栏中"格线"、"底纹"设置按钮。

（2）用菜单的方法设置边框与底纹。

① 选择所要格式化的单元格。

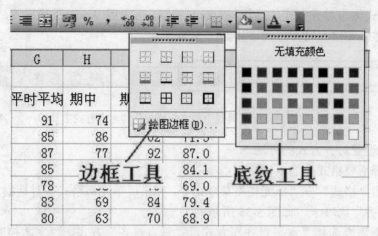

图 5-36 设置边框与底纹

② 单击"格式"→"单元格"菜单命令，打开"单元格格式"对话框如图 5-37 所示。

③ 单击"边框"选项卡， 在"线形样式"栏中设置线型，在"颜色"栏中设置线的颜色。

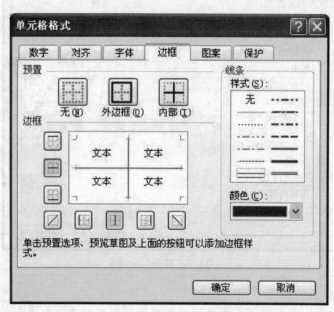

图 5-37 "边框"对话框

④ 单击"预置"按钮，或在"文本"区单击边框线处，设置边框线的位置。

⑤ 单击"图案"选项卡，设置单元格的底纹和颜色；如图 5-38 所示。

⑥ 按"确定"按钮，完成操作。图 5-39 为边框和底纹效果。

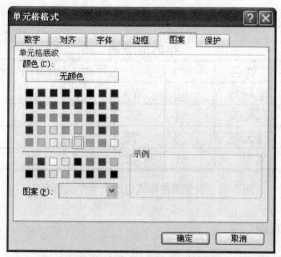

图 5-38 底纹（图案）选项卡

	A	B	C	D	E	F	G
1	平时成绩表						
2	学号	姓名	平时1	平时2	平时3	平时4	平时平均
3	00126001	李晓婷	88	89	99	89	91
4	00126002	郑静文	94	74	81	91	85
5	00126003	张云松	98	76	93	79	87
6	00126004	刘星	81	77	88	92	85

图 5-39 边框与底纹效果

5）设置条件格式

在编辑工作表的过程中，有时可能需要对满足某种条件的数据以指定的格式突出显示，Excel 提供了设置条件格式的功能。单击"格式"→"条件格式"菜单命令，弹出"条件格式"对话框，在该对话框中进行相应的格式设置。

例如，在"学生成绩表"中，对各科成绩不及格的，字体用红色加粗；达到或超过 85 分的，字体蓝色加下划线，如图 5-40 所示。

图 5-40 "条件格式"对话框

设置条件格式后的"学生成绩表"如图 5-41 所示。

平时成绩表						
学号	姓名	平时1	平时2	平时3	平时4	平时平均
00126001	李晓婷	<u>88</u>	79	<u>99</u>	<u>89</u>	<u>89</u>
00126002	郑静文	<u>94</u>	**55**	81	<u>91</u>	80
00126003	张云松	<u>98</u>	76	<u>93</u>	**36**	76
00126004	刘星	81	77	<u>85</u>	<u>92</u>	84

图 5-41　设置条件格式后的"学生成绩表"

2. 页面设置和打印

在打印工作表之前，可以对其进行一些必要的设置。单击"文件"→"页面设置"菜单命令，打开"页面设置"对话框，如图 5-42 所示。

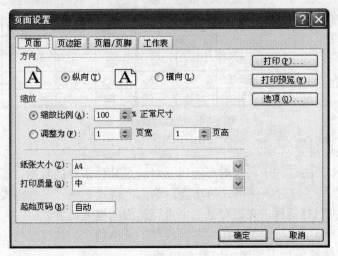

图 5-42　"页面设置"对话框

1）设置页面

图 5-35 所示为"页面设置"对话框中的"页面"选项卡，包括打印方向、缩放比例、纸张大小、打印质量等选项，根据要求进行相应的选择以完成必要的设置。

2）设置页边距

在"页面设置"对话框中选择"页边距"选项卡，如图 5-43 所示。在该对话框中可以对整个纸张的上、下、左、右边距进行设置，还可以设定页眉/页脚与页边的距离。在"居中方式"区域，选中"水平"复选框，使工作表中的数据在左右页边距之间水平居中，选中"垂直"复选框，使工作表中的数据在上下页边距之间垂直居中。

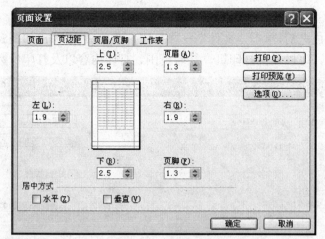

图 5-43 设置页边距

3）设置工作表

在"页面设置"对话框中选择"工作表"选项卡，可以进行打印区域、打印标题等相关设置，如图 5-44 所示。

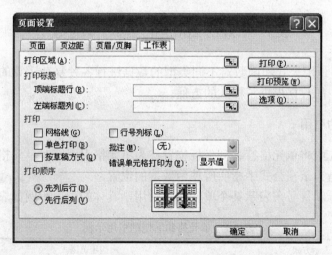

图 5-44 设置工作表

打印区域：当该文本框中内容为空时，默认为打印整个工作表，也可以通过单击![按钮]按钮，选择工作表中的一部分内容进行打印。

打印标题：当工作表较长时，常常需要在每一页上都显示标题，可以在"顶端标题行"和"左端标题列"中选择需要显示的标题。

4）打印预览

单击"文件"→"打印预览"菜单命令，或者单击"常用"工具栏中的"打印预览"按钮![按钮]，可切换到打印预览窗口。

5）打印

页面设置完成之后，单击"文件"→"打印"菜单命令，弹出如图5-45所示的"打印内容"对话框，可以设置打印机、打印范围、打印内容以及打印份数等选项。

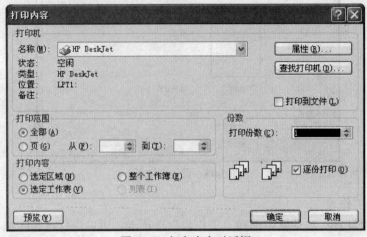

图 5-45　打印内容对话框

5.3　Excel 2003 的公式和函数

Excel 具有使用公式和函数对不同类型的数据进行各种复杂运算的能力，为分析和处理工作表中的数据提供了极大的方便。

5.3.1　单元格的引用

Excel 2003 中将单元格行、列坐标位置称为单元格引用。对单元格或单元格区域的引用，通常是为了在公式中指明所使用数据的位置。

通常以列标和行号来表示某个单元格的引用，具体的引用示例如表 5-1 所示。

表 5-1　单元格和区域的引用示例

序号	表示方式	引用范围
1	A2	一个单元格：在列 A 和行 5 中的单元格
2	A2:A8	同一列的单元格区域（行 2 到行 8）
3	A2:D2	同一行的单元格区域（A 列到 D 列）
4	10:10	整行的所有单元格
5	D:D	整列的所有单元格
6	2:8	若干行的所有单元格
7	A:D	若干列的所有单元格
8	A2:D8	从列 A 到列 D 和行 2 到行 8 之间的单元格区域（矩形区域）

Excel 2003 提供了三种引用类型：相对引用、绝对引用和混合引用。

1. 相对引用

相对引用的格式是直接引用单元格或单元格区域，如 A1、B10:B20 等。在将相应的计算公式复制或填充到其他单元格时，由于公式所在的单元格位置变化了，其中的引用也随之改变，并指向与当前公式位置相对应的其他单元格。单元格 B1 中的公式"=A1*2"复制到单元格 B2 后，改变为"=A2*2"，反映了两个单元格在行位置上的变化。

2. 绝对引用

在列标和行号前分别加上符号"$"，就是绝对引用，如$A$1、$B$10:$B$20 等。绝对引用表示某一单元格在工作表中的绝对位置。如果公式中采用的是绝对引用，在复制公式时，无论公式被复制到任何位置，其中的单元格引用不会发生变化。

3. 混合引用

混合引用是相对地址与绝对地址的混合使用，即行采用相对引用而列采用绝对引用，如$A1；或者行采用绝对引用而列采用相对引用，如 A$1。混合引用示例如单元格 B1 中的公式"=$A2*2"复制到单元格 B2 后，改变为"=$A3*2"，其中行采用相对引用，而列采用绝对引用。

5.3.2 公式的使用

Excel 公式总是以等号"="开头，由运算符、常量、函数以及单元格引用等元素组成。使用公式可以进行加、减、乘、除等简单的运算，也可以完成统计、汇总等复杂的计算。

公式是对工作表中的数据进行分析与计算的等式。利用公式可对同一工作表的各单元格、同一工作簿不同工作表中的单元格，甚至其他工作簿的工作表中单元格中的数值进行加、减、乘、除、乘方等运算及它们的组合运算。使用公式的优点在于：当公式中引用的单元格数值发生变化时，公式会自动更新其单元格的内容（结果）。

1. 公式的语法

所有公式必须以符号"="开始，后面跟表达式。表达式是由运算符和参与运算的操作数组成的，操作数可以是常量、单元格地址和函数等；运算符可以是算术运算符、比较运算符和文本链接符（&）等。公式中不能有空格符。

Excel 公式中的运算符和运算规则如下。

算术运算符：+（加）、−（减）、*（乘）、/（除）、%（百分比）、^（乘方）。

关系运算符：=（等于）、>（大于）、<（小于）、>=（大于等于）、<=（小于等于）、

◇（不等于）。

文本运算符：&(文本的连接)。如 Microsoft&Excel 等同于 MicrosoftExcel。

运算规则：先计算括号内的算式，先乘除后加减，同级运算自左至右。

2. 公式的输入

① 选择要输入公式的单元格，如图 5-46 所示选择 I3。

② 在编辑栏的输入框中或在所选单元格中输入"="及"E3+F3+G3+H3"，如图 5-46 所示。

③ 单击编辑公式栏的确认按钮"√"或直接按回车键就可以得到计算结果"325"。

④ 当在公式中引用其他单元格或单元格区域的数据时，可以直接输入该单元格的地址或名称，也可以用鼠标单击该单元格，或者用鼠标拖动选取单元格区域。

3. 公式的复制填充

公式也可以像数据一样在工作表中进行复制。当多个单元格中具有类似的计算时，只需在一个单元格中输入公式，其他的单元格可以采用公式的复制填充。

选择包含公式的单元格，鼠标移动到此单元格的右下角，指针变成填充柄的形状后，按下鼠标左键进行拖动，拖过的单元格区域即实现了公式的复制填充。

例如，在"学生成绩表"中，要计算每个学生各科成绩的总分，首先在 I3 单元格中输入公式"=E3+F3+G3+H3"，按 Enter 键后，得到第一个学生各科成绩的总分，然后对公式进行复制填充得到其他学生各科总成绩，如图 5-46 所示。

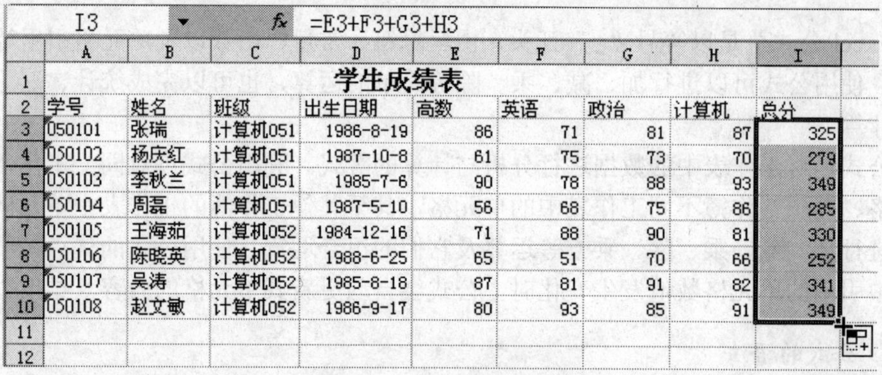

I3		fx	=E3+F3+G3+H3					
	A	B	C	D	E	F	G	H	I
1				学生成绩表					
2	学号	姓名	班级	出生日期	高数	英语	政治	计算机	总分
3	050101	张瑞	计算机051	1986-8-19	86	71	81	87	325
4	050102	杨庆红	计算机051	1987-10-8	61	75	73	70	279
5	050103	李秋兰	计算机051	1985-7-6	90	78	88	93	349
6	050104	周磊	计算机051	1987-5-10	58	68	75	86	285
7	050105	王海茹	计算机051	1984-12-16	71	88	90	81	330
8	050106	陈晓英	计算机052	1988-6-25	65	51	70	66	252
9	050107	吴涛	计算机052	1985-8-18	87	81	91	82	341
10	050108	赵文敏	计算机052	1986-9-17	80	93	85	91	349
11									
12									

图 5-46　公式的复制填充

5.3.3　函数的使用

Excel 2003 提供了大量的内置函数，用于进行繁杂的运算，在公式中合理地使用函数，可以简化公式。这些函数包括数学和三角、统计、文本、日期与时间、逻辑、信息、查找和引用以及财务、工程等多种类型。

1. 函数的格式

格式：函数名(参数 1，参数 2，…)

每一个函数可以有一个或者多个参数，也可以没有参数。如果该函数需要多个参数，参数之间以逗号分隔。如果该函数不需要任何参数，函数名后的圆括号也不能省略，如返回当前日期时间的函数 NOW()。

如果函数以公式的形式出现，也必须在函数名前面键入"="号，例如"=TODAY()"。

2. 函数的引用

使用函数时，既可以直接在单元格或者编辑栏中输入，例如在 G3 单元格中直接输入："=AVERAGE(C3：F3)"。

也可以使用函数向导来插入函数。例如，在"学生成绩表"中，求每个学生各科成绩的平均分，操作步骤如下：

① 选择插入函数的单元格 J3，使之成为活动单元格；

② 单击"插入"→"函数"菜单命令，打开"插入函数"对话框，如图 5-47 所示；

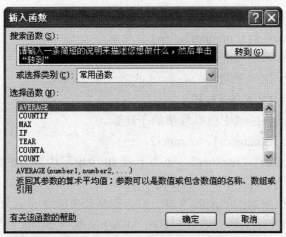

图 5-47 "插入函数"对话框

③ 在"选择类别"下拉列表框中，选择所需的函数类型，在"选择函数"列表框中选择所需的函数，例如"AVERAGE"，相应的函数功能会出现在下面的提示中；

④ 单击"确定"按钮，出现"函数参数"对话框。在 Number1 文本框中输入单元格或单元格区域的引用；或者单击文本框右边的折叠按钮，用鼠标在工作表中选定区域，相应的单元格区域引用出现在文本框中，如图 5-48 所示；

⑤ 单击"确定"按钮，活动单元格内得到第一个学生各科成绩的平均分。若要求其他学生的平均成绩，可采用公式的复制填充。

单击"常用"工具栏上"自动求和"按钮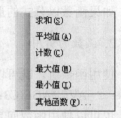右边的下拉列表按钮,在列表中根据需要进行选择,也可完成若干常用统计,如图 5-49 所示。

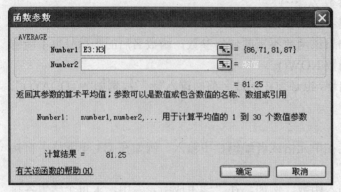

图 5-48 "函数参数"对话框   图 5-49 "自动求和"下拉列表

3. 常用函数

1)求和函数(SUM)

功能:返回单元格区域中所有数值的和。

语法:SUM(number1,number2,…)

参数说明:number1,number2,…为 1 到 30 个待求和的参数,可以是数值、包含数值的名称或者引用(下同)。

2)求平均值函数(AVERAGE)

功能:返回单元格区域中所有数值的平均数。

语法:AVERAGE(number1,number2,…)

参数说明:number1,number2,…为 1 到 30 个求平均数的参数。

3)求最大值(MAX)或最小值函数(MIN)

功能:返回一组数值中的最大或最小值,忽略其中的逻辑值及文本字符。

语法:MAX(number1,number2,…) 或 MIN(number1,number2,…)

参数说明:number1,number2,…为准备从中求取最大值或最小值的 1 到 30 个参数。

4)计数函数(COUNT)

功能:计算参数表中的数字参数和包含数字的单元格的个数。

语法:COUNT(value1,value2,…)

参数说明:value1,value2,…为 1 到 30 个可以包含或引用各种不同类型数据的参数,但只对数字型数据进行计数。

5)逻辑函数(IF)

功能:执行真假值判断,根据对指定条件进行逻辑评价而返回不同的结果。

语法：IF(logical_test, value_if_true, value_if_false)

参数说明：

logical_test 进行逻辑判断的值或表达式，通常为一个关系表达式。

value_if_true 当 logical_test 为 TRUE 时的函数返回值。

value_if_false 当 logical_test 为 FALSE 时的函数返回值。

6）条件计数函数（COUNTIF）

功能：计算某个区域中满足给定条件的单元格数目。

语法：COUNTIF(range, criteria)

参数说明：

range 需要计算满足给定条件的单元格数目的区域。

criteria 以数字、表达式或文本形式定义的条件。

7）返回日期对应的年份（YEAR）

功能：返回日期序列数对应的年份数（1990-9999）。

语法：YEAR(serial_number)

参数说明：serial_number 为需要查找年份的日期值。

8）返回当前日期（TODAY）

功能：返回计算机系统中的日期。

语法：TODAY( )。

4. 函数应用实例

在"学生成绩表"中，增加"年龄"、"最高分"、"备注"和"90 分以上的人数" 4 项内容，如图 5-50 所示（以下示例均参照此图）。

	A	B	C	D	E	F	G	H	I	J	K	L
1					学生成绩表							
2	学号	姓名	班级	出生日期	年龄	高数	英语	政治	计算机	总分	平均分	备注
3	050101	张瑞	计算机051	1986-8-19	19	86	71	81	87	325	81.25	
4	050102	杨庆红	计算机051	1987-10-8	18	61	75	73	70	279	69.75	
5	050103	李秋兰	计算机051	1985-7-6	20	90	78	88	93	349	87.25	优秀
6	050104	周磊	计算机051	1987-5-10	18	56	68	75	86	285	71.25	
7	050105	王海茹	计算机052	1984-12-16	21	71	88	90	81	330	82.5	
8	050106	陈晓英	计算机052	1988-6-25	17	65	51	70	66	252	63	
9	050107	吴涛	计算机052	1985-8-18	20	87	81	91	82	341	85.25	优秀
10	050108	赵文敏	计算机052	1986-9-17	19	80	93	85	91	349	87.25	优秀
11	最高分					90	93	91	93	349	87.25	
12	90分以上的人数					1	1	2	2			

图 5-50 学生成绩表

1）计算每个学生的年龄

按照计算公式"年龄=当前年份−出生日期年份"，可在单元格 E3 中直接输入 Excel 公式"=YEAR(TODAY( ))-YEAR(D3)"，也可按以下步骤操作：

① 选择输入公式的单元格 E3 为活动单元格；

② 单击"插入"→"函数"菜单命令,打开"插入函数"对话框,选择 YEAR 函数;

③ 单击"确定"按钮,打开"函数参数"对话框。在 Serial_Number 文本框中输入 TODAY()函数,则此时在编辑栏中显示"=YEAR(TODAY())",这是一种函数嵌套的形式,返回当前日期的年份;

④ 在编辑栏中接着输入"–"号,此时在编辑栏左侧的下拉列表变成函数列表,选择"YEAR"函数。在 Number1 参数文本框中输入 D3,此时在编辑栏中显示"=YEAR(TODAY())–YEAR(D3)",按 Enter 键;

⑤ 其他学生的年龄,可利用公式的复制填充来完成。

如果在单元格中不能正确显示年龄,可选择 "格式"→ "单元格",将数字格式改为"常规"。

2)计算各项成绩的最高分

选择 F11 为插入函数的活动单元格,在"插入函数"对话框中选择常用函数 MAX。在"函数参数"对话框中,单击文本框右边的折叠按钮 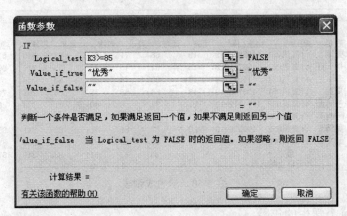,用鼠标在表格中选择求最大值的单元格区域 F3:F10,得到"高数"的最高成绩。其他课程、总分和平均分的最高分,可利用公式的复制填充来完成。

3)标注成绩优秀的学生

对于满足条件"平均分>=85"的学生,在其"备注"栏中显示"优秀",其余学生的"备注"栏为空白。对平均分进行逻辑判断可以采用 IF( )函数。

选择 L3 为活动单元格,在"插入函数"对话框中选择常用函数 IF。在"函数参数"对话框中进行相应的参数设置,如图 5-51 所示,单击"确定",得到第一个学生的成绩备注。其他学生的成绩备注,可以采用公式的复制填充来完成。

图 5-51 设置 IF 函数的参数

4)统计各科成绩达到 90 分的人数

根据给定条件统计人数,可以采用 COUNTIF( )函数。选择 F12 为活动单元格,在"插入函数"对话框中选择 COUNTIF 函数。在"函数参数"对话框中进行参数设置，如图 5-52 所示，可统计高数成绩大于或等于 90 分的人数。其他课程的统计工作仍然可用公式的复制填充来完成。

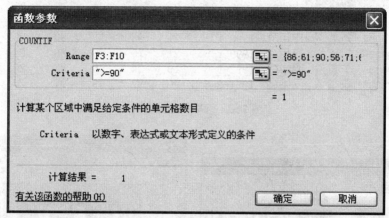

图 5-52　设置 COUNTIF 函数的参数

5.4　Excel 2003 的图表

Excel 能根据数据创建各种图表，更直观地揭示数据之间的关系，用户可以获取数据变化趋势、成分比例等信息，帮助用户进行数据分析。图表是工作表数据的图形表示，它与工作表中的数据相关联，并随之同步改变。图表比表格更通俗易懂，合理的利用图表能使表格数据生动起来，让人一目了然。

5.4.1　图表的创建

新创建的图表应该以工作表中的数据为基础，分为嵌入式图表和独立图表两种形式。嵌入式图表指图表与数据在一张工作表中，便于工作表中的数据与图表进行比较。独立图表是在数据工作表之外建立一张新的图表，作为工作簿中的特殊工作表。嵌入式图表和独立图表之间是可以相互转换的。用鼠标右键单击图表，在快捷菜单中选择"位置"，在打开的"图表位置"对话框中做出相应的选择，即可转换。

通常使用"图表向导"来创建图表，以"学生成绩表"为例，若对前 4 个学生的 4 门课成绩创建图表，操作步骤如下：

① 在表格中选择用于创建图表的数据区域，对于不相邻的数据区域，在用鼠标选择的同时必须按住 Ctrl 键。如图 5-53 所示。

② 单击"插入"→"图表"菜单命令，或者单击工具栏中的"图表向导"按钮 ，弹出如图 5-54 所示的"图表向导-4 步骤之 1-图表类型"对话框。在"标准类型"选项卡中选择一种合适的图表类型，例如"柱形图"中的第 1 个子图表。

	A	B	C	D	E	F	G	H	I	J
1					成绩总表					
2	学号	姓名	班级	出生日期	年龄	语文	数学	计算机	总分	平均
3	00126001	李晓婷	软件01	1989-1-2	22	75	65	78	218	72.7
4	00126002	郑静文	软件01	1990-12-3	21	81	80	76	237	79.0
5	00126003	张云松	软件01	1991-1-4	20	52	60	75	187	62.3
6	00126004	刘星	应用01	1990-10-5	21	98	91	80	269	89.7
7	00126005	刘宝龙	应用02	1990-1-6	21	76	85	88	249	83.0
8	00126006	李高亮	网络02	1992-1-6	19	84	95	83	262	87.3
9	00126007	陈靖平	网络02	1991-9-6	20	92	99	97	288	96.0

图 5-53　选取单元格区域

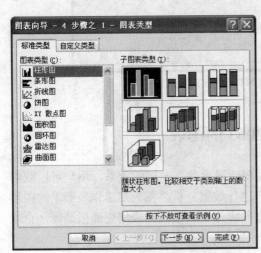

图 5-54　"图表类型"对话框　　　　　图 5-55　"图表源数据"对话框

　　③ 单击"下一步"按钮，弹出"图表向导-4 步骤之 2-图表源数据"对话框。在"数据区域"文本框中观察当前选定区域是否正确，若不正确在表格中重新选择所需区域。"系列产生在"包含"行"、"列"两个选项，观察两个选项分别对应的图表形式，并根据需要进行选择，此例选择"行"单选按钮。如图 5-55 所示。

　　④ 单击"下一步"按钮，弹出"图表向导-4 步骤之 3-图表选项"对话框，如图 5-56 所示。通过预览图表，可以对选项卡中的各种图表对象进行设置。

　　⑤ 单击"下一步"按钮，弹出"图表向导-4 步骤之 4-图表位置"对话框，用于确定插入图表的形式，这里选择"作为其中的对象插入"，即创建一个嵌入式图表。如图 5-57 所示。

　　⑥ 单击"完成"按钮，在当前工作表中插入一个图表，如图 5-58 所示。

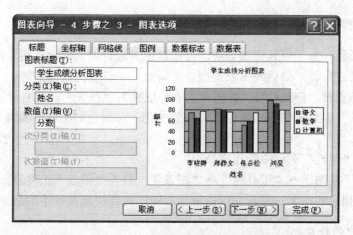

图 5-56 "图表选项"对话框

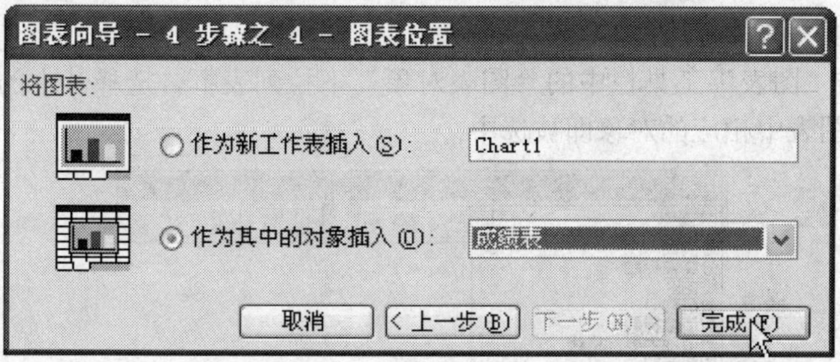

图 5-57 "图表位置"对话框

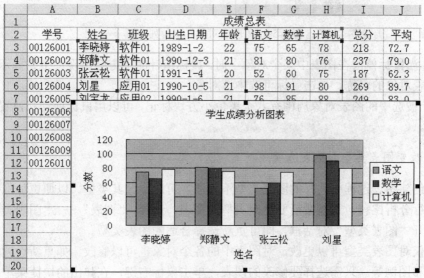

图 5-58 在工作表中插入图表

5.4.2 图表的编辑

建立图表后，为了使其更加美观，可以对图表进行编辑修改。图表编辑是指对图表中各个对象的编辑，如更改图表类型、更新数据、设置图表格式等。

当选中图表时，Excel 的"数据"菜单将更换为"图表"，而且"视图"、"插入"和"格式"等菜单中的选项也有相应的变化。对图表对象进行编辑，通常可以采用以下方法：

① 选择"图表"菜单中的相应命令；

② 单击"视图"→"工具栏"→"图表"，打开"图表"工具栏；

③ 选择相应的图表对象后，单击鼠标右键，选择快捷菜单中的命令。

1. 图表中的对象

一个图表包括多个图表对象，如标题、数值轴、分类轴、网格线和图例等。选择图表对象有以下两种方法：

① 单击"图表"工具栏中的"图表对象"下拉列表框，选择其中的对象，如图5-59 所示，图表中相应的对象即被选中；

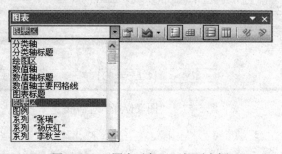

图 5-59　"图表对象"下拉列表框

② 当鼠标停留在图表中某个对象上时，鼠标指针的下方会出现一个？提示框，显示该图表对象的名称，单击鼠标可选中该对象；

③ 被选中的图表对象周围有八个黑色小方块标记，可以用鼠标拖动其位置、调整其大小。

2. 改变图表类型和图表选项

若创建图表过程中选择的图表类型不合适，可以更改其类型，以便更加准确地对数据进行分析比较。只需激活要更改类型的图表，选择 "图表"→ "图表类型"命令，打开"图表类型"对话框，即可重新选择合适的图表类型。

不仅对图表类型可以更改，对图表中的各个对象也可以修改，如重新设置标题、坐标轴和图例等。只需选择要修改的图表，单击鼠标右键，在弹出的快捷菜单中选择

"图表选项"命令,打开"图表选项"对话框,然后进行适当的选择和修改。

3. 更新数据

如果修改了工作表中的数据,对应图表中的数据也会自动更新。还可以在创建了一个图表后,在保持工作表中的数据不变的情况下添加或删除图表中的系列。选择图表,单击"图表"→"源数据"菜单命令,在"源数据"对话框中选择"系列"选项卡,如图5-60所示。如果需要删除已有的系列,可在"系列"下拉列表框中选择相应的系列名称,单击"删除"按钮。如果需要添加新的系列,先单击"添加"按钮,在"名称"文本框中输入新系列的名称,然后单击"值"文本框右侧的按钮,在工作表中选择新添加的数据系列,在"值"文本框中会出现相应的引用。

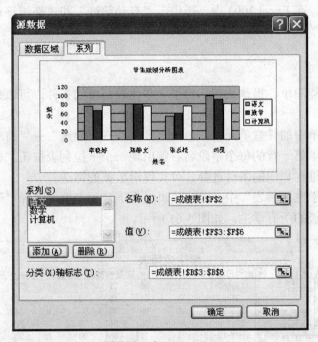

图 5-60 "系列"选项卡

用鼠标拖动的方法也可以实现数据系列的添加。选择数据系列所在单元格区域,鼠标指向其边缘,指针变成十字形状时,拖动鼠标至图表区域,释放鼠标在图表中添加新的数据系列。

4. 设置图表格式

设置图表的格式,其实就是设置图表中各个对象的格式。当选中图表中的不同对象时,"格式"菜单中将显示不同的命令,可进行相应的格式设置。也可在选中对象后,单击鼠标右键,打开快捷菜单,选择其中的命令进行格式设置。

5.5 Excel 2003 的数据管理和分析

Excel 2003 提供了许多强大的功能来管理与分析数据，如筛选、排序、分类汇总和数据透视等。这不仅可以方便地完成许多日常生活中的数据处理工作，也可以为企事业单位的管理决策提供有力的依据。

5.5.1 数据筛选

在实际应用中，常常需要在大量的数据中挑选出符合某些条件的数据，数据筛选是最常用的一种方法。通过筛选，在数据清单中显示出满足条件的数据，而将其他数据暂时隐藏起来。在 Excel 2003 中，提供了"自动筛选"和"高级筛选"两种筛选数据的方法。

1. 自动筛选

自动筛选功能简单、操作快捷，对于一些比较简单的条件，可以采用自动筛选功能。

单击数据清单中的任意单元格，单击"数据"→"筛选"→"自动筛选"菜单命令，此时数据清单第一行的每个字段名右侧出现一个下拉列表按钮。单击该按钮，打开下拉列表框，进行相应的条件选择，可实现对数据的筛选。

例如，在"学生成绩表"中，单击"班级"下拉列表框，选择"计算机 052"，可以筛选出该班级的所有学生，如图 5-61 所示。

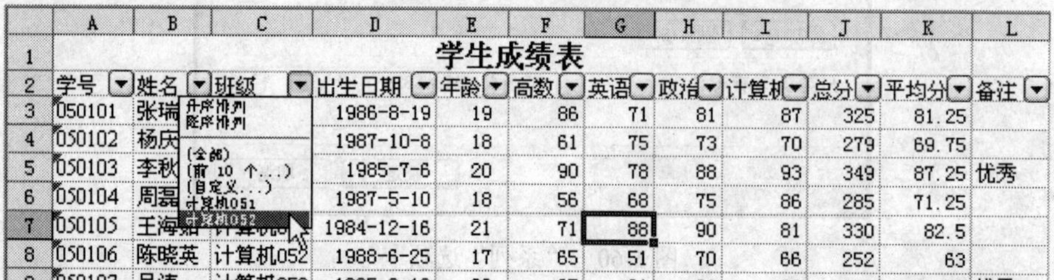

图 5-61　自动筛选

若想筛选出该班成绩优秀的学生情况，可以进行二次筛选，单击"备注"下拉列表框，选择"优秀"，结果如图 5-62 所示。

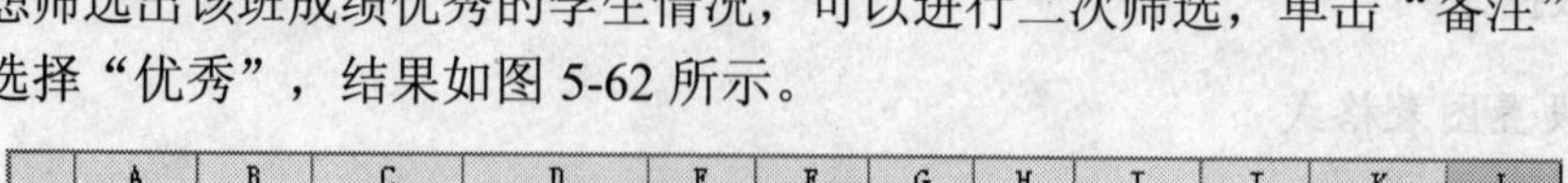

图 5-62　二次筛选的结果

若想在原数据清单中筛选出平均分在 60 到 70 之间的所有记录，可在"平均分"下拉列表框中选择"（自定义…）"选项，弹出"自定义自动筛选方式"对话框，进行相应的条件设置，在"自定义自动筛选方式"对话框中，有两个单选按钮"与"和"或"。"与"表示筛选上、下两个条件同时成立的记录，"或"表示筛选满足上、下两个条件之一的记录。如图 5-63 所示。

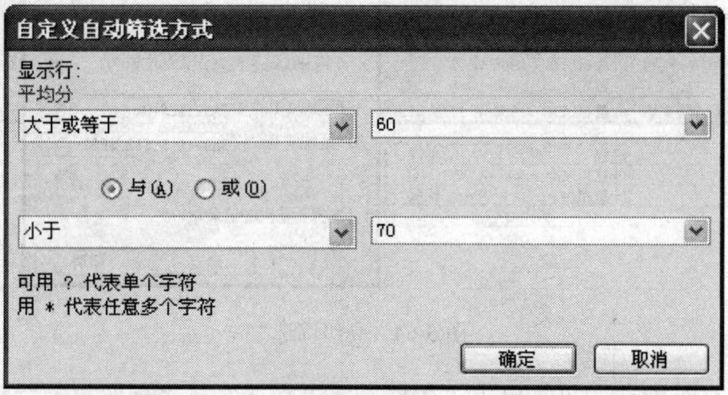

图 5-63 "自定义自动筛选方式"对话框

要取消自动筛选，只需再次单击"数据"→"筛选"→"自动筛选"菜单命令。

2. 高级筛选

对于一些较为复杂的筛选操作，有时利用自动筛选已无法完成，此时可以采用 Excel 2003 提供的高级筛选功能。

若要进行高级筛选，首先必须设置条件区域，在该区域中条件的书写规则如下：

① 在条件区域的第一行必须是待筛选数据所在列的列标志（字段名）。

② 当两个条件是"与"的关系，即同时成立时，必须将条件写在相应字段名下方的同一行中。

③ 当两个条件是"或"的关系，即只需满足其中任意一个条件时，必须在相应字段名下方的不同行中输入条件。

例如，在"学生成绩表"中，筛选出"计算机 052"班政治成绩≥90 分，或者总评成绩优秀的学生。具体操作步骤如下（如图 5-64 所示）：

① 在单元格区域 C12:E12 输入筛选数据的列标志，在 C13:E14 中输入筛选条件；

② 单击数据清单中的任意单元格，单击"数据"→"筛选"→"高级筛选"菜单命令，弹出"高级筛选"对话框。此时数据清单 A2:L10 被虚线框起，在"列表区域"显示了该地址范围，若不正确，可以在数据清单中重新进行选择；

③ 用鼠标选取条件区域 C12:E14，建立的条件区域与数据区域之间必须空出至少一行的距离；

④ 选择"在原有区域显示筛选结果"；

⑤ 单击"确定"按钮，完成筛选。

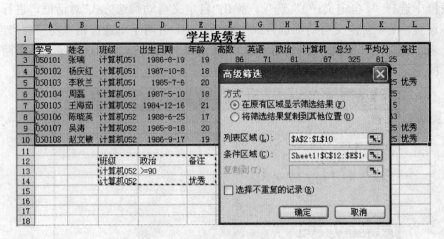

图 5-64 高级筛选

若要取消高级筛选，只需单击"数据"→"筛选"→"全部显示"菜单命令。

5.5.2 数据排序

在实际工作中，为了提高工作效率，常常需要对数据进行排序。在数据清单中，可以根据一列或多列内容按升序或降序对记录重新排序，但是不会改变每一行记录的内容。

1. 单条件排序

单条件排序是指根据某一列（字段）为关键字进行的排序，只需选择要排序列中的任意单元格，单击"常用"工具栏中的升序或降序按钮，即可实现按递增或递减方式对该列中的数据进行排序。

2. 多条件排序

在按照单个字段进行排序时，往往会出现该字段中有多个数据相同的情况，此时可选择多条件排序。多条件排序是指根据多列（字段）为关键字进行的排序。例如，在"学生成绩表"中，先根据平均分递增排列，平均分相同的再按照计算机成绩递减排列，具体操作步骤如下：

① 单击数据清单中的任意单元格，或者选择需排序的单元格区域。

② 单击"数据"→"排序"菜单命令，弹出"排序"对话框，最多可对 3 个字段进行排序，在"主要关键字"列表框中选择"平均分"，选择"升序"排列，在"次要关键字"列表框中选择"计算机"，并选择"降序"，如图 5-65 所示。

③ 单击"确定"按钮，完成排序。

图 5-65　"排序"对话框

在进行排序时，"主要关键字"必须设置，"次要关键字"和"第三关键字"可以根据需要有选择地设置。排序时先按主要关键字进行，当主要关键字中有相同的数据时，再按照次要关键字进行排序，依次类推。在"排序"对话框中有两个单选按钮。"有标题行"表示当前数据清单的第一行不参与排序，仅作为标题。"无标题行"表示当前数据清单的第一行参与排序，作为普通数据对待。

3. 自定义序列排序

以上两种排序是按系统默认的顺序进行的，如果需要按自定义序列对数据清单进行排序，只需在"排序"对话框中选择相应的排序字段，单击"选项"按钮，打开"排序选项"对话框，在"自定义排序次序"下拉列表框中选择所需的排列次序，如图 5-66 所示。

 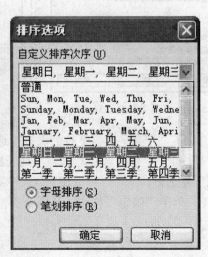

图 5-66　自定义序列排序

如果在"自定义排序次序"下拉列表框中没有满足要求的序列，必须首先自定义填充序列，再进行相应的排序。

5.5.3 数据分类汇总

分类汇总可以对复杂数据清单中的数据进行分析。通过分类汇总命令，对数据实现分类以及求和、均值等汇总计算，并且将汇总结果分级显示。在数据清单中插入汇总行，可使清单中的内容更加清晰易懂。

1. 创建分类汇总

通常分类汇总是对数据清单中的某个字段进行分类，将字段值相同的记录集中在一起。因此在进行分类汇总之前，首先应在数据清单中以该字段为关键字进行排序。

以"学生成绩表"为例，对每个班级学生的各科成绩进行汇总计算，操作步骤如下：

① 将数据清单按照"班级"进行排序，进行分类汇总的数据清单的第一行必须有列标题（即字段名）；

② 单击"数据"→"分类汇总"菜单命令，弹出如图 5-67 所示的"分类汇总"对话框；

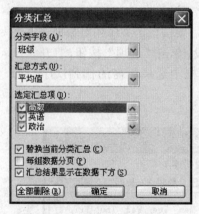

图 5-67 "分类汇总"对话框　　　　　　图 5-68 分类汇总结果

③ 在"分类字段"下拉列表框中选择"班级"，在"汇总方式"下拉列表框中选择"平均值"，在"选定汇总项"列表框中选择"高数"、"英语"、"政治"、"计算机"复选框；

④ 单击"确定"按钮，显示分类汇总结果，如图 5-68 所示。

2. 分级显示

从图 5-68 所示的汇总结果可以看出，在显示分类汇总结果的同时，在分类汇总表的左侧出现一些分级显示按钮▣和━，在左上方是分级显示的级别符号▣▣▣，利用这些按钮和符号可以控制数据的分级显示，如图 5-69 所示。

1 2 3		A	B	C	D	E	F	G	H
	1	学号	姓名	班级	出生日期	高数	英语	政治	计算机
✦	6			计算机051 平均值		73.25	73	79.25	84
✦	11			计算机052 平均值		75.75	78.25	84	80
━	12			总计平均值		74.5	75.63	81.63	82

图 5-69　分类汇总分级显示

3. 清除分类汇总

如果要取消分类汇总，恢复到数据清单的初始状态，只需单击"数据"→"分类汇总"菜单命令，在弹出的"分类汇总"对话框中，选择"全部删除"。

5.5.4　数据透视表

数据透视表是用于快速汇总大量数据的交互式表格。可以帮助用户分析、组织复杂繁琐的表格数据，用户利用它可以很轻松地从不同角度对数据进行分类汇总，从而为用户判断和决策提供可靠的依据。

并不是所有工作表都有建立数据透视表的必要，一般情况下，主要是一些记录数量众多、以流水帐形式记录、结构复杂（分类复杂）的工作表，才利用数据透视表分析处理。

1. 建立数据透视表

下面通过一个实例来介绍数据透视表的创建。

如图 5-70 所示是一个某超市"货物销售汇总表"。

某家电超市货物销售汇总表				
店名	品牌	种类	数量	金额
桥西分店	彩虹	电视机	120	650000
桥西分店	彩虹	冰箱	55	110000
桥东分店	海飞	电视机	10	55000
中心店	彩虹	冰箱	100	200000
中心店	彩虹	微波炉	40	32000
中心店	海飞	洗衣机	44	66000
桥西分店	海飞	洗衣机	30	45000
中心店	恒信	电视机	20	88000
桥东分店	恒信	电视机	15	55000
桥东分店	彩虹	电视机	28	126000
桥东分店	海飞	冰箱	35	70200
桥西分店	恒信	洗衣机	9	18000

图 5-70　货物销售汇总表

① 单击数据表中任一单元格。

② 单击"数据"→"数据透视表和数据透视图"菜单命令，弹出如图 5-71 所示的"数据透视表和数据透视图向导"对话框。

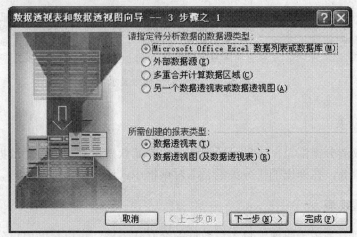

图 5-71　数据透视表和数据透视图向导步骤 1

③ 所需创建的报表类型选择"数据透视表"，单击"下一步"按钮，显示如图 5-72 所示的步骤 2 对话框。

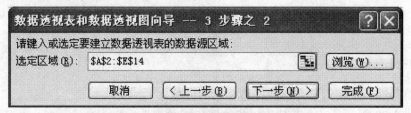

图 5-72　数据透视表和数据透视图向导步骤 2

④ 选定区域默认为当前工作表数据区域，如果有误，用户可以重新选定区域，单击"下一步"按钮，显示如图 5-73 所示的步骤 3 对话框。

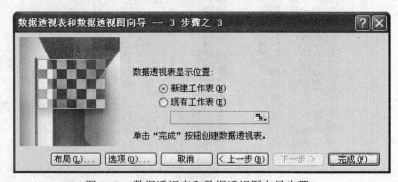

图 5-73　数据透视表和数据透视图向导步骤 3

⑤ 数据透视表位置选择"新建工作表"，单击"完成" 按钮，即新建了一个工作表，如图 5-74 所示，此表专门用于数据透视表的布局。

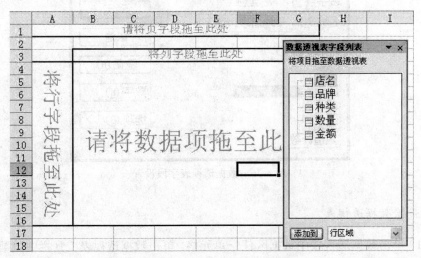

图 5-74　数据透视表布局图

⑥ 在数据透视表布局图中，将数据透视表字段列表中的"店名"字段作为页字段，品牌作为行字段，种类作为列字段，数量和金额作为数据项，分别拖至布局图中提示的位置，得到如图 5-75 所示的数据透视表。

	品牌	数据	冰箱	电视机	微波炉	洗衣机	总计
店名	(全部)						
		种类					
彩虹		求和项:数量	155	148	40		343
		求和项:金额	310000	776000	32000		1118000
海飞		求和项:数量	35	10		74	119
		求和项:金额	70200	55000		111000	236200
恒信		求和项:数量		35		9	44
		求和项:金额		143000		18000	161000
求和项:数量汇总			190	193	40	83	506
求和项:金额汇总			380200	974000	32000	129000	1515200

图 5-75　数据透视表结果

2. 改变数据透视表中的汇总方式

选定数据透视表中"求和项：金额"所在行的任一单元格，单击数据透视表工具栏中"字段设置"工具，弹出如图 5-76 所示的"数据透视表字段"对话框，在汇总方式列表中选择"平均值"，单击"确定"按钮。

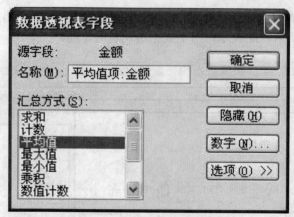

图 5-76　数据透视表字段设置

3. 删除数据透视表

（1）单击数据透视表中数据区任一单元格，单击数据透视表工具栏中"数据透视表"右侧下拉按钮，利用数据透视表工具选定整张工作表，如图 5-77 所示。

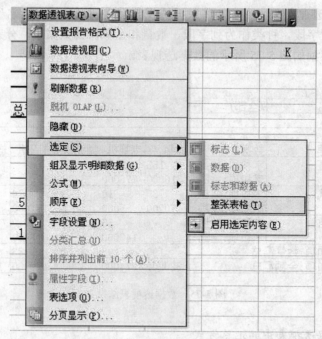

图 5-77　选定整张数据透视表

（2）单击数据透视表工具栏中"数据透视表"右侧下拉按钮，在下拉菜单中选择"删除"命令，即可删除整张数据透视表。

习 题

一、填空题

1. Microsoft Excel 工作簿是指在 Excel 环境中用来＿＿＿＿＿＿＿＿＿＿＿＿的文件。一个工作簿就是一个 Excel 文件，其扩展名为＿＿＿＿＿＿＿＿＿＿＿。工作簿的名称显示在窗口的＿＿中。每一个工作簿可以包含多张工作表，新建一个工作簿时默认包含＿＿＿＿＿＿＿＿张工作表。

2. Excel 2003 提供了三种单元格引用类型，分别是：＿＿＿＿＿＿＿、＿＿＿＿＿＿和＿＿＿＿＿＿＿＿＿。

3. 用 Delete 键可对选定的单元格的＿＿＿＿＿＿进行清除，而单元格的＿＿＿＿＿和＿＿＿＿＿＿＿保持不变，若要清除全部信息，则必须用＿＿＿＿＿＿＿菜单中的＿＿＿＿＿＿＿命令，在弹出的四个选项中选择全部。而删除的含义是＿＿＿＿＿＿。

4. 运算符有＿＿＿＿＿＿＿＿、＿＿＿＿＿＿＿＿和比较运算符三种，比较运算符的优先级＿＿＿＿＿＿，运算结果是＿＿＿＿＿＿＿或＿＿＿＿＿＿＿。

5. 若 A1 单元格中内容是 "ABCDEFGHIJ"，则函数=MID（A1，5，3）的值为＿＿＿＿＿＿，若利用 RIGHI 函数截取 A1 中的 "GHIJ"，则函数描述为＿＿＿＿＿＿。

二、选择题

1. Excel 2003 默认的新建文件名是(　　　　)。
   A. Sheet1　　　　B. Excel1　　　　C. Book1　　　　D. 文档1

2. "图表选项" 对话框中能完成(　　　　)的设置
   A. 标题　　　　B. 网格线　　　　C. 图例　　　　D. 位置

3. 如果想对工作表/工作簿进行加密，则应打开 "工具" 菜单中的(　　　　)命令。
   A. 自动更正　　B. 方案　　　　C. 修订　　　　D. 保护

4. 在(　　　　)菜单中隐藏工作簿。
   A. 视图　　　　B. 格式　　　　C. 工具　　　　D. 窗口

5. 当在 EXCEL2003 中进行操作时，若某单元格中出现 "#####" 的信息时，其含义是 (　　　　)。
   A. 在公式单元格引用不再有效　　　B. 单元格中的数字太大
   C. 计算结果太长超过了单元格宽度　D. 在公式中使用了错误的数据类型

6. 在 Excel 中要设置表格的边框，应使用(　　　　)。
   A. "编辑" 菜单　　　　　　　　　　B. "格式" 菜单
   C. "工具" 菜单　　　　　　　　　　D. "表格" 菜单

7. 单元格中输入内容后，不做任何格式设置下，不正确的是(　　　　)。
   A. 数值居右显示　　　　　　　　　　B. 所有内容居右
   C. 文本居左　　　　　　　　　　　　D. 输入公式可得结果

8. 建立一个基于某个模板的工作簿，应做(　　　　)。

A.　Ctrl+N 　　　　　　　　　　B.　工具栏上按新建按钮

C.　文件中新建　　　　　　　　　D.　Ctrl+M

9. 如果同时将单元格的格式和内容进行复制则应该在编辑菜单中选择(　　)命令。

A.　粘贴　　　　B.　选择性粘贴　　　C.　粘贴为超级链接　　　D.　链接

10. 条件格式不能设置符合条件的(　　　　　)。

A.　边框线条样式　　　B.　文本对齐　　　C.　底纹　　　D.　文字字体

11. 在 Excel 中，要进行计算，单元格首先应该输入的是(　　　　　　　)。

A.　=　　　　　　　　B.　-　　　　　　　C.　×　　　D.　√

12. 下列(　　　　) 不是自动填充选项。

A.　复制单元格　　　　　　　　　B.　时间填充

C.　仅填充格式　　　　　　　　　D.　以序列方式填充

13. 工作表 A1~A4 单元的内容依次是 5、10、15、0，B2 单元格中的公式是 "=IF(A1>5,A1+100,A1*A2)"，则 B2 单元格的值是(　　　　　)。

A.　50　　　　　B.　80　　　　　C.　8000　　　D.　以上都不对

14. Excel 2003 默认的文件扩展名是(　　　　　　　)。

A.　TXT　　　　　B.　EXL　　　　　C.　XLS　　　D.　WKS

15. 如果 A1：A5 包含数字 10、7、9、27 和 2，则(　　　　　　)。

A.　SUM(A1：A5)等于 10　　　　　B.　SUM(A1：A3)等于 26

C.　AVERAGE(A1&A5)等于 11　　　　D.　AVERAGE(A1：A3)等于 7

16. 在选择图表类型时，用来显示某个时期内，在同时间间隔内的变化趋势，应选择(　　　　)。

A.　柱形图　　　　　B.　条形图　　　　C.　折线图　　　D.　面积图

17. 在 Excel 中，若要为表格设置边框，应该选择(　　　　)命令。

A.　格式|单元格　　　　　　　　　B.　格式|行

C.　格式|列　　　　　　　　　　　D.　格式|工作表

18. 在一张 Excel 工作表中，最多可以有(　　　　)列。

A.　26　　　　　B.　100　　　　C.　256　　　D.　没有限制

19. 若要对已保存过的文件加上打开文件密码，则应使用 "文件" 菜单下的(　　　　)命令。

A.　保存　　　　B.　另存为　　　C.　选项　　　D.　加密

20. Excel 的图表是工作表数据的一种视觉表示形式，图表是动态的，改变图表的 (　　　　)后，系统就会自动更新图表。

A.　X 轴数据　　　　B.　Y 轴数据　　　C.　标题　　　D.　源数据

三、简答题

1. 简述利用菜单命令实现自动填充数据序列的方法。

2. 简述在 "工具" / "选项" / "安全性" 设置时，两个密码对工作簿的保护有什么区别。

3. 利用高级筛选，如何在 "学生成绩表" 中筛选出数学和计算机至少有一科成绩小于 60 分的记录？能否用自动筛选实现？

4. 简述函数 RANK 的格式、功能、参数含义和使用注意事项。

5. 简述条件计数函数 COUNTIF 的使用方法和注意事项。

6. 数据透视表的作用是什么？简述建立数据透视表的步骤。

第 6 章 PowerPoint 2003 的使用

Powerpoint 2003 和 Word 2003、Excel 2003 等应用软件一样，是 Microsoft 公司推出的 Office2003 系列产品之一，能够制作出集文本、表格、图形、图片、声音、视频、动画等多媒体元素于一体的演示文稿，把用户所要表达的信息组织在一组图文并茂的画面中，广泛应用于教师授课、展示成果、专家报告、产品演示、广告宣传等场合。Powerpoint 制作的演示文稿可以通过计算机屏幕或投影机播放，还可以在 Internet 上发布。本章将介绍 PowerPoint 2003 的基本功能和使用方法。

6.1 PowerPoint 2003 基本操作

6.1.1 PowerPoint 2003 的启动和退出

1. PowerPoint 2003 的启动

方法一：双击桌面上的 PowerPoint 2003 快捷方式，启动 PowerPoint 2003 并创建一个空白演示文稿。

方法二：单击"开始"→"程序"→"Microsoft Office"→" Microsoft Office PowerPoint 2003"菜单命令，启动 PowerPoint 2003 并创建一个空白演示文稿。

方法三：在资源管理器中双击一个 PowerPoint 2003 演示文稿，在打开此演示文稿的同时也将启动 PowerPoint 2003。

2. PowerPoint 2003 的退出

方法一：单击 PowerPoint 2003 窗口标题栏右侧的"关闭"按钮。

方法二：单击"文件"→"退出"菜单命令。

方法三：按下【Alt】+【F4】组合键。

6.1.2 PowerPoint 2003 的窗口组成

启动 PowerPoint 2003，便看到 PowerPoint 2003 的普通视图窗口，如图 6-1 所示。它由标题栏、菜单栏、工具栏、状态栏、大纲窗格、幻灯片编辑区、备注区、视图切换按钮、任务窗格等组成。

① 标题栏。标题栏在 PowerPoint 2003 窗口的最顶端，用来显示 PowerPoint 2003 的名称和正在编辑的演示文稿的名称，右侧是常见的"最小化、最大化/还原、关闭"

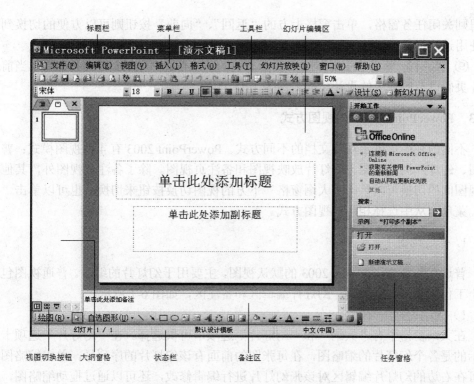

标题栏　　　　　菜单栏　　　　工具栏　　幻灯片编辑区

视图切换按钮　大纲窗格　　　　状态栏　　　　备注区　　　　　　　任务窗格

图 6-1　PowerPoint 2003 的普通视图窗口

按钮。

② 菜单栏。菜单栏中包含了 9 个菜单项，单击菜单项会弹出下拉菜单，每个菜单中包含了 PowerPoint 2003 的主要操作命令，在菜单中单击便可执行该项命令。

③ 工具栏。工具栏上的按钮是常用命令的快捷按钮，单击某按钮则便捷地执行该命令。

④ 大纲窗格。在普通视图模式下，大纲区有"大纲"和"幻灯片"两种视图方式，通过单击该窗格上方的"大纲"和"幻灯片"选项卡标签，可以切换到相应视图方式。

⑤ 幻灯片编辑区。在普通视图模式下，中间部分是"幻灯片编辑区"，用于查看选定幻灯片的整体效果，可以在此进行文本的输入、文本的编辑、各种媒体的插入和编辑，幻灯片编辑区是进行幻灯片处理和操作的主要环境。

⑥ 备注区。用来保存幻灯片的备注信息，每张幻灯片都有备注页。

⑦ 视图切换按钮。在"大纲窗格"的下方，有 3 个视图切换按钮，单击按钮可以切换到相应视图方式，它们分别是"普通视图"、"幻灯片浏览视图"、"幻灯片放映视图"。

⑧ 任务窗格。任务窗格显示在窗口的右侧，它提供一些常用操作。单击窗格顶部的下拉按钮，可以在下拉列表中单击切换至其他任务窗格，单击窗格顶部的"关闭"

按钮则关闭任务窗格，单击窗格上方的"返回"、"向前"按钮则可以方便的切换到曾经使用过的任务窗格。

⑨ 状态栏。状态栏上显示当前演示文稿的基本信息，包括幻灯片总张数、当前幻灯片页码以及所使用的设计模板名称等。

6.1.3 PowerPoint 2003 的视图方式

不同的视图提供了观看文档的不同方式。PowerPoint 2003 有 4 种视图模式：普通视图、幻灯片浏览视图、幻灯片放映视图和备注页视图。除了备注页视图外，其他 3 个视图间的切换可以单击"大纲窗格"下方的视图切换按钮来切换，也可以单击"视图"菜单，从中选择相应的视图方式。

1. 普通视图

普通视图是 PowerPoint 2003 的默认视图，主要用于幻灯片的编辑。普通视图包含三个工作区域：大纲窗格、幻灯片编辑区和备注区，如图 6-1 所示。

1）大纲窗格

在大纲窗格中有"大纲"和"幻灯片"选项卡可供选择。在"幻灯片"选项卡中显示的是各个幻灯片的缩略图，在每张图的前面有该幻灯片的序列号，单击缩略图，即可在右边的幻灯片编辑区对该张幻灯片进行编辑修改，还可以通过拖动缩略图，改变幻灯片的位置，调整幻灯片的播放次序。"大纲"选项卡显示的是幻灯片文本的大纲，可单击"视图"→"工具栏"→"大纲"菜单命令，调出大纲工具栏，利用大纲工具栏上的按钮，可以快速重组演示文稿，包括重新排列幻灯片次序，以及幻灯片标题和层次小标题的从属关系等。

2）幻灯片编辑区

幻灯片编辑区是用户的主要工作区，可在窗格中为选定的幻灯片添加文本，还可以插入图片、表格、图表、文本框、音频、视频、动画和超链接等。如果幻灯片添加了动画效果，则在大纲窗格中该幻灯片缩略图序号的下面有一动画播放按钮 ☆，单击该按钮，可以播放此幻灯片的动画效果。

3）备注区

用于添加与每张幻灯片的内容相关的备注。

2. 幻灯片浏览视图

在大纲窗格下方单击视图切换按钮 ▦ 或在"视图"菜单中单击"幻灯片浏览"菜单命令，都可切换至幻灯片浏览视图，如图 6-2 所示。在这种视图方式下，所有幻灯片缩小并按顺序排列在窗口中，用户可以从整体上浏览所有幻灯片的效果，并可以方便的进行幻灯片复制、移动、删除等操作。但在此视图中，不能直接编辑和修改幻灯片的内容。如果要修改幻灯片的内容，可双击某个幻灯片，切换到普通视图。

图 6-2　幻灯片浏览视图

当切换到幻灯片浏览视图时，将显示"幻灯片浏览"工具栏，或者单击"视图"
→"工具栏"→"幻灯片浏览"菜单命令，显示幻灯片浏览工具栏，如图 6-3 所示。

图 6-3　"幻灯片浏览"工具栏

"幻灯片浏览"工具栏中各个按钮的名称和作用如表 6-1 所示。

表 6-1　"幻灯片浏览"工具栏按钮名称和作用

按钮	名称	作用
	隐藏幻灯片	隐藏选定的幻灯片
	排练计时	以排练方式运行幻灯片放映，并可设置或更改幻灯片放映时间
	摘要幻灯片	在选定的幻灯片前面插入一张摘要幻灯片
备注(N)…	演讲者备注	显示当前幻灯片的演讲备注，打印讲义时可以包含这些演讲备注
切换(R)	幻灯片切换	显示"幻灯片切换"任务窗格，可添加或更改幻灯片的放映效果
设计(S)	幻灯片设计	显示"幻灯片设计"任务窗格，可选设计模板、配色方案和动画方案
新幻灯片(N)	新幻灯片	在选定位置插入新的幻灯片，并显示"幻灯片版式"任务窗格

3．幻灯片放映视图

在大纲窗格下方单击视图切换按钮 ⬚ 或在"视图"菜单中单击"幻灯片放映"菜单命令，可以切换至幻灯片放映视图查看演示文稿的实际放映效果。

在放映幻灯片时，是全屏幕按顺序放映的。可以单击鼠标，一张张放映幻灯片，也可自动放映（预先设置好放映方式）。放映完毕后，视图恢复到原来状态。

4．备注页视图

单击"视图"→"备注页"菜单命令，可以切换至备注页视图，如图 6-4 所示。备注页分为两个部分，上半部分是幻灯片的缩小图像，下半部分是文本预留区。可以一边浏览幻灯片的缩略图，一边在文本预留区内输入幻灯片的备注内容。

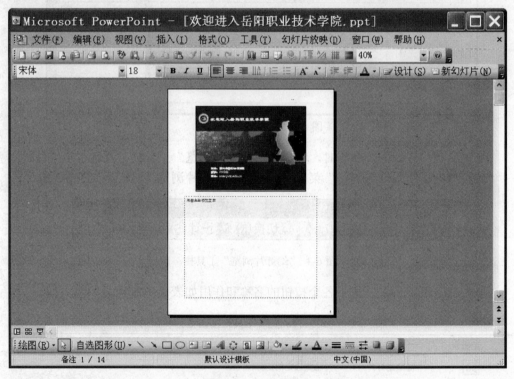

图 6-4　备注页视图

6.1.4　创建演示文稿

在 PowerPoint 2003 中，有多种创建演示文稿的方法，单击"文件"→"新建"菜单命令，窗口右侧显示"新建演示文稿"任务窗格，如图 6-5 所示，用户可以根据实际情况进行选择。

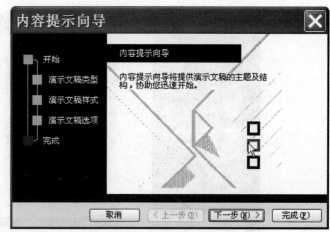

图 6-5 "新建演示文稿"任务窗格   图 6-6 "内容提示向导"对话框之一

1．根据"内容提示向导"创建演示文稿

"内容提示向导"中内置了多种演示文稿模型，用该方式创建演示文稿不但能够帮助完成演示文稿的相关格式和外观的设置，还能得到演示文稿的主要内容。具体操作步骤如下：

① 在"新建演示文稿"任务窗格（如图 6-5 所示）单击"根据内容提示向导"选项，弹出"内容提示向导"对话框，如图 6-6 所示；

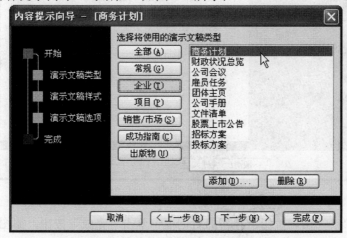

图 6-7 "内容提示向导"对话框之二

② 单击"下一步"按钮，在对话框的右侧列表中选择一种演示文稿的类型，如图6-7所示；

③ 单击"下一步"按钮，对话框如图6-8所示，可定义幻灯片的输出类型。大多数情况下，演示文稿是通过计算机屏幕演示的，故默认输出类型为"屏幕演示文稿"；

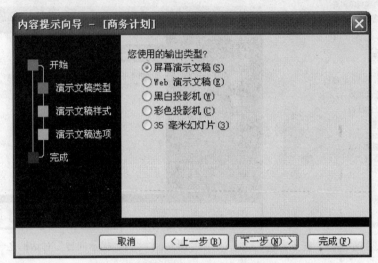

图6-8　"内容提示向导"对话框之三

④ 单击"下一步"按钮，可在对话框中输入演示文稿的标题，每张幻灯片所包含的对象等内容等，如图6-9所示；

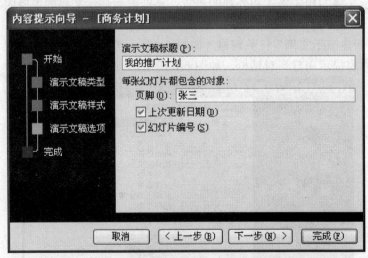

图6-9　"内容提示向导"对话框之四

⑤ 单击"下一步"按钮，在新的对话框中单击"完成"按钮，如图6-10所示，得到外观漂亮、内容充实的演示文稿，如图6-11所示；

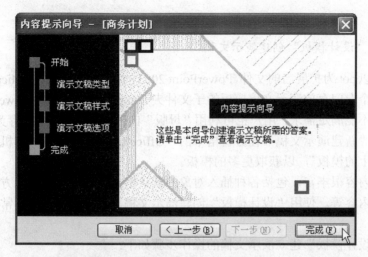

图 6-10 "内容提示向导"对话框之五

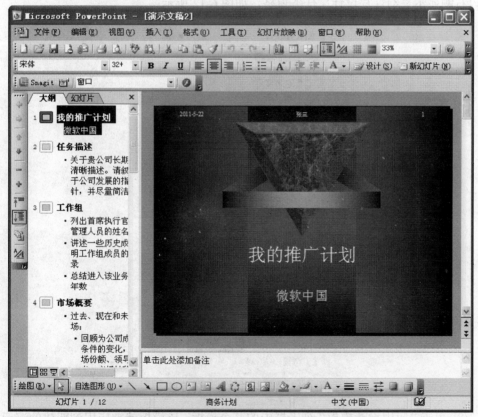

图 6-11 根据"内容提示向导"创建的演示文稿

⑥ 根据需要修改其中的内容，或者添加新的幻灯片，以便得到自己所需的演示

文稿。

2. 根据"设计模板"创建演示文稿

模板是以pot为扩展名的文件，PowerPoint 2003 的内置模板存放在 Microsoft Office 文件夹的一个专门存放演示文稿模板的子文件夹 Templates 中。如果 PowerPoint 2003 提供的模板不能满足需求，用户也可利用"母版"自己设计模板，并保存为模板文件。还可以选择"新建演示文稿"任务窗格中的"Office Online 模板"、"本机上的模板"或者"网站上的模板"，以获取更多的模板。

模板的内容很丰富，包括各种插入对象的默认格式、幻灯片的配色方案、与主题相关的文字内容等。使用"设计模板"创建演示文稿，可以迅速建立非常美观的演示文稿。

利用"设计模板"建立演示文稿的操作步骤如下：

① 在"新建演示文稿"任务窗格（如图 6-5 所示）中单击"根据设计模板"选项，窗口右侧显示"幻灯片设计"任务窗格，如图 6-12 所示；

图 6-12 "幻灯片设计"任务窗格

② 单击"应用设计模板"列表框中的某个模板，该模板就被应用到新建的演示文稿中，如图 6-13 所示，根据设计模板创建的演示文稿首先都只有一张幻灯片，并且默认的幻灯片版式是"标题幻灯片"。

图 6-13 根据"设计模板"创建演示文稿

③ 单击 "插入"→"新幻灯片"菜单命令，添加新幻灯片。添加至 4 张幻灯片的演示文稿如图 6-14 所示。

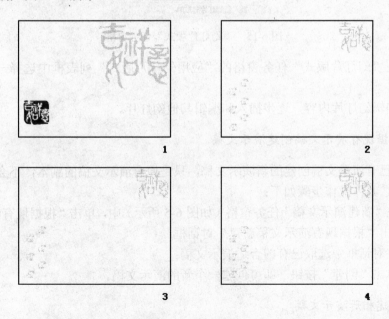

图 6-14 添加幻灯片

3. 创建空白演示文稿

空白演示文稿的发挥空间很大，用户可以根据自己的设计思路，从一个空白文稿开始，建立新的演示文稿，步骤如下：

① 在"新建演示文稿"任务窗格（如图 6-5 所示）中，单击"空演示文稿"，窗口右侧显示"幻灯片版式"任务窗格，如图 6-15 所示；

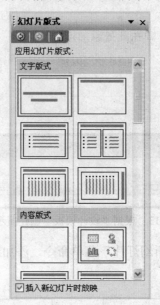

图 6-15　"幻灯片版式"任务窗格

② 在"幻灯片版式"任务窗格的"应用幻灯片版式"列表框中选择一种合适的版式；

③ 编辑幻灯片内容，逐步插入和编辑其他幻灯片。

4. 根据现有演示文稿创建演示文稿

利用已有演示文稿创建的新演示文稿，只是原有演示文稿的副本，不会改变原文件的内容。具体操作步骤如下：

① 在"新建演示文稿"任务窗格（如图 6-5 所示）中，单击"根据现有演示文稿"选项，弹出"根据现有演示文稿新建"对话框；

② 在对话框中选取已有的合适演示文稿；

③ 单击"创建"按钮，即可创建一个新的演示文稿。

5. 创建相册演示文稿

可以使用 PowerPoint 2003 的相册功能创建一个作为相册的演示文稿，操作步骤如下：

① 在"新建演示文稿"任务窗格（如图 6-5 所示）中，单击"相册"选项，弹出"相册"对话框，如图 6-16 所示；

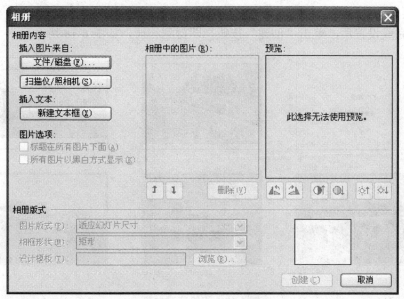

图 6-16　"相册"对话框

② 根据图片来源，选择"插入图片来自"区域中的"文件/磁盘"或"扫描仪/照相机"，在弹出的"插入新图片"对话框中选择图片插入到相册，如图 6-17 所示；

图 6-17　为相册添加图片

③ 可在"相册中的图片"列表框中，单击图片进行预览，单击"上移"按钮  或"下移"按钮，改变图片的先后顺序，单击"新建文本框"按钮，在相册中插入文本框，可对照片做文本说明，在"相册版式"区域，可进行"图片版式"、"相框形状"、"设计模板"等设置；

④ 完成设置后，单击"创建"按钮，即得到相册，如图 6-18 所示。

图 6-18　相册演示文稿

6.1.5　打开和保存演示文稿文件

1. PowerPoint 2003 的文件类型

PowerPoint 2003 可以打开和保存多种不同的文件类型，如演示文稿、Web 页、演示文稿模板、演示文稿放映、大纲格式、图形格式等。

1）演示文稿文件（*.ppt）

用户编辑和制作的演示文稿需要将其保存起来。在演示文稿窗口中完成的文件默认保存为演示文稿文件，文件扩展名为 ppt。

2）Web 页格式文件（*.html）

Web 页格式是为了在网络上播放演示文稿而设置的。这种文件的保存格式与网页的保存格式相同，这样就可以脱离 PowerPoint 环境，在 Internet 浏览器上直接观看演示文稿。

3）演示文稿模板文件（*.pot）

PowerPoint 2003 提供了数十种精心设计的演示文稿模板，包括颜色、背景、主题、大纲结构等内容，供用户选用。此外，也可以把自己制作的比较独特的演示文稿，保存为设计模板，以便将来制作相同风格的其他演示文稿。

4）大纲文件(*.rtf)

将幻灯片大纲中的主体文字内容转换为 RTF 格式（Rich Text Format），并保存为大纲类型文件，以便在其他的文字编辑软件中（如 Word）打开并编辑。

5）Windows 图片文档(*.wmf)

将幻灯片保存为图片文件 WMF（Windows Meta File）格式，可供其他能处理图形的应用程序（如画笔）打开并编辑。

6）演示文稿放映文件(*.pps)

将演示文稿保存成以幻灯片放映方式打开的 PPS 文件格式（PowerPoint 2003 播放文档）后，无须打开 PowerPoint 2003，就可以在计算机屏幕上放映演示文稿。

7）其他类型文件

还可以使用其他格式的图形文件，如可交换图形格式(*.gif)、文件可交换格式(*.jpeg)、可移植网络图形格式(*.png)等，以增加 PowerPoint 2003 对图形格式的兼容性。

2. 打开演示文稿

方法一：单击 "文件"→"打开" 菜单命令，在弹出的"打开"对话框中打开演示文稿。

方法二：单击"常用"工具栏上的"打开"按钮，在弹出的"打开"对话框中打开演示文稿。

方法三：在"开始工作"任务窗格的"打开演示文稿"栏中，打开演示文稿文件。

3. 保存演示文稿

方法一：单击"文件"→"保存" 菜单命令，在弹出的"另存为"对话框中保存演示文稿。

方法二：单击"常用"工具栏上的"保存"按钮，在弹出的"另存为"对话框中保存演示文稿。

方法三：按【Ctrl】+【S】快捷键，在弹出的"另存为"对话框中保存演示文稿。

提示：在"另存为"对话框中的"保存类型"下拉列表框中，有 16 种可保存的文件类型，可以根据需要选择要的文件类型，默认保存类型是 ppt 文件。

6.2　幻灯片的编辑和管理

创建一个演示文稿以后，需要对演示文稿进行编辑，对演示文稿的编辑包括两个部分：一是对每张幻灯片中的内容进行编辑操作，例如添加各项内容包括文本、图片、表格等多种对象，还可以添加多媒体元素，添加过程中可对这些对象进行各种编辑；二是对演示文稿中的幻灯片进行管理，例如插入新幻灯片、删除幻灯片、复制或移动幻灯片等。

6.2.1 幻灯片的编辑

1. 应用版式

PowerPoint 2003 提供了"文字版式"、"内容版式"、"文字内容版式"以及"其他版式" 4 个类别共 31 种自动版式供用户选择。这些版式不含有具体的内容，它只包含一些矩形框，这些矩形框被称为占位符，不同版式的占位符是不相同的，所有的占位符都有提示文字，可以根据占位符中的文字在占位符中输入标题、文本、图片等内容。

① 单击"格式"→"幻灯片版式"菜单命令，窗口右侧显示"幻灯片版式"任务窗格。

② 单击所需版式右侧的按钮打开下拉列表，如图 6-19 所示，单击"应用于选定幻灯片"命令，将该版式应用于所选定的幻灯片上；单击"插入新幻灯片"命令，则插入一张新的幻灯片且应用该版式。

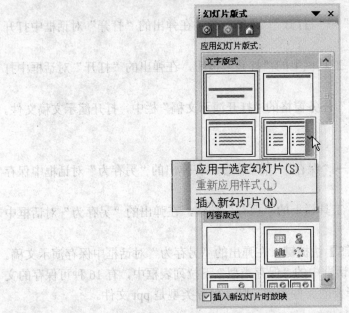

图 6-19 "幻灯片版式"任务窗格

2. 添加文本

在幻灯片文本占位符上可以直接输入文本。如果要在占位符以外的地方输入文本，必须先插入一个文本框，然后在文本框中输入。

1）在占位符中输入文本

确定了幻灯片版式后，就可在由版式确定的占位符中输入文字。用鼠标在占位符内单击，即可在相应的占位符中输入文本，如图 6-20 所示。

图 6-20　在占位符中输入文本

2）在文本框中输入文本

如果想在幻灯片没有占位符的位置输入文本，可以使用插入文本框的方式来实现。和 Word 中一样，可在幻灯片的指定位置插入一个文本框，然后在文本框中输入所需的文字，并可设置文本框的格式和文字的格式。

3）文本级别

幻灯片主体文本中的段落是有级别的。PowerPoint 2003 中的文本可以有五个级别，每个级别有不同的项目符号和不同大小的字体，这样使得层次感很强。幻灯片主体文本的段落层次可以使用"升级"按钮 或"降级"按钮 来进行调节。

① 双击要升级或降级的段落前的项目符号，选中该段落。

② 单击"大纲"工具栏中的"升级"或"降级"按钮，进行升级或降级操作。

3. 插入图片

在 PowerPoint 2003 的幻灯片中可以插入多种类型的图片，如剪贴画、图片文件、艺术字和自选图形，还可以直接从扫描仪中读取扫描的文件等。PowerPoint 2003 提供了对许多格式图形图像的直接支持，不需要安装单独的图形过滤器。

1）插入剪贴画

利用幻灯片版式插入剪贴画，操作步骤如下：

① 选定需要插入剪贴画的幻灯片，在"幻灯片版式"任务窗格中应用含有剪贴画占位符的版式；

② 在占位符中单击"插入剪贴画"图标，如图 6-21 所示，弹出"选择图片"对话框；

③ 在"选择图片"对话框中双击所需剪贴画，如图 6-22 所示，将其插入到占位符中。

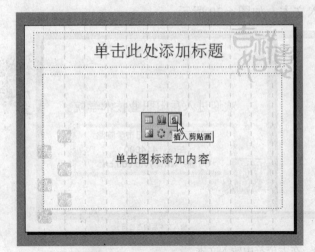

图 6-21 在占位符中插入剪贴画　　　　图 6-22 选择剪贴画图片

在没有剪贴画占位符的幻灯片中插入剪贴画，操作步骤如下：

① 单击"插入"→"图片"→"剪贴画"菜单命令，打开"剪贴画"任务窗格；

② 在"剪贴画"任务窗格中搜索所需图片，双击插入到幻灯片。

2）插入外部图片文件、自选图形、艺术字。

方法步骤同插入剪贴画相似。PowerPoint 中格式化这些对象的方法也与 Word 中一样，可参考有关章节。

4. 插入组织结构图或其他图示

在 PowerPoint 2003 中可以插入组织结构图或其他图示，用来描述一种结构关系或层次关系，使用这些图示能使演示文稿更加丰富和生动。

① 单击占位符或"绘图"工具栏上的"插入组织结构图或其他图示"按钮⛭，弹出"图示库"对话框。如图 6-23 所示。

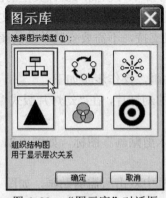

图 6.-23 "图示库"对话框

② 在"图示库"对话框中选择图示类型，如组织结构图、循环图、射线图、棱锥图、维恩图和目标图等。

5. 插入表格和图表

表格和图表的插入有三种方法。

1）利用幻灯片版式

① 选定需要插入表格或图表的幻灯片，应用含有表格或图表占位符的幻灯片版式。

② 在占位符中单击"插入表格"/"插入图表"按钮。

2）利用菜单

① 单击"插入"→"表格"/"图表"菜单命令。

② 在弹出的"插入表格"对话框或"图表"窗口中进行具体设置。

3）利用工具栏

① 单击"常用"工具栏上的"插入表格"/"插入图表"按钮。

② 在弹出的"插入表格"对话框或"图表"窗口中进行具体设置。

在幻灯片中编辑表格和图表的方法与在 Word 或 Excel 中相似，可参考有关章节。

6. 插入影片和声音

幻灯片中除了可以包含文本和图形外，还可以使用音频和视频内容，使用这些多媒体元素，可以使幻灯片的表现力更丰富。在 PowerPoint 2003 的剪辑管理器中，包括大量可以在幻灯片中播放的音乐、声音和影片等，利用剪辑管理器可以在演示文稿中加入所需要的多媒体对象，也可以直接插入声音文件和影像文件。

1）利用幻灯片版式

① 选定要插入媒体剪辑的幻灯片，应用含有多媒体占位符的版式。

② 在占位符中单击"插入媒体剪辑"图标，弹出"媒体剪辑"对话框。

③ 在"媒体剪辑"对话框中搜索并选择要插入到幻灯片中的媒体剪辑，如图 6-24，单击"确定"按钮。

④ 在"媒体剪辑"对话框中，如果是影片，会弹出"插入影片"提示框。如果是声音，会弹出"插入声音媒体"提示框。下面以声音为例，如图 6-25 所示。

⑤ 在"插入声音媒体"提示框中，单击"自动"，在幻灯片放映时自动播放媒体剪辑；单击"在单击时"，则在单击鼠标时播放。

⑥ 完成后会在幻灯片上增加一个声音图标 ◀。在放映幻灯片时，会自动播放媒体剪辑，或者单击声音图标播放。

2）利用菜单

① 选定要插入媒体剪辑的幻灯片。

② 单击"插入"→"影片和声音"菜单命令，在子菜单中可选择"剪辑管理器中

图 6-24　插入媒体剪辑　　　　　　　　　图 6-25　"媒体剪辑"对话框

的影片"、"文件中的影片",或者选择"剪辑管理器中的声音"、"文件中的声音"。

③ 在弹出的"插入影片"/"插入声音"对话框中选择要插入的影片或声音文件。

④ 单击"确定"按钮,完成多媒体对象的添加。

⑤ 要设置幻灯片中影片和声音的播放,可用鼠标右击对象图标,在快捷菜单中选择"编辑影片对象"或"编辑声音对象",在弹出的对话框中进行设置,如图6-26、图6-27所示。

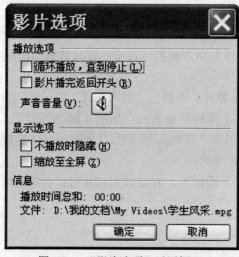

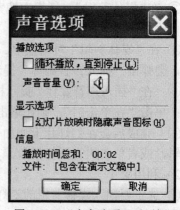

图 6-26　"影片选项"对话框　　　　　　图 6-27　"声音选项"对话框

6.2.2 幻灯片的管理

1. 幻灯片的选定

对幻灯片进行管理操作前，一般要选定幻灯片。

1）选定一张幻灯片

方法一：在"普通"视图的"大纲"选项卡中单击幻灯片的图标。

方法二：在"普通"视图的"幻灯片"选项卡中单击幻灯片的缩略图。

方法三：在"幻灯片浏览"视图中单击某张幻灯片的缩略图。

2）选定多张不连续的幻灯片

单击一张幻灯片，按住"Ctrl"键，再单击其他幻灯片。

3）选定多张连续的幻灯片

单击第一张幻灯片，按住"Shift"键，再单击最后一张幻灯片。

2. 幻灯片的插入

在演示文稿中添加新的幻灯片，有以下几种方法：

方法一：单击"插入"→"新幻灯片"菜单命令，插入与当前版式相同的空白幻灯片。

方法二：单击工具栏上的"新幻灯片"按钮 新幻灯片(N)，插入与当前版式相同的空白幻灯片。"普通"视图下，新幻灯片被插入到选定幻灯片后面。"幻灯片浏览"视图下，若单击两张幻灯片之间的间隙，光标会在中间闪动，执行上述操作，新幻灯片将被插入到两张幻灯片中间。

方法三：选定该演示文稿中某张或多张幻灯片，单击"插入"→"幻灯片副本"菜单命令，或者选定某张或多张幻灯片后，执行"复制"和"粘贴"命令，插入与选定幻灯片一模一样的幻灯片。

方法四：如果需要插入其他演示文稿中的部分或全部幻灯片，单击"插入"→"幻灯片（从文件）"菜单命令，弹出"幻灯片搜索器"对话框，单击"浏览"按钮选择并打开所需演示文稿，该演示文稿以缩略图的形式显示在"选定幻灯片"列表中，如图6-28所示。可以根据需要选定一张或多张幻灯片，单击"插入"按钮，或直接单击"全部插入"按钮插入该演示文稿中的所有幻灯片。

3. 幻灯片的删除

在演示文稿中添加新的幻灯片，有以下几种方法：

方法一：选中要删除的幻灯片，单击"编辑"→"删除幻灯片"菜单命令。

方法二：选中要删除的幻灯片，按【Delete】键。

如果误删除了某张幻灯片，可单击常用工具栏上的"撤消"按钮 。

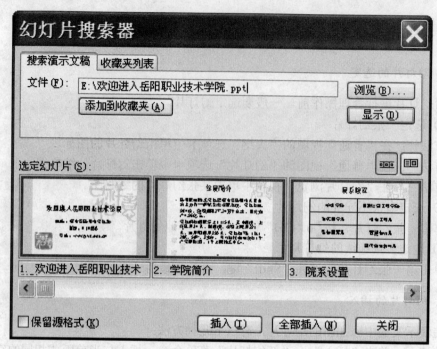

图 6-28　从已有演示文稿中插入幻灯片

4. 幻灯片的移动和复制

幻灯片的移动有如下几种方法：

方法一：选定要移动的幻灯片，单击鼠标并拖动幻灯片的图标或缩略图至目标位置。

方法二：选定要移动的幻灯片，先执行"剪切"命令，到目标位置单击，再进行"粘贴"命令。

幻灯片的复制有如下几种方法：

方法一：选定要移动的幻灯片，单击并拖动幻灯片的图标或缩略图至目标位置的同时按住 Ctrl 键，可实现复制。

方法二：选定要移动的幻灯片，先执行"复制"命令，到目标位置单击，再进行"粘贴"命令。

6.3　演示文稿的美化

美化演示文稿就是使创建的演示文稿有统一的字体、颜色、背景和风格，在编辑好幻灯片后，还可以对整个演示文稿进行"设计模板"、"配色方案"、"母版"、"动画"等多媒体效果设置，使演示文稿更丰富更生动。

6.3.1 应用设计模板

设计模板决定了幻灯片的主要外观，包括背景、配色方案、背景图形等。在应用设计模板时，系统会自动对幻灯片应用设计模板文件中包含的版式、文字格式、背景等外观，但不更改幻灯片中的内容。利用"幻灯片设计"任务窗格可以方便的应用设计模板，模板列表中分为"此演示文稿中使用"、"最近使用过的"、"可供使用"3 个类别。应用设计模板的操作步骤如下：

① 单击"格式"→"幻灯片设计"菜单命令，窗口右侧显示"幻灯片设计"任务窗格。

② 将鼠标指向"应用设计模板"列表中要应用的模板，该模板图标上出现一个下拉箭头，单击箭头出现下拉列表，如图 6-29 所示。

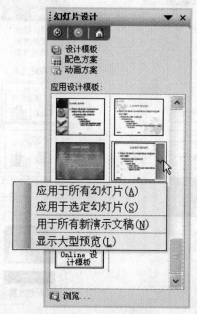

图 6-29 应用设计模板

③ 单击"应用于所有幻灯片"命令，将所选模板应用到当前演示文稿的所有幻灯片上；单击"应用于选定幻灯片"命令，将所选模板应用到被选定幻灯片上；单击"用于所有新演示文稿"命令，则所有新建的演示文稿都将应用此模板；单击"显示大型预览"命令，则在"幻灯片设计"任务窗格中以较大的图示预览"设计模板"的效果。

6.3.2 配色方案

PowerPoint 2003 中每个设计模板都包含一种配色方案，它由背景、文本和线条、阴影、标题文本、填充、强调、强调文字和超链接、强调文字和尾随链接 8 个部分的颜色设置组成。每种配色方案都可以更改配色方案中的任何一种颜色或者全部颜色，也可以在幻灯片的编辑过程中更改颜色。

1. 应用配色方案

PowerPoint 2003 提供了几种已经设置好的配色方案，应用配色方案的操作步骤如下：

① 在"幻灯片设计"任务窗格上方单击"配色方案"选项，如图 6-30 所示，打开"配色方案"列表。

② 将鼠标指向"应用配色方案"列表中要应用的配色方案，该方案图标上出现一个下拉箭头，单击箭头出现下拉列表，如图 6-31 所示。

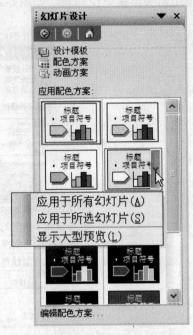

图 6-30　打开"配色方案"列表　　　　　图 6-31　应用配色方案

③ 单击"应用于所有幻灯片"命令，将配色方案应用到当前演示文稿所有幻灯片上；单击"应用于选定幻灯片"命令，将配色方案应用到选定幻灯片上；单击"显示大型预览"命令，则在"幻灯片设计"任务窗格中以较大的图示预览"配色方案"的效果。

2. 自定义配色方案

系统提供的配色方案中都给出了默认的颜色方案，由 8 个部分组成，我们可以自定义各部分的颜色设置。操作步骤如下：

① 打开"幻灯片设计-配色方案"任务窗格。

② 单击任务窗格下方的"编辑配色方案"选项，如图 6-32 所示，弹出"编辑配色方案"对话框。

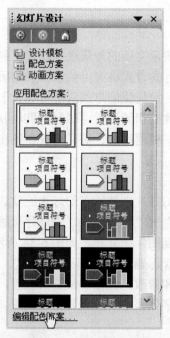

图 6-32　编辑配色方案

③ 在"编辑配色方案"对话框中单击"自定义"选项卡，在"配色方案颜色"列表中选中某一区域的颜色，单击"更改颜色"按钮，如图 6-33 所示，在弹出的"背景色"对话框中选择一种颜色，单击"确定"按钮。

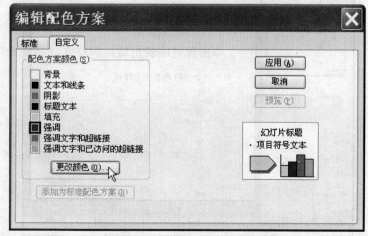

图 6-33　"编辑配色方案"对话框

④ 设置完需要更改的各项颜色，单击"应用"按钮，自定义的配色方案被应用到所有幻灯片中；单击"添加为标准配色方案"按钮，可将刚才设置好的自定义配色方案添加到"标准"选项卡的"配色方案"列表中，方便以后应用。

6.3.3 母版

利用母版，可以统一对演示文稿的外观进行设置，包括占位符位置、文本格式、幻灯片背景等，在母版上进行的设置将应用到该母版的所有幻灯片。要让相同的图形或文本出现在每个幻灯片上，最快捷的方式就是将其置于母版上，母版上的对象会出现在应用该母版的每个幻灯片的相同位置。我们也可以利用母版自己设计幻灯片模板。母版分为四种：幻灯片母版、标题母版、讲义母版和备注母版。

1. 幻灯片母版

幻灯片母版控制除标题幻灯片之外所有幻灯片的默认外观，也包括讲义和备注中的幻灯片外观。单击"视图"→"母版"→"幻灯片母版"菜单命令，打开幻灯片母版视图并显示"幻灯片母版视图"工具栏，如图 6-34 所示。

默认的幻灯片母版中包含标题区、对象区、日期区、页脚区、数字区 5 个占位符，可以对这些占位符进行编辑和修改，包括占位符的位置，占位符中的文字、日期、编号和页脚内容的添加，以及字体大小、效果等格式设置。

2. 标题母版

标题母版可以控制标题幻灯片的格式，默认的标题母版中包含标题区、副标题区、日期区、页脚区、数字区 5 个占位符，如图 6-35 所示。如果希望标题幻灯片与演示文

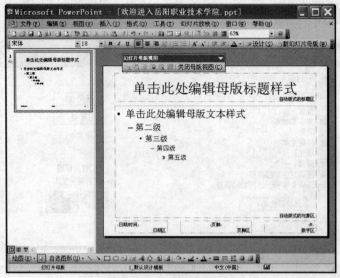

图 6-34　幻灯片母版

稿中其他幻灯片的外观不同，可改变标题母版，标题母版和幻灯片母版打开方式一样。如果在母版视图中没有标题母版，可以单击"插入"→"标题母版"菜单命令添加标题母版。

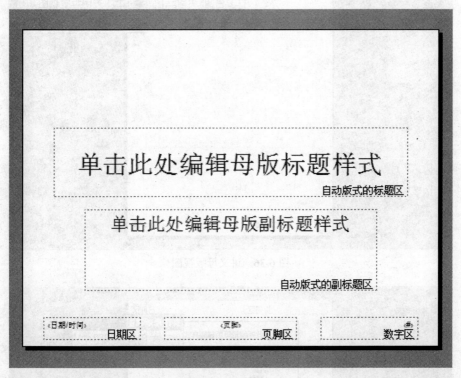

图 6-35　标题母版

3. 讲义母版

讲义母版用于格式化讲义，默认的讲义母版中包含页眉区、日期区、页脚区、数字区 4 个占位符。单击"视图"→"母版"→"讲义母版"，打开讲义母版视图并显示"讲义母版视图"工具栏。在"讲义母版视图"工具栏中选择一种讲义版式，不同的版式在每页将包含不同的幻灯片数目，如图 6-36 所示。

4. 备注母版

备注母版用于格式化演讲者备注页面，默认的讲义母版中包含页眉区、日期区、备注文本区、页脚区、数字区 5 个占位符。单击"视图"→"母版"→"备注母版"菜单命令，打开备注母版视图并显示"备注视图母版"工具栏，如图 6-37 所示。在备注母版中可以调整幻灯片区域的大小，也可以添加图形项目和文字，对备注母版的修改将会影响由其衍生的所有备注页。

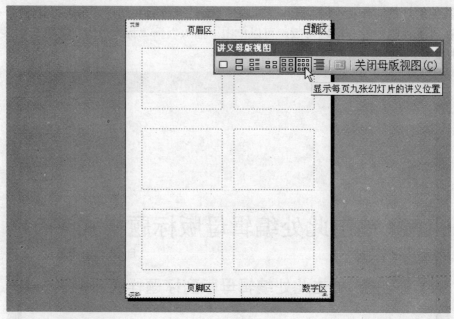

图 6-36　讲义母版视图

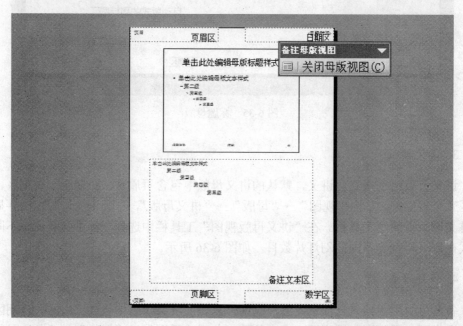

图 6-37　备注母版视图

6.3.4　幻灯片背景

　　每个设计模板中都有背景，我们在应用设计模板的同时也就进行了背景的设置，如果想单独进行背景设置或是修改背景，操作步骤如下：

①单击"格式"→"背景"菜单命令，或是右击幻灯片的空白处，在快捷菜单中单击"背景"选项，弹出"背景"对话框。

②在"背景"对话框中单击下拉箭头打开下拉列表，如图 6-38 所示。

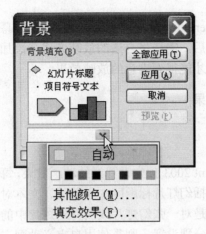

图 6-38 "背景"对话框

③在下拉列表中，单击一种已有的颜色或单击"其他颜色"选项选择所需颜色，幻灯片背景即应用该颜色；单击"填充效果"选项，则弹出"填充效果"对话框，如图 6-39 所示。

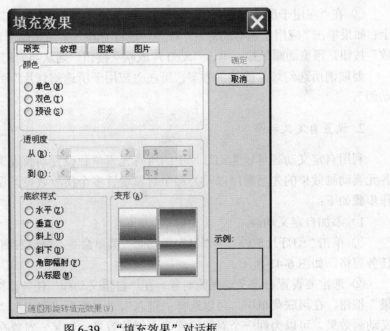

图 6-39 "填充效果"对话框

④ 在"填充效果"对话框中可以设置背景填充效果，除了使用一种渐变色、纹理、图案为背景，还可以从文件中选择一张图片作为当前幻灯片背景。

6.4 演示文稿的放映

我们可以直接在 PowerPoint 2003 下放映幻灯片，全屏幕查看演示文稿的实际播放效果。演示文稿制作完成后，需选择合适的放映方式，添加一些特殊的动画和播放效果，并控制好放映时间，才能得到满意的放映效果。

6.4.1 设置幻灯片放映效果

1. 设置动画方案

动画方案是 PowerPoint 2003 预先设置好的动画效果，每个动画方案都是同时针对多个对象的进行设置，包括幻灯片标题区、主体区、文本对象、图形对象、多媒体对象等。但每种动画方案都是对一张幻灯片或所有幻灯片中的全部对象进行一样的动画设置。若要针对各个元素分别设置，则需使用自定义动画方式。

利用动画方案可使整个演示文稿具有一致的风格，又能很快速的创建动画效果，操作步骤如下：

① 单击"幻灯片放映"→"动画方案"菜单命令，窗口右侧显示"幻灯片设计"任务窗格，如图 6-40 所示。

② 在"应用于所选幻灯片"列表框中单击一个动画方案，将其应用到所选幻灯片上；如果单击"应用于所有幻灯片"按钮，则将动画方案用于整个演示文稿；单击"播放"按钮，预览动画效果；单击"幻灯片放映"按钮，则从当前幻灯片开始连续播放。

要取消所选幻灯片的动画方案，可在"应用于所选幻灯片"列表框中，选择"无动画"。

2. 设置自定义动画

利用自定义动画可以为幻灯片中的所有元素单独设置动画效果，并且还可以设置各元素动画效果的先后顺序以及为每个对象设置多个播放效果。设置自定义动画的操作步骤如下：

1）添加自定义动画

① 单击"幻灯片放映"→"自定义动画"菜单命令，窗口右侧显示"自定义动画"任务窗格，如图 6-41 所示。

② 选定要设置自定义动画的对象，在"自定义动画"任务窗格中，单击"添加效果"按钮，在级联菜单中，可以选择"进入"、"强调"、"退出"、"动作路径"等自定义动画效果。可以为同一个对象设置多个播放效果，让某一对象在不同时间多次进入

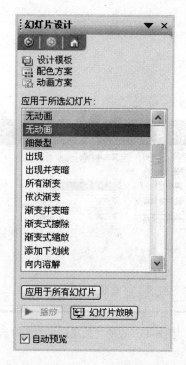

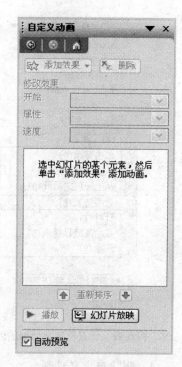

图 6-40 "幻灯片设计"任务窗格的"动画方案"列表 　　图 6-41 "自定义动画"任务窗格

多次退出，或在同一时间同时展示多个动画效果。

③ 添加完动画效果后，在"自定义动画"任务窗格上方可以为每个动画效果设置"开始"、"方向"、"速度"等选项。"开始"下拉列表框有三个项选，"单击"表示单击鼠标后才开始该动画效果，"之后"表示在上一项动画结束后自动开始该动画，"之前"表示下一项动画开始之前自动展示该动画。在一张幻灯片中若设置了多个在"之前"开始的动画效果，则这些效果在下一效果之间同时开始展示。如果设置了多个在"之后"开始动画效果，则这些效果根据设置的顺序依次展示。

④ 任务窗格中的自定义动画项目列表的前面分别标有 1、2、3…等数字，表示该张幻灯片上各对象动画执行的时间顺序。

2）更改自定义动画

在"自定义动画"任务窗格的动画列表中单击选中某一动画项目，任务窗格上方的"添加效果"按钮变为"更改"按钮，单击该按钮可以更改动画效果。

3）管理自定义动画

① 在自定义动画列表中拖动项目到新位置可以更改动画序列的次序。

② 在自定义动画列表中单击某项目右边的下拉箭头，在下拉菜单中单击"效果选项"命令，如图 6-42 所示。打开一个用来设置动画效果的对话框（依对象有所不同），如图 6-43 所示，可以设置"效果"、"计时"、"正文文本动画"等。

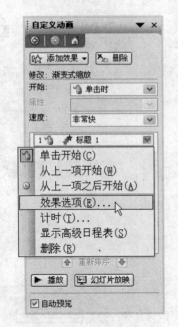

图 6-42 设置自定义动画的效果选项

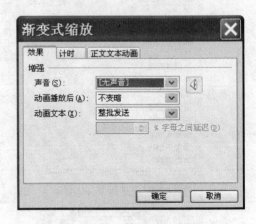

图 6-43 设置"效果选项"的对话框

4）删除自定义动画

如要删除自定义动画，可在自定义动画列表中单击某项目右边的下拉箭头，从列表中选择"删除"，或选中某项目，单击"自定义动画"任务窗格上方的"删除"按钮。

3. 录制旁白

旁白就是在放映幻灯片时，用声音讲解该幻灯片的主题内容，使演示文稿的内容更容易让观众理解。要在演示文稿中插入旁白，需要先录制旁白。录制旁白时，可以浏览演示文稿并将旁白录制到每张幻灯片上。录制旁白的操作步骤如下：

① 选定要开始录制的幻灯片。

② 单击"幻灯片放映"→"录制旁白"菜单命令，弹出"录制旁白"对话框，如图 6-44 所示。

③ 单击"设置话筒级别"按钮，进行话筒设置。

④ 如果要插入的旁白是嵌入旁白，直接单击"确定"按钮。如果是链接旁白，须选中"链接旁白"复选框，然后单击"确定"按钮。

⑤ 如果前面选择的是从第一张幻灯片开始录制旁白，则直接执行下一步操作。如果选择的不是从第一张幻灯片开始录制旁白，则会弹出一个对话框，可在对话框中单击"第一张幻灯片"或"当前幻灯片"按钮，以确定从哪一张幻灯片开始录制旁白。

⑥ 系统自动切换到幻灯片放映视图。通过话筒语音输入旁白文本后，单击鼠标换到下一页，录制下一张幻灯片的旁白文本，直到录制完成。在录制旁白的过程中，可

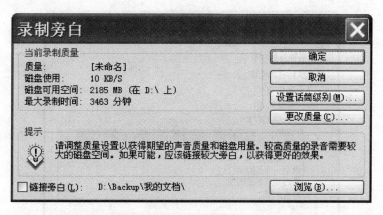

图 6-44 "录制旁白"对话框

以暂停或继续录制旁白，只需单击鼠标右键，在快捷菜单中选择"暂停旁白"或"继续旁白"。旁白是自动保存的，录制完旁白后会出现信息提示框，询问是否保存放映排练时间。

⑦ 放映演示文稿，并试听旁白。

4. 建立超链接

在演示文稿中使用超链接，可以跳转到幻灯片中的不同的位置或其他文件，如演示文稿中某张幻灯片、其他演示文稿、Word 文档、Excel 工作簿，或 Internet 上的某个地址等。在 PowerPoint 2003 中可以为图形、文本、艺术学或动作按钮等对象建立超链接。在放映过程中单击设置过超链接的对象，将会跳转到指定的位置，或打开链接文件。

1）使用"动作设置"命令建立超链接

① 在幻灯片中选定要建立超链接的对象。

② 单击"幻灯片放映"→"动作设置"菜单命令，弹出"动作设置"对话框。

③ 选择"单击鼠标"选项卡，表示单击鼠标时跳转到超链接对象。选择"鼠标移过"，则在鼠标移过对象时跳转到超链接对象。选择"超链接到"单选按钮，在其下方的下拉列表框中选择要超链接到的位置，如图 6-45 所示。

④ 单击"确定"按钮，完成超链接的建立。

若要删除超链接，可在"动作设置"对话框中选择"无动作"单选钮。

2）使用"超链接"命令建立超链接

① 单击"插入"→"超链接"菜单命令，弹出"插入超链接"对话框，如图 6-46 所示。

② 在"链接到"列表中选择要插入的超链接类型。单击"原有文件或 Web 页"选项，链接到已有的文件或 Web 页；单击"本文档中的位置"选项，链接到当前演示文

图 6-45 "动作设置"对话框

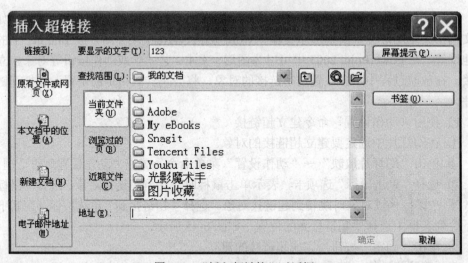

图 6-46 "插入超链接"对话框

稿的某个幻灯片；单击"新建文档"选项，链接一个新演示文稿；单击"电子邮件地址"选项，链接到电子邮件地址。

③ 在"要显示的文字"文本框中显示的是所选中的用于显示链接的文字，用户可以更改。

④ 在"地址"框中显示的是所链接文档的路径和文件名，在其下拉列表框中，还

可以选择要链接的网页地址（所用计算机访问过并保存下来的地址）。

⑤ 单击"屏幕提示"按钮，弹出"设置超链接屏幕提示"对话框，可以输入提示信息。放映幻灯片时，当鼠标指向该超链接时会出现这些提示信息。

⑥ 完成各种设置后，按"确定"按钮，完成超链接的插入。

3）修改超链接

将鼠标定位在有超链接的文字上，右击鼠标，在弹出的快捷菜单中单击"编辑超链接"命令，在弹出的"编辑超链接"对话框中，修改超链接。

4）删除超链接

将鼠标定位在有超链接的文字上，右击鼠标，在弹出的快捷菜单中单击"删除超链接"命令。

5. 设置动作按钮

在幻灯片中，可以通过设置动作按钮控制演示文稿的放映。放映过程中通过使用这些按钮可跳转到演示文稿的其他幻灯片上，或跳转到其他演示文稿，还可播放声音、影片等。

1）添加动作按钮

① 选中需要添加动作按钮的幻灯片。

② 单击"幻灯片放映"→"动作按钮"菜单命令，在级联菜单中显示 12 种动作按钮，如图 6-47 所示。

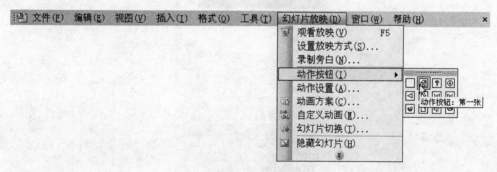

图 6-47　动作按钮

③ 在菜单中选择一个按钮后，在幻灯片的合适位置单击鼠标左键并拖动至合适大小，画出一个按钮的同时弹出"动作设置"对话框（如图 6-45 所示）。

④ 单击"超链接到"单选框，在下拉列表中选择要链接的对象。

⑤ 单击"确定"按钮，完成插入。

2）为动作按钮添加文字

在动作按钮上右击鼠标，在弹出的快捷菜单中单击"添加文本"命令，光标在动作按钮上闪烁，便可为其输入文本。

6.4.2　设置幻灯片切换效果

在 PowerPoint 2003 中幻灯片的切换效果有很多，在放映演示文稿时，它让幻灯片进入或离开屏幕达到指定的视觉效果，并且可以为其设定切换时的速度、声音和换片方式。操作步骤如下：

① 选定要设置切换效果的幻灯片。

② 单击"幻灯片放映"→"幻灯片切换" 菜单命令，窗口右侧显示"幻灯片切换"任务窗格，如图 6-48 所示。

③ 在"应用于所选幻灯片"列表框中选择一种切换方式。

④ 在"修改切换效果"选项中选择幻灯片切换时的速度和声音。

⑤ 在"换片方式"选项中选择幻灯片的切换方式，勾选"单击鼠标时"复选框，为手动换片方式，勾选"每隔"复选框，为自动换片方式，并需输入间隔时间，也可以同时勾选两个复选框，即可自动播放也可手动播放。

⑥ 单击"应用于所有幻灯片"按钮，可将设置的切换效果应用于所有幻灯片上；单击"播放"按钮，可预览所设置的效果；单击"幻灯片放映"按钮，则从当前幻灯片开始连续播放。

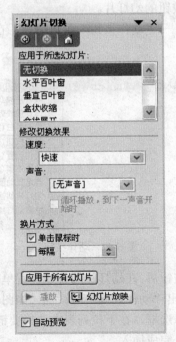

图 6-48　"幻灯片切换"任务窗格

要取消所选幻灯片的切换效果，可在"应用于所选幻灯片"列表框中，选择"无切换"。

6.4.3 设置幻灯片隐藏

在放映演示文稿时，一些非重点的幻灯片或是只需通过超链接来放映的幻灯片，不希望它们顺序播放，便可以将这些幻灯片隐藏起来，被隐藏的幻灯片仅仅在放映时不可见。设置幻灯片隐藏的方法有如下两种：

方法一：选中需要隐藏的幻灯片，单击"幻灯片放映"→"隐藏幻灯片"菜单命令；

方法二：在幻灯片浏览视图下，选中需要隐藏的幻灯片，单击"幻灯片浏览"工具栏上的"隐藏幻灯片"按钮。

被隐藏幻灯片的编号上有"　"标记，重复以上操作可以取消隐藏。

6.4.4 排练计时

有时我们需要对每张幻灯片精确设置其放映的时间，操作步骤如下：

① 选定演示文稿的第 1 张幻灯片。

② 单击"幻灯片放映"→"排练计时"菜单命令，进入演示文稿的放映视图，在放映窗口的左上角显示"预演"对话框，如图 6-49 所示，并从第一张幻灯片开始计时。

图 6-49 "预演"对话框

③ 完成某一张幻灯片的排练计时后，如对播放时间不满意可以单击"预演"工具栏上的"重复"按钮　重新计时，也可以直接在时间框中输入所需时间。

④ 单击鼠标左键或按"预演"对话框中的"下一项"按钮　，继续设置下一张幻灯片的停留时间。设置完最后一张幻灯片的放映时间后，屏幕上会出现一个提示框，如图 6-50 所示。单击"是"按钮，完成排练计时；单击"否"按钮，取消所设置的时间。

图 6-50 排练计时结果

6.4.5 自定义放映

如果只需放映演示文稿中指定的幻灯片，用户可以根据需要创建一个或多个自定义放映方案。选择演示文稿中一张或多张幻灯片，并设定各幻灯片的放映顺序，即构成一个自定义方案。操作步骤如下：

① 单击"幻灯片放映"→"自定义放映"菜单命令，打开"自定义放映"对话框，如图 6-51 所示。

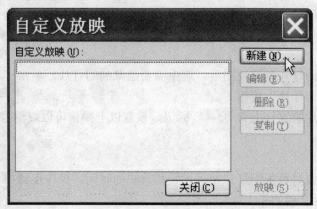

图 6-51 "自定义放映"对话框

② 单击"新建"按钮，打开"定义自定义放映"对话框，如图 6-52 所示。

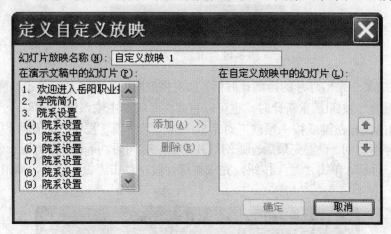

图 6-52 "定义自定义放映"对话框

③ 在"幻灯片放映名称"文本框中输入新建的放映名称，在"在演示文稿中的幻灯片"列表框中选择要添加到自定义放映中的幻灯片，单击"添加"按钮，重复此步骤可将多张幻灯片添加到自定义放映列表框中。

④ 单击"确定"按钮，返回"自定义放映"对话框。继续单击"新建"按钮，可以建立多个自定义放映；单击"编辑"按钮，可以重新编辑选中的自定义放映；单击"删除"按钮便删除选中的自定义放映；单击"复制"按钮可以将选中的自定义放映复制。

6.4.6 设置放映方式

PowerPoint 2003 提供了几种放映类型，以满足用户的不同需求。

1）演讲者放映（全屏幕）

"演讲者放映（全屏幕）"是常规的放映方式。在放映过程中，可以使用人工控制幻灯片的放映进度和动画出现的效果；如果希望自动放映演示文稿，可以使用"幻灯片放映"菜单上的"排练计时"命令设置幻灯片放映的时间，使其自动播放。

2）观众自行浏览（窗口）

如果演示文稿在小范围放映，同时又允许观众动手操作，可以选择"观众自行浏览（窗口）"方式。在这种方式下演示文稿出现在小窗口内，并提供命令在放映时移动、编辑、复制和打印幻灯片，移动滚动条从一张幻灯片移到另一张幻灯片。

3）在展台浏览（全屏幕）

如果演示文稿在展台、摊位等无人看管的地方放映，可以选择"在展台浏览（全屏幕）"方式，将演示文稿设置为在放映时不能使用大多数菜单和命令，并且在每次放映完毕后，如 5 分钟观众没有进行干预，会重新自动播放。当选定该项时，PowerPoint 会自动设定"循环放映，Esc 键停止"的复选框。

在该对话框的"幻灯片"栏中输入幻灯片的编号，还可以选择只放映演示文稿中部分幻灯片。

设置放映方式的操作步骤如下：

① 单击"幻灯片放映"→"设置放映方式" 菜单命令，弹出"设置放映方式"对话框，如图 6-53 所示。

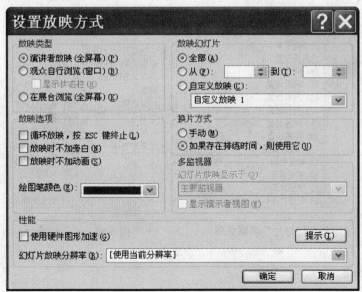

图 6-53　"设置放映方式"对话框

② 在对话框中，可以设置放映类型、放映选项、放映幻灯片、换片方式等。

6.4.7 放映演示文稿

PowerPoint 2003 中，放映演示文稿时默认执行"演讲者放映"方式，在该方式下，演讲者可以对幻灯片进行自由的控制。

1. 放映演示文稿

放映演示文稿的常用方法有三种。

方法一：单击"视图"→"幻灯片放映"菜单命令，从第一张幻灯片开始放映。

方法二：单击"幻灯片放映"→"观看放映"菜单命令，从第一张幻灯片开始放映。

方法三：单击大纲窗格下方的"幻灯片放映"按钮 ，从当前幻灯片开始放映。

2. 定位

使用定位功能可以在放映时快速放映指定的幻灯片（包括隐藏的幻灯片）。操作步骤如下：

① 在演示文稿放映时右击鼠标，在弹出快捷菜单中选择"定位至幻灯片"菜单命令，出现子菜单，如图 6-54 所示，其中标题带括号的为隐藏的幻灯片。

② 在子菜单中单击某幻灯片，将立即播放该幻灯片。

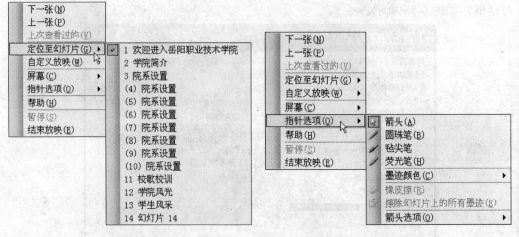

图 6-54 "定位至幻灯片"级联菜单　　　　　图 6-55 "指针选项"级联菜单

3. 使用画笔

在放映演示文稿时，有时需要做一些标记，可使用"画笔"功能。操作步骤如下：

① 在演示文稿放映时右击鼠标，在弹出的快捷菜单中选择"指针选项"命令，出现子菜单，如图 6-55 所示。

② 在子菜单中可以选择其中的"圆珠笔"、"毡尖笔"等画笔，还可以对"墨迹颜色"和"指针选项"进行设置。

4. 屏幕选项

在放映演示文稿时，还可以对屏幕选项进行设置，操作步骤如下：

① 在演示文稿放映时右击鼠标，在弹出的快捷菜单中选择"屏幕"命令，出现子菜单，如图 6-56 所示。

② 在子菜单中选择所需的命令即切换至相应屏幕。

黑屏/白屏：在放映过程中，如有观众与操作者进行交流，单击此命令将屏幕设置为黑屏/白屏，会使听众的焦点集中到操作者身上，操作者还可以在黑屏/白屏上进行简单的画写。

演讲者备注：在编辑演示文稿时可以显示备注信息。单击此命令，弹出"演讲者备注"窗口，如图 6-57 所示，也可以直接在该窗口内编辑备注内容。

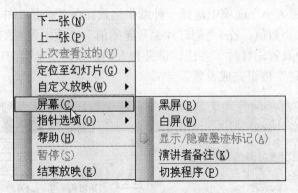

图 6-56 "屏幕"级联菜单

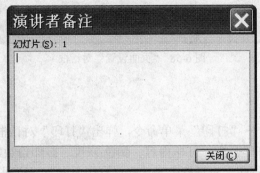

图 6-57 "演讲者备注"窗口

显示/隐藏墨迹标记：在放映演示文稿时，如果使用过画笔，单击此命令，可以设置显示或隐藏使用画笔产生的墨迹标记。

切换程序：单击此命令，会显示任务栏，在任务栏上单击某个名称按钮即切换至相应程序。

6.5 演示文稿的输出

6.5.1 演示文稿的打印

演示文稿制作完成后，可以将其打印出来。在 PowerPoint 2003 中可以打印的内容有多种，如打印幻灯片、文稿大纲、备注页和讲义等。

1. 页面设置

在打印之前，应对幻灯片进行页面设置，操作步骤如下：

① 单击"文件"→"页面设置"菜单命令，打开"页面设置"对话框，如图 6-58 所示。

② 在"幻灯片大小"选项中选择一种纸张格式；在"宽度"和"高度"选项中设置指定的幻灯片大小数值；在 "幻灯片编号起始值"选项中设置幻灯片的起始编号；在"方向"选项中设置幻灯片、备注、讲义和大纲是纵向还是横向。

③ 单击"确定"按钮完成设置。

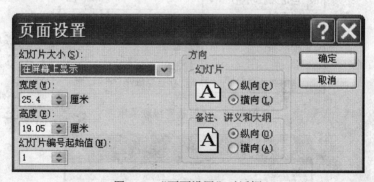

图 6-58 "页面设置"对话框

2. 打印演示文稿

① 单击"文件"→"打印"菜单命令，弹出"打印"对话框，如图 6-59 所示。
② 在对话框中设置打印范围、打印内容、颜色/灰度、打印份数等选项，如果要打印大纲或讲义，可在"打印"对话框中，选择"打印内容"下拉列表框中的项目，如讲义、大纲视图等。如果在"打印内容"下拉列表中选择"讲义"，还可以设置"讲义"选项中的值，如每页可打印的讲义数量、顺序等。

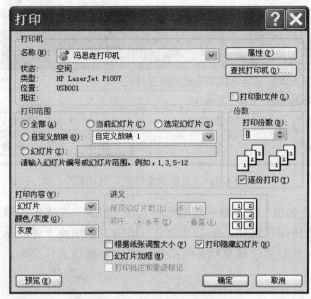

图 6-59 "打印"对话框

③ 单击"确定"按钮，即按指定要求打印演示文稿。

6.5.2 演示文稿的打包

使用 PowerPoint 的"打包成 CD"功能，可以将演示文稿中使用的所有文件（包括链接文件）和字体全部打包到磁盘或网络地址上。默认情况下会添加 Microsoft Office PowerPoint Viewer，这样即使其他计算机上没有安装 PowerPoint，也可以使用 PowerPoint Viewer 运行打包的演示文稿。

① 在"文件"菜单中选择"打包成 CD"命令，弹出对话框 ，如图 6-60 所示；

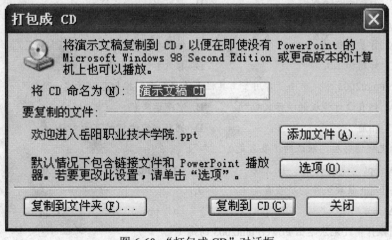

图 6-60 "打包成 CD"对话框

② 单击"复制到文件夹"按钮，打开"复制到文件夹"对话框，如图 6-61 所示。

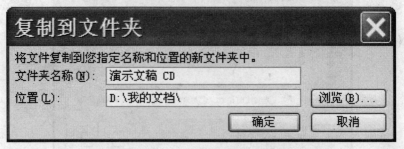

图 6-61 "复制到文件夹"对话框

③ 在"文件夹名称"文本框中填写名称，在"位置"文本框中填写保存路径或单击"浏览"按钮选择保存路径，单击"确定"按钮，系统将上述演示文稿复制到指定的文件夹中，同时复制播放器及相关的播放配置文件到该文件夹中。

习　题

1. PoewrPoint 中，演示文稿和幻灯片的关系是（　　　　）。

　　A. 幻灯片就是演示文稿　　　　　　B. 演示文稿包含幻灯片

　　C. 幻灯片包含演示文稿　　　　　　D. 演示文稿不包含幻灯片

2. PoewrPoint 中，"视图"这个名词表示（　　　　）。

　　A. 一种图形　　　　　　　　　　　B. 显示幻灯片的方式

　　C. 编辑演示文稿的方式　　　　　　D. 一张正在修改的幻灯片

3. 在下列 PowerPoint 的各种视图中，可编辑、修改幻灯片内容的视图是（　　　　）。

　　　　A. 普通视图　　　　　　　　　B. 幻灯片浏览视图

　　　　C. 幻灯片放映视图　　　　　　D. 都可以

4. 在 PowerPoint2003 的大纲视图中，大纲由每张幻灯片的（　　　）组成。

　　　　A. 背景和标题　　　　　　　　B. 标题和图片

　　　　C. 标题和正文　　　　　　　　D. 背景和配色方案

5. PowerPoint2003 中，单击"常用"工具栏上的"新建"按钮可以新建一个（　　　）。

　　　　A. 拥有设计模板的演示文稿　　B. 空演示文稿

　　　　C. 相册　　　　　　　　　　　D. 拥有内容大纲的演示文稿

6. 演示文稿储存后，默认的扩展名是（　　　）。

　　　　A. .ppt　　　　　　B. .exe　　　　　　C. .bmp　　　　　　D. .doc

7. PowerPoint 放映文件的扩展名是（　　　）。

　　　　A. .ppt　　　　　　B. .pot　　　　　　C. .pps　　　　　　D. .ppa

8. 下列操作中，无法退出 PowerPoint2003 的是（　　　）。

A. 单击"文件"→"退出"菜单命令　　　　B. 单击标题栏上的"关闭"按钮

C. 单击"文件"→"关闭"菜单命令　　　　D. 单击"窗口"→"拆分"菜单命令

9. 幻灯片中占位符的作用是（　　　　）。

A. 表示文本长度　　　　　　　　　　　B. 限制插入对象的数量

C. 表示图形的大小　　　　　　　　　　D. 为文本、图形预留位置

10. 幻灯片上可以插入的多媒体信息有（　　　　）。

A. 音乐、图片、WORD 文档　　　　　　B. 声音和超链接

C. 声音和动画　　　　　　　　　　　　D. 剪贴画、图片、声音和影片

11. PowerPoint 2003 中，插入一张照片应执行（　　　　）。

A. "插入"→"图片"→"来自文件"菜单命令

B. "插入"→"图片"→"新建相册"菜单命令

C. "插入"→"图片"→"剪贴画"菜单命令

D. "插入"→"图片"→"自选图形"菜单命令

12. PowerPoint 2003 中，插入音乐应执行（　　　　）。

A. "插入"→"影片和声音"菜单命令

B. "插入"→"对象"菜单命令

C. "插入"→"超链接"菜单命令

D. "插入"→"幻灯片（从文件.）菜单命令

13. PowerPoint 2003 中插入的页脚，下列说法不正确的是（　　　　）。

A. 插入的日期和时间可以更新　　　　B. 可以插入幻灯片编号

C. 可以插入幻灯片编号　　　　　　　D. 演示文稿中所有幻灯片的页脚完全一致

14. PowerPoint 2003 的设计模板包含（　　　　）。

A. 预定义的幻灯片版式　　　　　　　B. 预定义的幻灯片背景颜色

C. 预定义的幻灯片配色方案　　　　　D. 预定义的幻灯片样式和配色方案

15. PowerPoint 2003 的配色方案包含（　　　　）个部分。

A. 5　　　　　　B. 8　　　　　　C. 6　　　　　　D. 12

16. PowerPoint 母版有（　　　　）。种类型。

A. 3　　　　　　B. 5　　　　　　C. 4　　　　　　D. 6

17. PowerPoint 中，关于母版，下列说法不正确的是（　　　　）。

A. 标题母版为使用标题版式的幻灯片设置格式

B. 通过对母版的设置可以控制幻灯片中各部分的表现形式

C. 通过对母版的设置可以预定义幻灯片的背景、字体格式、占位符大小和位置等

D. 修改母版不会给任何幻灯片的格式带来影响

18. PowerPoint 中，关于母版，下列说法正确的是（　　　　）。

A. 母版不能修改

B. 单击"视图"→"母版"菜单命令，可以进入母版视图对母版进行修改

C. 幻灯片编辑状态也可以修改母版

D. 以上都不对

19. PowerPoint 2003 中，自定义动画不能设置（　　　）。

A. 动画播放顺序

B. 动画播放速度

C. 动画播放速度

D. 幻灯片切换动画

20. 要从第 2 张幻灯片跳转到第 8 张幻灯片，应使用（　　　）。

A. 动画方案　　　　　　B. 自定义动画　　　C. 动作按钮　　　　D. 幻灯片切换

21. PowerPoint 的 "超链接" 命令，可以实现（　　　）。

A. 幻灯片之间的跳转　　　　　　B. 演示文稿幻灯片的移动

C. 中断幻灯片放映　　　　　　　D. 在演示文稿中插入幻灯片

22. PowerPoint 中，超链接的目标不包括（　　　）。

A．文件　　　　　B. 文件夹　　　　　C. Web 页　　　D. 书签

23. PowerPoint 2003 中，幻灯片切换效果可以设置（　　　）。

A. 速度　　　　　　B. 换片方式　　　　C. 声音　　　D. 以上都可以

24. 下列不属于 PowerPoint 2003 演示文稿放映类型的是（　　　）。

A. 演讲者放映全屏幕.　　　　　B. 观众自行浏览窗口.

C. 在展台浏览全屏幕.　　　　　D. 自定义浏览窗口.

25. PowerPoint 2003 中，播放演示文稿的快捷键是（　　　）。

A.【Enter】键　　B.【F5】键　　　　C.【Alt】+【Enter】键　　　D.【F7】键

26. PowerPoint 2003 中，"页面设置" 对话框不能设置的是（　　　）。

A. 幻灯片打印方式　　　　　　B. 幻灯片大小

C. 幻灯片方向　　　　　　　　D. 幻灯片编号起始值

27. PowerPoint 2003 中，"打印" 对话框中不属于 "打印内容" 的是（　　　）。

A. 讲义　　　　　　　　　　　B. 备注页

C. 大纲视图　　　　　　　　　D. 幻灯片游览视图

28. PowerPoint 2003 中，将演示文稿打包时若想在未安装 PowerPoint 的计算机上放映演示文稿，应执行（　　　）。

A. "文件" → "打包" 菜单命令

B. "幻灯片放映" → "设置放映方式" 菜单命令

C. "视图" → "幻灯片放映" 菜单命令

D. "幻灯片放映" → "自定义放映" 菜单命令